UNITEXT for Physics

More information about this series at http://www.springer.com/series/13351

Vittorio Degiorgio · Ilaria Cristiani

Note di fotonica

Seconda Edizione

 Springer

Vittorio Degiorgio
Dipartimento di Ingegneria Industriale e
    dell'Informazione
Università di Pavia
Pavia
Italy

Ilaria Cristiani
Dipartimento di Ingegneria Industriale e
    dell'Informazione
Università di Pavia
Pavia
Italy

ISSN 2198-7882   ISSN 2198-7890   (electronic)
UNITEXT for Physics
ISBN 978-88-470-5786-9   ISBN 978-88-470-5788-3   (eBook)
DOI 10.1007/978-88-470-5788-3

Printed on acid-free paper

This Springer imprint is published by Springer Nature
The registered company is Springer-Verlag Italia Srl.

Prefazione

Questa seconda edizione contiene diverse aggiunte, modifiche, aggiornamenti, ed anche alcune correzioni di errori. Precisamente, è stata aggiunta al Capitolo 1 una sezione riguardante i laser impulsati, ed al Capitolo 3 una sezione che descrive le guide d'onda ottiche. Inoltre ognuno dei Capitoli 1-6 è stato corredato da un insieme di esercizi. Infine è stata in parte modificata la struttura dei Capitoli 4-6, e sono state incorporate rispettivamente nel Capitolo 1 e nel Capitolo 4 le Appendici B e C.

Pavia, settembre 2015
Vittorio Degiorgio
Ilaria Cristiani

Prefazione alla prima edizione

L'invenzione del laser ha dato luogo ad una vera rivoluzione nella scienza e nella tecnologia. Con le sorgenti di luce disponibili fino al 1960 non si poteva fare molto di più che risolvere problemi di illuminazione e trattare processi di formazione di immagini (lenti, cannocchiali, microscopi). Con l'avvento del laser la descrizione delle proprietà della luce e delle sue interazioni con la materia ha avuto un grande sviluppo, e sono nate applicazioni di impatto eccezionale, quali, ad esempio, le comunicazioni in fibra ottica che sono alla base del funzionamento di Internet e del traffico telefonico su grandi distanze, i dischi ottici (CD, DVD, Blu-ray), la sensoristica ottica di tipo industriale ed ambientale, la lavorazione dei materiali mediante fasci di luce laser, l'illuminazione con i diodi emettitori di luce (LED), e le applicazioni in campo biomedico.

Il termine Fotonica designa l'area scientifica e tecnologica che si occupa della generazione, manipolazione e utilizzo della luce, comprendendo tutti gli aspetti riguardanti la fisica e la tecnologia delle sorgenti laser e delle relative applicazioni, ed estendendo l'interesse anche ai diodi emettitori di luce, ai sensori di immagini, agli schermi e alle celle fotovoltaiche. La rilevanza della Fotonica è tale che le nozioni di base e la conoscenza delle potenzialità applicative di questa disciplina dovrebbero ormai fare parte del bagaglio culturale di diversi settori dell'Ingegneria e della Fisica.

Poiché, dal punto di vista dei processi di assorbimento ed emissione di luce da parte della materia, l'onda elettromagnetica può essere descritta come un flusso di quanti di energia, detti fotoni, è stato coniato per questa disciplina il nome di Fotonica, in assonanza con il nome di Elettronica dato alla disciplina che tratta di flussi di elettroni.

La tematica è molto vasta e fortemente interdisciplinare, perché combina concetti di elettromagnetismo, di meccanica quantistica e di scienza dei materiali, con argomenti riguardanti i circuiti e dispositivi elettronici, la teoria dei segnali, ed i metodi di trasmissione dell'informazione. Una volta individuato l'obiettivo del volume, che nel nostro caso è principalmente quello di fornire un testo per un corso del terzo anno di Ingegneria o Fisica, diventa estremamente importante decidere quali argomenti trattare e che taglio dare alla trattazione.

Poiché la Fotonica è nata con l'invenzione del laser, il testo affronta subito nel Capitolo 1 la descrizione del principio di funzionamento e delle proprietà di questa nuova sorgente, ed accenna ai principali tipi di laser. I due capitoli successivi discutono la propagazione di fasci di luce nel vuoto e in materiali isotropi ed anisotropi, e trattano tutti i componenti ottici più comunemente utilizzati per la manipolazione di fasci di luce. I Capitoli 4-6 toccano aspetti di importanza fondamentale per la comprensione e l'utilizzo delle tecniche fotoniche, quali le tecniche di modulazione di fasci luminosi, i dispositivi a semiconduttore, e le fibre ottiche. Il caso dei dispositivi a semiconduttore è particolarmente interessante perché mostra come si possa generare luce attraverso il passaggio di corrente elettrica (come avviene nel laser) e, reversibilmente, si possa generare una corrente elettrica attraverso l'assorbimento di luce (come avviene nella cella fotovoltaica). Le fibre ottiche offrono non solo la capacità di trasportare con basse perdite segnali ottici a grande distanza, ma anche la possibilità di realizzare amplificatori e laser di grande importanza applicativa. Il Capitolo 7 descrive in modo sintetico, dando soprattutto rilievo agli aspetti metodologici, le applicazioni principali della Fotonica. Tutta la trattazione è svolta con un taglio operativo, fornendo anche quelle valutazioni quantitative dei fenomeni descritti che permettano al lettore di impostare una progettazione dell'esperimento o del dispositivo.

Il livello della trattazione è adatto a studenti che abbiano superato gli esami dei primi due anni di Ingegneria o di Fisica. Per esigenze di completezza sono stati inseriti in alcuni capitoli degli approfondimenti, che possono essere omessi in una prima lettura. Poiché si è cercato di rendere autoconsistente la presentazione di tutti gli argomenti, riteniamo che il volume possa essere utile anche per dottorandi, ricercatori e progettisti che desiderino una introduzione sintetica ma non superficiale ai concetti ed ai metodi della Fotonica.

È importante tener presente che l'invenzione del laser ha avuto conseguenze molto importanti nella ricerca fondamentale, sia rivoluzionando aree di ricerca già esistenti, quali la spettroscopia, la diffusione di luce, l'ottica classica, la teoria della coerenza, sia creando nuovi campi di ricerca, quali la fisica delle sorgenti di luce coerente, l'ottica nonlineare e l'ottica quantistica. Il nostro testo non tocca, se non marginalmente, questi argomenti di carattere più avanzato, ma può essere visto come una necessaria introduzione agli approfondimenti di Fotonica che lo studente potrebbe affrontare in corsi successivi di carattere più specialistico.

Vorremmo infine ringraziare sentitamente Francesca Bragheri e Roberto Piazza per il prezioso aiuto che ci hanno fornito nella redazione del volume.

Pavia, maggio 2012

Vittorio Degiorgio
Ilaria Cristiani

Indice

1   Il laser 1
  1.1   Lo spettro delle onde elettromagnetiche 1
  1.2   Sorgenti di luce tradizionali 3
  1.3   Origini del laser 5
  1.4   Proprietà degli oscillatori 7
  1.5   Emissione e assorbimento di luce 10
      1.5.1   Coefficienti di assorbimento e di emissione stimolata 14
  1.6   Amplificazione ottica 15
  1.7   Schema e caratteristiche del laser 19
  1.8   Equazioni di bilancio 21
  1.9   Tipi di laser 24
  1.10   Laser impulsati 28
      1.10.1   Q-switching 29
      1.10.2   Mode-locking 31
  1.11   Proprietà della luce laser 34
  Esercizi 35

2   Onde elettromagnetiche 37
  2.1   Onde elettromagnetiche nel vuoto 37
  2.2   Spettro dei segnali ottici 39
  2.3   Polarizzazione della luce 41
  2.4   Approssimazione parassiale 43
      2.4.1   Onda sferica 44
      2.4.2   Onda sferica gaussiana 45
  2.5   Diffrazione. Approssimazione di Fresnel 49
  2.6   Diffrazione di Fraunhofer 53
      2.6.1   Apertura rettangolare e circolare 55
      2.6.2   Funzione di trasmissione periodica 57
  Esercizi 59

3   Componenti e metodi ottici 61
   3.1   Onde elettromagnetiche nella materia 61
   3.2   Riflessione e rifrazione 64
      3.2.1   Interfaccia dielettrica 64
      3.2.2   Riflessione da una superficie metallica 69
      3.2.3   Strato dielettrico antiriflettente 71
      3.2.4   Specchio a strati dielettrici multipli 74
      3.2.5   Divisore di fascio 76
      3.2.6   Prisma a riflessione totale 77
      3.2.7   Onda evanescente 78
      3.2.8   Lente sottile e specchio sferico 80
      3.2.9   Focalizzazione dell'onda sferica 83
      3.2.10   Focalizzazione dell'onda sferica gaussiana 84
      3.2.11   Matrici ABCD 85
   3.3   Ottica di Fourier 87
   3.4   Misure di spettro 89
      3.4.1   Prisma dispersivo 90
      3.4.2   Reticolo di trasmissione 91
      3.4.3   Reticolo di riflessione 93
      3.4.4   Interferometro di Fabry-Perot 95
   3.5   Onde in mezzi anisotropi 99
      3.5.1   Polarizzatori e lamine birifrangenti 103
      3.5.2   Matrici di Jones 105
      3.5.3   Potere rotatorio 108
      3.5.4   Effetto Faraday 110
      3.5.5   Isolatori ottici 111
   3.6   Guide d'onda ottiche 113
   Esercizi 116

4   Modulazione 119
   4.1   Effetto elettro-ottico lineare 119
      4.1.1   Modulazione di fase 122
      4.1.2   Modulazione di ampiezza 125
   4.2   Effetto elettro-ottico quadratico 132
      4.2.1   Modulatori a cristalli liquidi 133
   4.3   Effetto acusto-ottico 135
      4.3.1   Modulazione acusto-ottica 138
      4.3.2   Deflessione acusto-ottica 141
   Esercizi 142

5   Dispositivi a semiconduttore 145
   5.1   Proprietà ottiche dei semiconduttori 145
   5.2   Laser a semiconduttore 148
      5.2.1   Laser a omogiunzione 148
      5.2.2   Diodi laser a doppia eterogiunzione 150

5.2.3 Proprietà di emissione 154
5.3 Amplificatori a semiconduttore 158
5.4 Diodi emettitori di luce 158
    5.4.1 LED 159
    5.4.2 OLED 161
5.5 Rivelatori di luce 161
    5.5.1 Rivelatori a effetto fotoelettrico 162
    5.5.2 Rivelatori a semiconduttore 164
    5.5.3 Sensori di immagini CCD 166
5.6 Modulatori ad elettro-assorbimento 167
Esercizi 168

6 **Fibre ottiche** 169
6.1 Proprietà delle fibre ottiche 169
    6.1.1 Apertura numerica 170
    6.1.2 Proprietà modali 171
6.2 Attenuazione 174
6.3 Dispersione 176
    6.3.1 Propagazione dispersiva di impulsi di luce 176
6.4 Tipi di fibre 180
6.5 Componenti ottici in fibra 183
6.6 Amplificatori in fibra ottica 185
6.7 Laser in fibra ottica 188
Esercizi 190

7 **Applicazioni** 193
7.1 Tecnologie dell'informazione e delle comunicazioni 193
    7.1.1 Comunicazioni ottiche 194
    7.1.2 Memorie ottiche 196
    7.1.3 Circuiti ottici integrati 198
7.2 Metrologia e sensoristica ottica 199
    7.2.1 Misure di distanza e di vibrazione 199
    7.2.2 Misure di velocità 202
    7.2.3 Sensori di grandezze fisiche 204
7.3 Applicazioni industriali dei laser 206
7.4 Applicazioni biomedicali 207
    7.4.1 Oftalmologia 208
    7.4.2 Immagini biologiche 209
7.5 Schermi a cristalli liquidi 210
7.6 Applicazioni dei LED 211
7.7 Celle fotovoltaiche 212

Appendice   Costanti fondamentali e prefissi delle unità di misura 215

Letture consigliate 217

Indice analitico 219

1

Il laser

Sommario Tutte le sorgenti di luce utilizzate prima dell'invenzione del laser sono basate sul seguente meccanismo: si fornisce energia ad un insieme di atomi che, una volta eccitati, riemettono spontaneamente l'energia acquisita sotto forma di onde elettromagnetiche a frequenze ottiche. I processi di emissione spontanea di atomi diversi sono mutuamente indipendenti: ogni atomo eccitato emette in una direzione casuale e l'onda emessa ha una fase casuale. Di conseguenza, le sorgenti convenzionali sono intrinsecamente caotiche. Il laser è una sorgente di luce completamente diversa da quelle convenzionali perché utilizza l'emissione stimolata invece dell'emissione spontanea, il che significa che gli atomi emettono in modo cooperativo, generando un fascio di luce monocromatico (cioè, ad una sola lunghezza d'onda) e collimato (cioè, che si propaga in una direzione ben precisa anziché sparpagliarsi in tutte le direzioni). L'ingrediente fondamentale del laser è l'amplificatore ottico, che è un dispositivo attivo in grado di amplificare un segnale luminoso. Per ottenere una sorgente di intensità costante che sia monocromatica e direzionale non è però sufficiente disporre di un amplificatore: occorre infatti creare nel dispositivo un meccanismo interno di selezione della lunghezza d'onda e della direzione di emissione che sia basato sulla retroazione ("feedback") positiva. Tale meccanismo trasforma l'amplificatore·in un oscillatore: il laser è, in effetti, un oscillatore, anche se il termine laser (Light Amplification by Stimulated Emission of Radiation) è nato per descrivere l'amplificatore. In questo capitolo, dopo aver fatto cenno alle sorgenti di luce convenzionali e dopo una breve introduzione storica alla Fotonica, viene esposto lo schema generale dell'oscillatore come amplificatore reazionato. Attraverso una trattazione elementare dell'interazione fra un fascio di luce ed un insieme di atomi, sono ricavate le condizioni sotto cui è possibile ottenere amplificazione di un segnale luminoso. Dopo aver discusso lo schema del laser, sono descritti brevemente alcuni tipi di laser a stato solido e di laser a gas, e sono trattati i metodi per ottenere impulsi laser di breve durata ed elevata potenza di picco. Il capitolo termina con alcuni commenti alle proprietà di direzionalità e monocromaticità della radiazione emessa dal laser.

1.1 Lo spettro delle onde elettromagnetiche

Un'onda elettromagnetica è completamente caratterizzata una volta assegnata la dipendenza temporale e spaziale del campo elettrico associato. Un caso semplice è quello dell'onda piana monocromatica. Assumendo che l'onda si propaghi lungo l'asse z, il campo elettrico oscilla nel tempo e nello spazio secondo la legge:

© Springer-Verlag Italia Srl. 2016
V. Degiorgio and I. Cristiani, *Note di fotonica*, UNITEXT for Physics,
DOI 10.1007/978-88-470-5788-3_1

Tabella 1.1 Onde elettromagnetiche

Descrizione	Frequenza	Lunghezza d'onda
Frequenze ultrabasse	< 30 kHz	> 10 km
Basse frequenze	30 − 300 kHz	10 km − 1 km
Frequenze radio	0.3 − 3 MHz	1 km − 100 m
Alte frequenze (HF)	3 − 30 MHz	100 − 10 m
VHF	30 − 300 MHz	10 − 1 m
UHF	0.1 − 1 GHz	1 m − 30 cm
Microonde	1 − 100 GHz	30 − 0.3 cm
Onde millimetriche	0.1 − 3 THz	3 − 0.1 mm
Infrarosso	3 − 400 THz	100 − 0.75 μm
Visibile	400 − 750 THz	0.75 − 0.4 μm
Ultravioletto	750 − 1500 THz	0.4 − 0.2 μm
UV da vuoto	$1.5 − 6 \times 10^3$ THz	200 − 50 nm
Raggi X molli	$6 − 300 \times 10^3$ THz	50 − 1 nm
Raggi X	$0.3 − 30 \times 10^6$ THz	1 − 0.01 nm
Raggi γ	$> 10^6$ THz	< 0.3 nm

$$E(z,t) = E_o \cos[2\pi(\nu t - z/\lambda)] \tag{1.1}$$

dove ν è la frequenza (numero di oscillazioni al secondo), che si misura in Hertz (Hz), e λ è la lunghezza d'onda (distanza percorsa in un periodo di oscillazione). La velocità di propagazione è $c = \lambda \nu$. È utile introdurre anche la frequenza angolare $\omega = 2\pi\nu$, che si misura in radianti al secondo.

La Tabella 1.1 riporta la classificazione usuale delle onde elettromagnetiche, dove, naturalmente, i confini fra le diverse categorie devono essere visti solo come indicativi. L'intervallo di lunghezze d'onda di competenza della Fotonica copre le tre regioni spettrali denominate infrarosso, visibile e ultravioletto. Il termine luce è nato per designare la radiazione emessa dal sole, che consiste principalmente di onde elettromagnetiche con una lunghezza d'onda compresa tra 0.4 e 0.75 μm. Per ovvi motivi di adattamento biologico, questo è anche l'intervallo di lunghezze d'onda al quale è sensibile la retina del nostro occhio. Nell'uso corrente, viene chiamata luce anche la radiazione nell'infrarosso e nell'ultravioletto.

In questo testo saranno utilizzate le unità di misura del sistema internazionale (SI). L'Appendice riporta l'elenco dei prefissi che designano multipli e sottomultipli delle unità fondamentali. In particolare, le lunghezze d'onda nel campo della Fotonica si misurano prevalentemente in micrometri ($1 \mu m = 10^{-6}$ m) o in nanometri ($1 nm = 10^{-9}$ m).

La Tabella 1.2 mostra in dettaglio l'intervallo di lunghezze d'onda del visibile (o lunghezze d'onda ottiche) che il nostro apparato visivo interpreta come colori diversi.

Nel corso dei secoli si è sviluppato sulla natura della luce un vivace dibattito che vedeva l'approccio ondulatorio contrapposto a quello corpuscolare. La teoria basata sulle equazioni di Maxwell sembrava aver risolto la controversia a favore dell'approccio ondulatorio, ma gli esperimenti condotti alla fine del 1800 sull'effetto fotoelettrico e sugli spettri di emissione del corpo nero e delle scariche elettriche nei gas hanno invece dimostrato che l'energia elettromagnetica viene emessa ed assorbita in multipli di un quanto fondamentale. La moderna teoria quantistica combina i due approcci in una unica visione che da' parzialmente ragione ad entrambi i punti di vista. I testi riguardanti i laser e le relative applicazioni adottano tradizionalmente una posizione intermedia tra l'approccio ondulatorio e quello corpuscolare, trattando tutti i fenomeni di propagazione con le equazioni di Maxwell, ma tenendo conto dell'aspetto quantistico quando viene discussa l'interazione fra la radiazione elettromagnetica e la materia. In questo testo verrà mantenuta la stessa impostazione.

Nel seguito sarà presentata una descrizione elementare dell'amplificazione ottica nella quale l'onda elettromagnetica è descritta come un flusso di quanti di energia, detti fotoni. Il fotone è una quasi-particella priva di massa, con energia $h\nu$ e quantità di moto $h\mathbf{k}/(2\pi)$, dove $\mathbf{k}$ è il vettore d'onda associato all'onda elettromagnetica e h è la costante di Planck che vale 6.63×10^{-34} Js. Solitamente l'energia dei fotoni viene espressa per comodità in unità di elettronvolt (eV): si definisce 1 eV l'energia acquisita da un elettrone (carica $e = 1.6 \times 10^{-19}$ C) quando viene accelerato da una differenza di potenziale pari a 1 V, da cui l'equivalenza 1 eV $= 1.6 \times 10^{-19}$ J .

1.2 Sorgenti di luce tradizionali

Le sorgenti tradizionali di uso comune sono: la fiamma, che utilizza energia chimica, le lampade a incandescenza e le lampade a scarica elettrica luminosa, che usano energia elettrica. Gli atomi che assorbono energia si comportano come dipoli elettrici oscillanti, riemettendo spontaneamente l'energia acquisita sotto forma di onde elettromagnetiche a frequenze ottiche. Le sorgenti tradizionali emettono luce su tutto l'angolo solido e presentano uno spettro in frequenza della radiazione emessa molto esteso, tranne per alcuni tipi di lampade che usano una scarica elettrica in gas a bassa pressione. L'applicazione principale di queste sorgenti è quella di fornire

Tabella 1.2 Onde elettromagnetiche visibili

Colore	λ (nm)
violetto	$400 - 450$
blu	$450 - 495$
verde	$495 - 575$
giallo	$575 - 595$
arancione	$595 - 620$
rosso	$620 - 750$

illuminazione, in sostituzione del sole.

È interessante discutere il caso delle sorgenti basate sul fatto che un corpo riscaldato emette radiazione elettromagnetica. Esempi di questo tipo di sorgenti sono il sole, che utilizza energia prodotta da reazioni di fusione nucleare, e le lampadine a filamento di tungsteno. Per ricavare lo spettro in frequenza della radiazione emessa, è stata impostata nel 1800 una trattazione generale che considera un corpo ideale, costituito da una cavità chiusa, in equilibrio con un termostato alla temperatura assoluta T. Si suppone che le pareti interne della cavità siano in grado di emettere radiazione elettromagnetica a tutte le frequenze. Si chiami $\rho(\nu,T)d\nu$ l'energia elettromagnetica per unità di volume presente nella cavità nell'intervallo di frequenze compreso tra ν e $\nu + d\nu$. Kirchhoff ha dimostrato che, in base ai principi della termodinamica, in un tale corpo ideale, detto corpo nero, la distribuzione spettrale della radiazione elettromagnetica dipende esclusivamente da T, e non dipende affatto dalla natura del materiale o dalla forma della cavità. Utilizzando la teoria elettromagnetica basata sulle equazioni di Maxwell non è possibile ricavare una espressione di $\rho(\nu,T)$ che descriva correttamente le osservazioni sperimentali. Nel 1900 Planck, facendo l'ipotesi rivoluzionaria che l'energia del dipolo oscillante a frequenza ν possa assumere solo valori discreti che siano multipli del quanto fondamentale $h\nu$, ha risolto il problema, ricavando la seguente formula:

$$\rho(\nu,T) = \frac{8\pi h\nu^3}{c^3} \frac{1}{\exp(h\nu/k_B T) - 1} \tag{1.2}$$

dove k_B indica la costante di Boltzmann che vale 1.38×10^{-23} JK^{-1}.

Derivando la (1.2) si trova che la frequenza ν_m corrispondente al massimo della funzione $\rho(\nu,T)$ è proporzionale a T e segue la relazione approssimata $\nu_m \approx 5k_B T/h$.

Introducendo la lunghezza d'onda $\lambda_m = c/\nu_m$, esprimendo λ_m in metri e T in gradi Kelvin, e usando i valori delle costanti universali, si ottiene la seguente relazione, detta legge di Wien:

$$\lambda_m T = 0.288 \times 10^{-2}\,\text{m} \cdot \text{K}. \tag{1.3}$$

Nella Fig. 1.1 è mostrato lo spettro emesso da due corpi neri, uno a 5500 K (il sole) ed uno a 1500 K (filamento di tungsteno nella lampadina ad incandescenza). Il primo emette la maggior parte dell'energia elettromagnetica in corrispondenza delle lunghezze d'onda visibili, mentre il secondo emette soprattutto radiazione infrarossa, il che spiega perché la tradizionale lampadina ad incandescenza è poco efficiente come sorgente di luce visibile.

Le lampade a scarica elettrica (lampade fluorescenti) sono sorgenti nelle quali la temperatura non è molto elevata perché l'eccitazione dei livelli elettronici segue meccanismi diversi dal semplice riscaldamento. Con queste sorgenti è possibile raggiungere un'efficienza più alta nella generazione di luce visibile.

1.3 Origini del laser

Mentre le sorgenti di luce tradizionali sono costituite da un insieme di emettitori indipendenti, il laser è una sorgente nella quale i singoli emettitori operano in fase e individuano una precisa direzione di emissione.

In un famoso lavoro pubblicato nel 1917 Einstein esaminò il caso di un sistema a due livelli all'equilibrio termico, mostrando che il bilancio tra processi di assorbimento ed emissione di quanti di luce diventa compatibile con la legge del corpo nero solo se si ipotizza l'esistenza di un nuovo processo, l'emissione stimolata. Solo negli anni '50 sono nate proposte per utilizzare tale processo al fine di amplificare onde elettromagnetiche ad alta frequenza.

I primi progetti di amplificatori basati sull'emissione stimolata hanno riguardato il campo delle microonde. La nascita della disciplina chiamata nei primi anni Elettronica Quantistica, ed ora, più spesso, Fotonica, si può far coincidere con la realizzazione del primo maser (acronimo di "Microwave Amplification by Stimulated Emission of Radiation"), funzionante a 23.87 GHz, che si basava sull'utilizzo di molecole di ammoniaca. L'esperimento fu eseguito alla Columbia University, New York, da Gordon, Zeiger e Townes e i risultati furono pubblicati nel 1954. Il maser ebbe un ruolo importante nella prima dimostrazione di comunicazioni su lunga distanza, che sfruttava la riflessione di un segnale a microonde da parte di un satellite orbitante attorno alla terra. Nell'esperimento, svolto presso i Laboratori Bell Telephone nel 1960 da Pierce e collaboratori, il maser è stato utilizzato come amplificatore di elevata sensibilità e basso rumore.

La successiva tappa fondamentale è stata la realizzazione nel 1960 del primo oscillatore nel visibile, il laser a rubino, da parte di Maiman, ricercatore degli Hughes Research Laboratories in California. Tale realizzazione era stata preparata da studi teorici di Townes e di Basov e Prokhorov dell'Università di Mosca, studi che sono stati premiati con il premio Nobel nel 1964.

A partire dal 1960, la Fotonica ha avuto uno sviluppo molto intenso. È stata ottenuta azione laser in molti mezzi allo stato gassoso, liquido e solido. Una importante

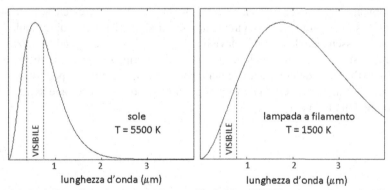

Fig. 1.1 Emissione di corpo nero calcolata per il sole ($T = 5500$ K) e per una lampada a filamento di tungsteno ($T = 1500$ K). Le curve sono normalizzate allo stesso valore massimo

svolta è avvenuta con l'invenzione del laser a semiconduttore, che ha piccole dimensioni, grande efficienza, e una lunga vita media, e può essere fabbricato in grande serie utilizzando le tecnologie dell'elettronica integrata.

Normalmente ogni tipo di laser emette una o più lunghezze d'onda ben definite, che sono caratteristiche del materiale utilizzato. Una proprietà molto importante dei laser a semiconduttore è che possono essere progettati per funzionare ad una lunghezza d'onda a scelta, nel visibile o nell'infrarosso, agendo sulla composizione chimica del materiale, ed anche, su di una scala più fine, sulle dimensioni della zona attiva che funge da amplificatore.

Sono anche disponibili laser accordabili in frequenza, cioè sorgenti in cui è possibile variare la lunghezza d'onda di emissione entro una banda piuttosto ampia senza cambiare il mezzo attivo, ma semplicemente muovendo un componente ottico nella cavità laser.

In diverse applicazioni, sia scientifiche che tecnologiche, è importante disporre di segnali impulsati anziché continui. È possibile far funzionare i laser in modo impulsato, ottenendo, a seconda del tipo di laser e del tipo di operazione, impulsi con durata di alcuni nanosecondi (ns) o alcuni picosecondi (ps) o anche alcune decine di femtosecondi (fs).

In parallelo alla creazione di nuove sorgenti laser, sono state sviluppate applicazioni rivoluzionarie in campo sia scientifico che tecnologico. Basti menzionare, limitandoci alle applicazioni di largo consumo, che la trasmissione di voce e di dati a grande distanza (internet, telefono) è basata sulla propagazione in fibra ottica di impulsi laser ultracorti, che la scrittura e la lettura di dischi ottici (CD, DVD, Blu-Ray) è resa possibile dalla focalizzazione di fasci laser su aree di dimensione sub-micrometrica, che fasci laser sono usati in stampanti e fotocopiatrici, in lavorazioni meccaniche, nella sensoristica industriale ed ambientale, in oftalmologia ed altre applicazioni biomediche.

C'è inoltre da mettere in rilievo che la ricerca riguardante il laser ha stimolato uno studio più approfondito dei processi di interazione tra radiazione e materia, con ricadute che stanno avendo un grande impatto applicativo. L'esempio più significativo è quello del diodo emettitore di luce (Light Emitting Diode, di qui l'acronimo LED), che può essere considerato un sotto-prodotto della ricerca sul laser. Il LED è una sorgente "fredda" di luce incoerente, cha ha una grande efficienza, e sta sostituendo le sorgenti tradizionali in molte applicazioni. I LED stanno diventando un componente essenziale di schermi televisivi, di megaschermi per grandi proiezioni, ed anche di sistemi di illuminazione stradale e di interni. Anche l'area di ricerca riguardante l'utilizzo della luce solare nella generazione di elettricità per effetto fotovoltaico sta traendo beneficio dall'impiego di concetti e di tecnologie sviluppati nell'ambito della Fotonica.

1.4 Proprietà degli oscillatori

Si chiama oscillatore un dispositivo attivo che genera un segnale sinusoidale di ampiezza stabile e di frequenza predefinita. La capacità di produrre campi elettrici oscillanti a frequenze via via più elevate ha avuto un ruolo fondamentale nello sviluppo dei sistemi di telecomunicazione, dei calcolatori, e, in generale, di tutta la strumentazione di misura. Il laser può essere considerato come un dispositivo che estende alle frequenze ottiche lo schema di funzionamento dell'oscillatore elettronico. L'analogia con l'oscillatore elettronico ha un grande valore concettuale perché spiega la differenza fondamentale tra le proprietà del laser e quelle delle sorgenti di luce convenzionale, e, nello stesso tempo, ha un valore applicativo perché indica quale ruolo importante gli oscillatori ottici possano giocare in tutte le tecnologie dell'informazione e delle comunicazioni.

In questa sezione vengono discusse le proprietà generali degli oscillatori, a prescindere dalla loro natura specifica, mostrando che è possibile realizzare un oscillatore quando un amplificatore di una grandezza fisica viene inserito in uno schema di retroazione positiva. Si vedrà poi nelle sezioni seguenti come è possibile realizzare un oscillatore che emetta radiazione luminosa.

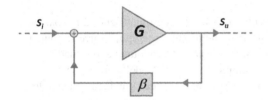

Fig. 1.2 Schema generale dell'oscillatore: amplificatore con retroazione positiva

Si consideri lo schema a blocchi riportato in Fig. 1.2: i segnali di ingresso e di uscita S_i e S_u rappresentano uno spostamento nel caso dell'oscillatore meccanico, una tensione nel caso dell'oscillatore elettronico, o un campo elettrico nel caso dell'oscillatore a microonde o ottico. Il segnale in ingresso S_i attraversa un amplificatore che ha guadagno G. Una frazione β dell'uscita dall'amplificatore viene riportata in ingresso e sommata a S_i. L'uscita S_u è perciò data, in regime stazionario, da:

$$S_u = GS_i + \beta G^2 S_i + \beta^2 G^3 S_i + \dots \qquad (1.4)$$

Supponendo che $|\beta G| < 1$, la serie geometrica rappresentata dalla (1.4) è convergente. Si ottiene quindi:

$$S_u = S_i \frac{G}{1 - \beta G}. \qquad (1.5)$$

La quantità βG viene chiamata guadagno di anello del sistema retroazionato. Si può definire la funzione di trasferimento dell'amplificatore retroazionato come:

$$T = \frac{S_u}{S_i} = \frac{G}{1 - \beta G}. \qquad (1.6)$$

Si supponga che il segnale di ingresso sia una funzione sinusoidale del tempo con frequenza angolare ω. In generale, sia G che β possono essere funzioni complesse di ω. Si assuma, per fissare le idee, che β non dipenda da ω e che l'andamento in frequenza di G sia esprimibile tramite una funzione che presenta una risonanza ad ω_o:

$$G(\omega) = \frac{G_o}{1 + i(\omega - \omega_o)\tau}. \tag{1.7}$$

L'amplificazione di potenza $|G(\omega)|^2$ è data da:

$$|G(\omega)|^2 = \frac{|G_o|^2}{1 + (\omega - \omega_o)^2\tau^2}. \tag{1.8}$$

La (1.8) è detta funzione lorentziana (da Lorentz), e rappresenta in molti casi l'andamento effettivo dell'assorbimento (o del guadagno) in funzione della frequenza. La quantità τ^{-1} rappresenta la semilarghezza a metà altezza della lorentziana.

Sostituendo la (1.7) nella (1.6), si trova la risposta in frequenza del sistema retroazionato:

$$T(\omega) = \frac{G_o}{1 + i(\omega - \omega_o)\tau - \beta G_o} = \frac{G_{fo}}{1 + i(\omega - \omega_o)\tau_f} \tag{1.9}$$

dove $G_{fo} = G_o/(1 - \beta G_o)$, e $\tau_f = \tau/(1 - \beta G_o)$. Si vede quindi che la retroazione positiva aumenta il guadagno di picco, e, nello stesso tempo, riduce la banda in frequenza, in modo tale da conservare invariato il prodotto banda-guadagno. In Fig. 1.3 viene mostrato a titolo di esempio l'andamento della funzione di trasferimento per la potenza, $|T(\omega)|^2$, per valori crescenti del guadagno di anello, all'interno dell'intervallo $0 < \beta G_o < 1$.

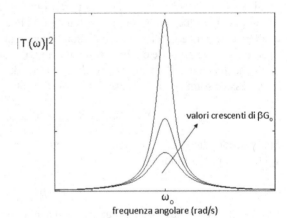

Fig. 1.3 Andamento della risposta in frequenza $|T(\omega)|^2$ dell'amplificatore reazionato al variare del guadagno d'anello

$|T(\omega)|^2$

valori crescenti di βG_o

ω_o

frequenza angolare (rad/s)

Per βG_o tendente ad 1, G_{fo} tende all'infinito e la larghezza di banda $\Gamma_f = 2\tau_f^{-1}$ tende a 0. La condizione $\beta G_o = 1$ è la condizione di soglia per il funzionamento come oscillatore: infatti, se G_{fo} diventa infinito, il sistema può dare in uscita un segnale finito anche se il segnale di ingresso è infinitesimo.

Che tipo di segnale di uscita viene generato dall'oscillatore? Siccome la banda diventa infinitamente stretta attorno a ω_o, il segnale di uscita non può che essere una sinusoide a frequenza ω_o. Se il guadagno di anello è maggiore di 1, l'oscillazione viene innescata dal rumore presente nel sistema: il sistema reazionato sceglie fra tutte le componenti in frequenza del rumore quella a frequenza ω_o, amplificandola attraverso un numero molto grande di passaggi fino a dare in uscita un segnale oscillante a ω_o. Si noti, incidentalmente, che, nel caso generale in cui anche β dipenda da ω, $T(\omega)$ assume il valore massimo alla frequenza per cui è massimo il guadagno di anello. Tale frequenza può essere diversa da ω_o.

La trattazione svolta finora sembrerebbe indicare che S_u possa diventare infinito quando l'amplificazione supera il valore di soglia $G_{os} = \beta^{-1}$. Chiaramente questo non è possibile, anche in base ad una semplice considerazione di conservazione dell'energia: la potenza di ingresso dell'oscillatore, che è quella che occorre per far funzionare l'amplificatore (per amplificare ci vogliono elementi attivi che vanno alimentati), è finita. La potenza di uscita dell'oscillatore non può essere maggiore di quella di ingresso, quindi il segnale di uscita S_u deve essere finito.

Per ricavare il valore stazionario di S_u bisogna svolgere una trattazione nonlineare che tenga conto degli effetti di saturazione. È infatti una proprietà generale degli amplificatori che il guadagno tenda a decrescere quando l'ampiezza del segnale di uscita diventa troppo grande. Ci si deve quindi aspettare che G_o sia una funzione decrescente di S_u, che va a 0 quando S_u diventa grande, come riportato qualitativamente in Fig. 1.4.

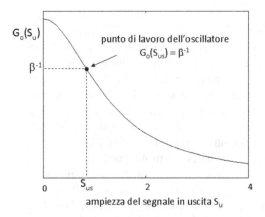

Fig. 1.4 Saturazione dell'amplificatore: andamento del guadagno in funzione del segnale di uscita S_u. Il punto di lavoro dell'oscillatore è quello per cui $\beta G_o(S_{us}) = 1$

Il meccanismo di funzionamento dell'oscillatore sopra soglia è il seguente. Inizialmente l'oscillatore viene preparato con un guadagno di piccolo segnale $G_o(0)$ maggiore di β^{-1}. Mano a mano che S_u cresce tramite amplificazioni successive dentro l'anello, il guadagno $G_o(S_u)$ diminuisce: la situazione stazionaria si raggiunge quando S_u raggiunge il valore di saturazione S_{us}, in corrispondenza del quale $G_o(S_{us}) = \beta^{-1}$, cioè quando il guadagno d'anello è uguale a 1. È infatti evidente dalla Fig. 1.4 che, se $S_u < S_{us}$ il guadagno d'anello è > 1 e S_u tende a crescere, mentre se $S_u > S_{us}$ il guadagno di anello è < 1 e S_u tende a decrescere. Il punto di lavoro stabile dell'oscillatore corrisponde quindi alla situazione per cui il guadagno ad anello βG_o è uguale a 1.

1.5 Emissione e assorbimento di luce

La discussione generale svolta nella sezione precedente mostra che, per ottenere un oscillatore che emetta radiazione luminosa, è necessario disporre di un amplificatore ottico. Per introdurre intuitivamente l'argomento verrà utilizzata in questa sezione una descrizione elementare dell'interazione tra atomi e onde elettromagnetiche che è basata su semplici considerazioni di bilancio. L'atomo è costituito da un nucleo con carica elettrica positiva e da una nuvola di elettroni con carica negativa. Immaginando che l'atomo abbia una struttura simile ad un microscopico sistema planetario, la sua energia interna è la somma dell'energia potenziale associata alla distribuzione spaziale delle cariche elettriche più l'energia cinetica associata al moto rotatorio degli elettroni attorno al nucleo. Nella situazione di equilibrio l'atomo ha una configurazione a cui è associata una energia interna E_0. Si dice che l'atomo è eccitato se la sua energia interna diventa maggiore di E_0, il che corrisponde, nel modello intuitivo, a spostare un elettrone in un'orbita più esterna. La meccanica quantistica dimostra che l'energia interna di un atomo può assumere solo valori discreti $E_0, E_1, E_2 \ldots$, e che l'atomo può assorbire od emettere radiazione elettromagnetica solo se questa ha una frequenza data dalla relazione

$$v_{ik} = \frac{E_i - E_k}{h} \tag{1.10}$$

dove si è assunto $E_i > E_k$. Se l'atomo si trova nello stato k esso può compiere una transizione verso lo stato i assorbendo un fotone, cioè un quanto di energia elettromagnetica pari a $h v_{ik} = \hbar \omega_{ik}$. Invece, compiendo la transizione dallo stato i allo stato k, l'atomo emette il quanto $h v_{ik}$. Poiché il valore dei livelli energetici è diverso a seconda del tipo di atomo, ogni atomo possiede un insieme discreto di frequenze caratteristiche v_{ik}. In realtà, non tutte le transizioni sono radiative: esistono delle regole di selezione che determinano quali, fra tutte le transizioni possibili per un certo atomo, possono avvenire attraverso scambi di energia elettromagnetica.

È utile avere presenti alcuni ordini di grandezza: considerando una transizione che sia in risonanza con luce verde a lunghezza d'onda nel vuoto pari a $0.5 \mu m$, la frequenza corrispondente è 6×10^{14} Hz, ed il salto di energia, calcolato dalla (1.10), è $2.5 \, eV$.

Si consideri una scatola contenente N_t atomi per unità di volume che si trovino tutti sullo stato fondamentale, indicato in Fig. 1.5 come livello 0, e si supponga di inviare un'onda monocromatica, che abbia una frequenza v vicina a v_{10}. Si chiami Φ il flusso di fotoni (numero di fotoni per unità di superficie e per unità di tempo) a frequenza v, che è uguale all'intensità I dell'onda divisa per l'energia del fotone,

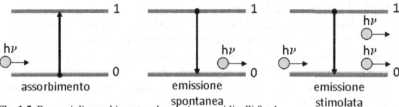

Fig. 1.5 Processi di assorbimento ed emissione tra i livelli 0 e 1

$\Phi = I/(h\nu)$.

Alcuni atomi assorbiranno un fotone portandosi dallo stato 0 al livello eccitato 1. Il numero di processi di assorbimento per unità di tempo e per unità di volume deve essere proporzionale sia al numero di fotoni che al numero di atomi che si trovino sullo stato fondamentale, e può quindi essere espresso come:

$$-\frac{dN_0}{dt} = \sigma_{01}(\nu)\Phi N_0 \qquad (1.11)$$

dove $N_0(t)$ è la popolazione del livello 0, cioè il numero di atomi per unità di volume che si trovano sul livello 0 all'istante t. Il segno meno davanti alla derivata indica che i processi di assorbimento diminuiscono la popolazione del livello 0.

La costante di proporzionalità $\sigma_{01}(\nu)$, detta sezione d'urto di assorbimento, rappresenta la probabilità di assorbimento di un fotone da parte dell'atomo, ed ha le dimensioni di un'area. Tipicamente la sezione d'urto $\sigma_{01}(\nu)$ è una funzione lorentziana della frequenza, centrata a ν_{10}, con una larghezza a metà altezza $\Delta\nu_{10}$. L'affermazione che il fotone possa essere assorbito anche se la sua energia è diversa da $h\nu_{10}$ sembrerebbe in contraddizione con la (1.10). È però importante tenere presente che l'energia dei livelli atomici è sempre definita con una certa indeterminazione: il fatto che $\sigma_{01}(\nu)$ non sia una delta di Dirac, ma una funzione che abbia valori significativi in tutto un intervallo di frequenze nell'intorno di ν_{10} riflette semplicemente l'indeterminazione dell'energia dei livelli eccitati.

L'atomo eccitato tende a portarsi nuovamente nello stato fondamentale attraverso un decadimento spontaneo da 1 a 0, emettendo un fotone. La radiazione emessa spontaneamente ha una distribuzione spaziale isotropa (cioè, è emessa con uguale probabilità in tutte le direzioni), ed ha una distribuzione spettrale identica a quella della sezione d'urto di assorbimento $\sigma_{01}(\nu)$.

Supponendo che all'istante $t = 0$ ci siano degli atomi eccitati sul livello 1, ed osservando l'andamento nel tempo dell'intensità della radiazione emessa per emissione spontanea, si trova un decadimento esponenziale con una costante di tempo τ_{10}, che è caratteristica della transizione considerata e viene chiamata vita media del livello eccitato 1, mentre il suo reciproco $A_{10} = \tau_{10}^{-1}$ rappresenta la probabilità di decadimento per unità di tempo dallo stato 1 allo stato 0. Il numero di processi di emissione spontanea per unità di tempo e per unità di volume è dato da $A_{10}N_1$, perciò:

$$-\frac{dN_1}{dt} = A_{10}N_1. \qquad (1.12)$$

Il segno meno davanti alla derivata indica che i processi di decadimento spontaneo provocano una diminuzione della popolazione del livello 1.

Einstein ha dimostrato, con un ragionamento descritto nella sottosezione seguente, che, oltre ai processi di assorbimento e di emissione spontanea, devono esistere nel sistema anche processi di emissione stimolata, cioè processi nei quali la presenza di radiazione a frequenza vicina a v_{10} stimola il decadimento dell'atomo dallo stato 1 allo stato 0 con conseguente emissione di un fotone. I diversi processi sono schematizzati nella Fig. 1.5.

Analogamente a quanto fatto per l'assorbimento, il numero di processi di emissione stimolata per unità di tempo e per unità di volume viene scritto come:

$$-\frac{dN_1}{dt} = \sigma_{10}(v)\Phi N_1 \qquad (1.13)$$

dove $\sigma_{10}(v)$ è la sezione d'urto di emissione stimolata. Come dimostrato da Einstein, per una transizione atomica la sezione d'urto di emissione stimolata è uguale alla sezione d'urto di assorbimento, cioè: $\sigma_{10}(v) = \sigma_{01}(v)$.

La radiazione emessa per emissione stimolata ha la stessa frequenza e lo stesso vettore d'onda della radiazione stimolante: essa si traduce quindi in un'amplificazione dell'intensità del fascio incidente. Se un fascio di luce a frequenza vicina a v_{10} attraversa un insieme di atomi, parte dei quali è sul livello 0 e parte sul livello 1, si sviluppa una competizione fra assorbimento ed emissione stimolata: se $N_0 > N_1$ prevale l'assorbimento, ma se $N_0 < N_1$ prevale l'amplificazione. La condizione $N_0 < N_1$ è detta condizione di inversione di popolazione.

Nel caso di un insieme di atomi che siano all'equilibrio termico alla temperatura T, il rapporto fra N_1 e N_0 è dato dal fattore di Boltzmann ed è sempre minore di 1:

$$\frac{N_1}{N_0} = \exp\left(-\frac{hv_{10}}{k_B T}\right). \qquad (1.14)$$

Ad esempio per una transizione nel rosso, $hv_{10} = 2\,\text{eV}$, a temperatura ambiente, $T = 300\,\text{K}$, si ha $N_1/N_0 = e^{-80} \approx 10^{-35}$. Questo vuol dire che la probabilità di portare un atomo su uno stato eccitato sfruttando l'agitazione termica è completamente trascurabile per una transizione nel visibile.

Qual è il valore di N_1/N_0 che si può ottenere in presenza di un flusso Φ di fotoni a frequenza vicina a v_{10}? Combinando le (1.11), (1.12), e (1.13), e tenendo conto che $N_0 + N_1 = N_t$, si ottiene l'equazione che descrive la dinamica di $N_1(t)$:

$$\frac{dN_1}{dt} = \sigma_{01}(v)\Phi(N_t - 2N_1) - A_{10}N_1. \qquad (1.15)$$

Il primo termine a destra della (1.15) esprime il bilancio tra i processi di assorbimento e di emissione stimolata indotti dalla presenza di Φ, ed il secondo termine descrive l'emissione spontanea. Supponendo che Φ sia acceso istantaneamente a $t = 0$ e che rimanga costante per $t > 0$, e ponendo $N_1(0) = 0$, si può risolvere facilmente la (1.15) ottenendo:

$$N_1(t) = \frac{\sigma_{01}\Phi N_t}{A_{10} + 2\sigma_{01}\Phi}\{1 - \exp[-(A_{10} + 2\sigma_{01}\Phi)t]\}. \tag{1.16}$$

L'andamento di $N_1(t)$ è mostrato in Fig. 1.6. La costante di tempo che determina quanto tempo impiega la funzione ad avvicinarsi al valore stazionario è : $\tau = (A_{10} + 2\sigma_{01}\Phi)^{-1}$. I valori stazionari di $N_1(t)$ e di $N_0(t)$, ottenuti per $t \to \infty$, sono:

$$N_{1s} = \frac{N_t}{2 + A_{10}/(\sigma_{01}\Phi)} \quad , \quad N_{0s} = N_t\frac{1 + A_{10}/(\sigma_{01}\Phi)}{2 + A_{10}/(\sigma_{01}\Phi)}. \tag{1.17}$$

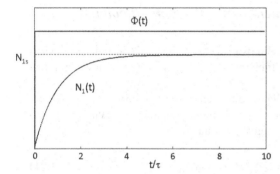

Fig. 1.6 Andamento di $N_1(t)$ in risposta ad un flusso $\Phi(t)$ a gradino

In presenza del flusso Φ il materiale diventa meno assorbente perché la popolazione del livello fondamentale diminuisce, e, nello stesso tempo, ci sono processi di emissione stimolata che tendono a compensare l'assorbimento. Si noti che N_{1s} è sempre minore di N_{0s}, e che entrambe le popolazioni tendono a $N_t/2$ quando Φ tende all'infinito. Quindi, per $\Phi \to \infty$, il materiale diventa completamente trasparente perché il numero di processi di assorbimento tende ad uguagliare il numero di processi di emissione stimolata. La prima delle (1.17) può anche essere scritta come:

$$N_{1s} = \frac{N_t}{2}\frac{1}{1 + \Phi_s/\Phi} \tag{1.18}$$

dove $\Phi_s = A_{10}/(2\sigma_{10})$ è chiamato flusso di saturazione della transizione considerata.

Se il flusso Φ incidente sugli atomi proviene da una lampada, e non da un laser, non può essere considerato monocromatico, ma è probabile che presenti uno sparpagliamento in frequenza più ampio della larghezza di banda $\Delta\nu_{10}$ della sezione d'urto della transizione. In questo caso, considerando ad esempio il fenomeno di assorbimento, non è più possibile utilizzare semplicemente la (1.11), ma, come discusso nella seguente sottosezione, occorre calcolare il numero dei processi di assorbimento con il seguente integrale:

$$\frac{dN_0}{dt} = -N_0 \int \sigma_{01}(v')\phi(v')dv' \tag{1.19}$$

dove è stato introdotto il flusso incidente per unità di frequenza $\phi(v')$, il cui integrale rappresenta il flusso totale:

$$\Phi = \int \phi(v')dv'. \tag{1.20}$$

La (1.19) si riduce alla (1.11) se il flusso è monocromatico, cioè se: $\phi(v') = \Phi\delta(v' - v)$, dove $\delta(v' - v)$ è la funzione delta di Dirac.

1.5.1 Coefficienti di assorbimento e di emissione stimolata

In questa sottosezione, seguendo la dimostrazione originale di Einstein, si ricavano le relazioni che legano fra loro i coefficienti di assorbimento, di emissione stimolata e di emissione spontanea.

Si consideri il caso in cui la radiazione incidente sugli atomi non sia monocromatica, ma presenti una distribuzione spettrale molto più ampia di Δv_{10}. In tal caso si può approssimare la (1.19) con la seguente equazione:

$$\frac{dN_0}{dt} = -c^{-1}B_{01}\phi(v_{10})N_0 \tag{1.21}$$

dove

$$B_{01} = c \int \sigma_{01}(v')dv' \tag{1.22}$$

è detto coefficiente di assorbimento (unità di misura: $m^3 s^{-2}$).

Nel suo lavoro del 1917 Einstein osserva che, in una situazione di equilibrio termico, il numero di atomi che nell'unità di tempo compie la transizione da 1 a 0 deve essere uguale a quello che compie la transizione inversa da 0 a 1. Tenendo conto dell'assorbimento e dell'emissione spontanea, e notando che $\phi(v) = c\rho(v)/(hv)$, si dovrebbe avere:

$$hv_{10}A_{10}N_1 = \rho(v_{10})B_{01}N_0. \tag{1.23}$$

Tenendo conto del fatto che N_0/N_1 è data dalla (1.14), dalla (1.23) si può ricavare la dipendenza di $\rho(v)$ dalla temperatura. Il risultato che si ottiene è però in contrasto con la (1.2). A questo punto, Einstein ha ipotizzato l'esistenza di un terzo processo, l'emissione stimolata. Scrivendo il numero di processi di emissione stimolata che avvengono nell'unità di tempo in modo analogo a quanto fatto per i processi di assorbimento, la (1.13) si trasforma nell'equazione:

$$\frac{dN_1}{dt} = -c^{-1}B_{10}\phi(v)N_1 \tag{1.24}$$

dove è stato definito il coefficiente di emissione stimolata B_{10}:

$$B_{10} = c \int \sigma_{10}(\nu')d\nu'. \tag{1.25}$$

Il bilancio tra processi di assorbimento e processi di emissione diventa:

$$h\nu_{10}A_{10}N_1 + \rho(\nu_{10})B_{10}N_1 = \rho(\nu_{10})B_{01}N_0. \tag{1.26}$$

Dalla (1.26) si ricava l'espressione:

$$\rho(\nu_{10}) = \frac{h\nu_{10}A_{10}}{B_{01}(N_0/N_1) - B_{10}}. \tag{1.27}$$

Tenendo conto della (1.14), confrontando la (1.27) con la (1.2), si ottengono le relazioni:

$$B_{10} = B_{01} \ , \ \frac{A_{10}}{B_{10}} = \frac{8\pi\nu_{10}^2}{c^3}. \tag{1.28}$$

Si noti che l'uguaglianza tra B_{10} e B_{01} implica che $\sigma_{10} = \sigma_{01}$.

Le relazioni (1.28) mostrano che c'è simmetria tra assorbimento ed emissione stimolata, e vincolano il coefficiente di assorbimento (o emissione stimolata) al coefficiente di emissione spontanea. Il calcolo di B_{10} deve essere fatto utilizzando la meccanica quantistica. Si trova che B_{10}, a pari valore dell'elemento di matrice della transizione, è proporzionale a ν_{10}. Ne consegue che A_{10} è proporzionale al cubo delle frequenza: questo significa che il tempo di decadimento spontaneo $\tau_{10} = (A_{10})^{-1}$ è molto più lungo per transizioni nell'infrarosso rispetto a transizioni nel visibile, e diventa molto breve per transizioni nell'ultravioletto. La presenza di tempi molto brevi di decadimento del livello eccitato rende più difficile creare e sostenere l'inversione di popolazione, e costituisce l'ostacolo principale alla realizzazione di laser nell'ultravioletto e, a maggior ragione, nella regione dei raggi X.

1.6 Amplificazione ottica

In questa sezione viene discusso lo schema dell'amplificatore ottico. È chiaro dalla trattazione della sezione precedente che non è possibile ottenere inversione di popolazione mettendo in gioco solo un livello eccitato. Occorre quindi un processo di eccitazione che coinvolga almeno un secondo livello eccitato.

Nel gergo della Fotonica si chiama pompaggio il processo che produce la condizione di inversione di popolazione tra due livelli energetici, e si chiama mezzo attivo il materiale che funge da amplificatore.

Si consideri uno schema atomico a tre livelli, come quello mostrato in Fig. 1.7. Lo schema è simile a quello utilizzato nel primo laser, il laser a rubino. Lo scopo è quello di ottenere inversione di popolazione tra il livello fondamentale 0 ed il livello eccitato 1. In presenza di un flusso luminoso di pompa $\Phi_p(\nu)$ che contiene frequenze vicine a v_{20}, avvengono transizioni dal livello 0 al livello 2, mentre il livello 1 si popola attraverso il decadimento spontaneo da 2 a 1. Intuitivamente, si può prevedere che sia possibile ottenere inversione tra 0 e 1 se il decadimento spontaneo è rapido per la transizione da 2 a 1, ed è lento per quella da 1 a 0. Una situazione di questo tipo crea infatti un collo di bottiglia che permetterebbe, in un regime di equilibrio dinamico, di accumulare atomi eccitati su 1.

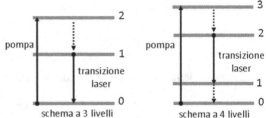

Fig. 1.7 Schemi a tre e a quattro livelli. La direzione verticale indica energia crescente

Per trattare in modo quantitativo il sistema a tre livelli si ricorre alle cosiddette equazioni di bilancio (chiamate "rate equations" nella letteratura in lingua inglese), che descrivono la dinamica della popolazione dei livelli energetici tenendo conto di tutti i possibili processi di assorbimento e di emissione:

$$\frac{dN_1}{dt} = A_{21}N_2 - A_{10}N_1 \tag{1.29}$$

$$\frac{dN_2}{dt} = W_{02p}(N_0 - N_2) - (A_{20} + A_{21})N_2 \tag{1.30}$$

dove A_{10}, A_{20} e A_{21} sono probabilità di decadimento spontaneo per unità di tempo, mentre il termine W_{02p} rappresenta la probabilità per unità di tempo che l'atomo, sotto l'azione della pompa, compia una transizione da 0 a 2 o viceversa. Tenendo presente la (1.19) questo termine può essere espresso come $W_{02p} = \int \sigma_{02}(v')\phi_p(v')dv'$.

Essendo la somma delle popolazioni una quantità uguale al numero totale di atomi per unità di volume N_t,

$$N_0 + N_1 + N_2 = N_t, \tag{1.31}$$

si può eliminare N_0 dalla (1.30) e ottenere un sistema di due equazioni in due incognite. Se W_{02p} è costante, si tratta di un sistema lineare che può essere facilmente risolto.

Il valore stazionario dell'inversione di popolazione, ottenuto ponendo uguali a zero le derivate temporali. è dato da:

$$N_s = N_{1s} - N_{0s} = N_t \frac{1 - \frac{A_{10}}{A_{21}} \frac{W_{02p} + A_{20} + A_{21}}{W_{02p}}}{1 + \frac{A_{10}}{A_{21}} \frac{2W_{02p} + A_{20} + A_{21}}{W_{02p}}}. \tag{1.32}$$

La condizione per ottenere amplificazione è quella per cui $N_s > 0$, il che equivale ad affermare che il numeratore della frazione che compare a destra della (1.32) deve essere positivo. Si noti che, anche assumendo che il parametro di pompa abbia un valore elevato, $W_{02p} \gg A_{20} + A_{21}$, il numeratore della frazione può diventare positivo solo se viene soddisfatta la condizione necessaria $A_{21} > A_{10}$, in accordo con le considerazioni intuitive sopra esposte. È interessante osservare che, se $A_{21} \gg A_{10}$ e nello stesso tempo $W_{02p} \gg A_{20} + A_{21}$, risulta dalla (1.32) che $N_s = N_t$, cioè tutti gli atomi sono trasferiti sul livello eccitato 1.

Uguagliando a 0 il numeratore, si trova il valore di soglia per il parametro di pompa W_{02pth}:

$$W_{02pth} = A_{10} \frac{A_{20} + A_{21}}{A_{21} - A_{10}}. \tag{1.33}$$

In pratica, per evitare valori di soglia troppo elevati del parametro di pompa, si cerca di scegliere sistemi in cui A_{21} è molto maggiore di A_{10}. Il primo laser che è stato realizzato si basava effettivamente su di uno schema a tre livelli in cui A_{21} superava di molti ordini di grandezza A_{10}.

Un secondo schema utilizzabile è quello a quattro livelli, anche esso mostrato in Fig. 1.7. In questo caso il pompaggio porta gli atomi dal livello fondamentale 0 al livello 3, il livello 2 viene popolato dal decadimento spontaneo da 3 a 2 e l'azione laser avviene tra i livelli 2 e 1. In analogia con il ragionamento intuitivo fatto a proposito del sistema a 3 livelli, ci si può aspettare che sarà possibile ottenere amplificazione alla frequenza ν_{21} se i decadimenti spontanei da 3 a 2 e da 1 a 0 sono rapidi, ed è lento quello da 2 a 1. Quasi tutti i laser funzionano sullo schema a quattro livelli, che presenta un vantaggio importante rispetto a quello a tre livelli: nel caso dello schema a tre livelli occorre portare sul livello superiore della transizione laser almeno la metà degli atomi perché il mezzo diventi amplificatore, mentre nello schema a quattro livelli, essendo il livello inferiore (livello 1) vuoto, si ha già amplificazione con un solo atomo su 2. Il sistema a quattro livelli è descritto dalle seguenti equazioni di bilancio:

$$\frac{dN_3}{dt} = W_{03p}(N_0 - N_3) - (A_{30} + A_{31} + A_{32})N_3 \tag{1.34}$$

$$\frac{dN_2}{dt} = A_{32}N_3 - (A_{20} + A_{21})N_2 \tag{1.35}$$

$$\frac{dN_1}{dt} = A_{31}N_3 + A_{21}N_2 - A_{10}N_1 \tag{1.36}$$

dove ora $W_{03p} = \int \sigma_{03}(\nu')\phi_p(\nu')d\nu'$. Alle (1.34-1.36) si associa la relazione:

$$N_0 + N_1 + N_2 + N_3 = N_t. \tag{1.37}$$

Ponendo uguali a 0 le derivate temporali, si ottiene il seguente valore stazionario dell'inversione di popolazione:

$$N_s = N_{2s} - N_{1s} = N_t \frac{(1 - C_1)W_{03p}}{C_2 + C_3 W_{03p}}, \tag{1.38}$$

dove

$$C_1 = \frac{A_{31}A_{21} + A_{31}A_{20} + A_{32}A_{21}}{A_{10}A_{32}} \qquad (1.39)$$

$$C_2 = \frac{(A_{21} + A_{20})(A_{30} + A_{31} + A_{32})}{A_{32}} \qquad (1.40)$$

$$C_3 = \frac{A_{31}A_{21} + A_{31}A_{20} + A_{32}A_{10} + 2A_{10}A_{21} + 2A_{10}A_{20}}{A_{10}A_{32}}. \qquad (1.41)$$

Un risultato importante è che, in questo caso, il flusso di soglia è nullo, $W_{03pth} = 0$. La condizione da soddisfare perché N_s sia positivo è che $C_1 < 1$. In molti casi pratici $A_{20} \ll A_{21}$ e $A_{31} \ll A_{32}$, cosicché la condizione $N_s > 0$ si riduce a: $A_{21} < A_{10}$.

Sia per lo schema a tre livelli che per quello a quattro livelli sono state considerate solo le soluzioni stazionarie. Le soluzioni dipendenti dal tempo, qui non riportate, permettono di valutare quanto tempo occorre perché l'inversione di popolazione si avvicini al valore stazionario.

Si supponga di voler amplificare un fascio di luce monocromatica a frequenza ν vicina a ν_{21} utilizzando un mezzo attivo a 4 livelli in cui sia stata realizzata inversione di popolazione. Assumendo che il fascio di luce si propaghi lungo l'asse z e che il mezzo attivo si estenda da $z = 0$ a $z = L$, la variazione infinitesima del flusso di fotoni Φ nell'attraversare lo spessore dz alla coordinata z è data dal seguente bilancio tra emissione stimolata e assorbimento:

$$d\Phi = \sigma(\nu)(N_2 - N_1)\Phi dz. \qquad (1.42)$$

Per semplicità di notazione si è scritto σ anziché σ_{12}.

Si noti che nella (1.42) è stato trascurato il contributo dell'emissione spontanea. Il motivo è che l'emissione spontanea è sparpagliata in tutte le direzioni e su tutta la banda in frequenza che caratterizza la transizione, perciò è ragionevole ritenere che, in condizioni normali, sia molto piccolo il numero di fotoni di emissione spontanea emessi nella direzione dell'asse z alla frequenza del fascio incidente. Se la trattazione venisse svolta in termini di campo elettrico invece che di flusso di fotoni, ci sarebbe anche da notare che le onde dovute all'emissione spontanea non hanno alcuna relazione di fase né tra loro, né con il campo del fascio incidente. Perciò l'emissione spontanea costituisce una sorgente di rumore nell'amplificatore ottico, nel senso che introduce delle fluttuazioni casuali nel segnale di uscita. Naturalmente, si tratta di un rumore che è intrinseco, e quindi non eliminabile, al funzionamento dell'amplificatore. C'è una differenza importante tra l'amplificatore elettronico e quello ottico riguardo al tipo di rumore. Nel primo caso $h\nu$ è piccolo rispetto a $k_B T$, quindi il rumore è prevalentemente termico, mentre nel secondo caso $h\nu$ è grande rispetto a $k_B T$, quindi il rumore è prevalentemente di origine quantistica.

Nel regime di piccoli segnali si può supporre che il flusso di fotoni sia abbastanza debole da non modificare apprezzabilmente la popolazione dei livelli atomici. Se $N_2 - N_1$ non dipende da z, la (1.42) è un'equazione lineare che ha soluzione:

$$\Phi(z) = \Phi_o \exp[g(\nu)z] \qquad (1.43)$$

dove Φ_o è il flusso entrante nell'amplificatore alla coordinata $z = 0$, e $g(v) = \sigma(v)(N_2 - N_1)$ è il guadagno per unità di lunghezza dell'amplificatore. Il guadagno complessivo dell'amplificatore di lunghezza L è perciò:

$$G = \exp[g(v)L]. \tag{1.44}$$

1.7 Schema e caratteristiche del laser

Come si è visto nella Sezione 1.4, l'oscillatore è un amplificatore retroazionato. Per ottenere un laser è quindi necessario applicare una retroazione positiva all'amplificatore ottico descritto nella sezione precedente. Trattandosi di un fascio di luce, la retroazione può essere facilmente realizzata rinviando, con un sistema di specchi, una frazione del fascio di uscita all'ingresso dell'amplificatore. In Fig. 1.8 è mostrato un laser con struttura ad anello nel quale c'è un'onda che viaggia in senso orario. Normalmente, invece della cavità ad anello, si utilizza uno schema a due specchi paralleli (anch'esso mostrato in Fig. 1.8), denominato cavità a Fabry-Perot, che è più semplice e compatto, ed ha anche il vantaggio di presentare due attraversamenti dell'amplificatore in un giro completo della cavità. Di solito l'amplificatore ha una geometria cilindrica, il fascio di luce si propaga lungo l'asse del cilindro e gli specchi sono perpendicolari all'asse del cilindro. Almeno uno degli specchi deve trasmettere parzialmente la radiazione: la luce trasmessa costituisce il segnale di uscita del laser.

Poiché la dimensione trasversale degli specchi e del mezzo attivo è finita, è chiaro che il fascio laser deve viaggiare in asse per poter rimanere indefinitamente intrappolato in cavità. Un fascio che viaggiasse lievemente fuori asse uscirebbe dalla cavità dopo un certo numero di rimbalzi tra gli specchi. Questa semplice considerazione geometrica spiega la direzionalità del segnale emesso dal laser.

Per comprendere appieno il funzionamento della cavità laser, invece di ragionare in termini di flusso di fotoni, occorre trattare il fascio di luce come un'onda. Si può ricavare la condizione di soglia del laser immaginando di iniettare un segnale in

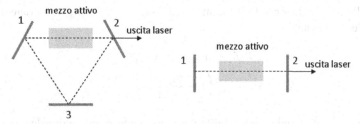

laser con cavità ad anello   laser con cavità Fabry-Perot

Fig. 1.8 Configurazioni del laser. Gli specchi 1 e 3 sono totalmente riflettenti, lo specchio 2 è lo specchio di uscita ed è quindi parzialmente trasmittente

cavità e di studiare come cambiano ampiezza e fase dopo un giro completo nella cavità stessa: l'oscillatore è a soglia se il guadagno di anello è uguale a 1.

Si consideri la cavità a Fabry-Perot della Fig. 1.8, ponendo l'origine dell'asse z sullo specchio 1. Si chiami $E(t) = E_o \exp(-i\omega t)$ il campo elettrico dell'onda piana che parte dallo specchio 1 verso destra, L la distanza tra gli specchi, e r_1 (r_2) la riflettività di campo dello specchio 1 (2). L'amplificatore è caratterizzato da una lunghezza l, da un indice di rifrazione n, e da un guadagno G per il flusso di fotoni, cioè per l'intensità luminosa. Tenendo conto del fatto che l'intensità è proporzionale al modulo quadro del campo elettrico, l'effetto dell'amplificatore è quello di moltiplicare il campo elettrico associato all'onda entrante nell'amplificatore per il fattore $\sqrt{G} \exp[i(\omega/c)nl]$. Il campo elettrico $E'(t)$ dell'onda che ha compiuto un giro completo nella cavità è quindi:

$$E'(t) = E_o r_1 r_2 G \exp\{-i[\omega t - (2\omega/c)(L - l + nl)]\}. \tag{1.45}$$

La condizione di soglia, cioè di guadagno di anello uguale a 1, ottenuta uguagliando E' ad E, è la seguente:

$$r_1 r_2 G \exp\{i[(2\omega/c)(L - l + nl)]\} = 1. \tag{1.46}$$

La (1.46) mostra che il guadagno di anello è una quantità complessa. La condizione di soglia si spezza quindi in due condizioni:

- il modulo del guadagno di anello deve essere uguale a 1;
- la fase del guadagno di anello deve essere un multiplo di 2π, deve cioè valere $2q\pi$, dove q è un intero positivo.

La prima condizione definisce, una volta fissate le caratteristiche geometriche della cavità laser, il valore di soglia g_{th} del guadagno per unità di lunghezza nel mezzo attivo, e quindi il valore di soglia dell'inversione di popolazione. La condizione sulla fase definisce l'insieme discreto di autofrequenze ν_q, su cui il laser può effettivamente funzionare. I modi del laser caratterizzati da diversi valori dell'indice q sono detti modi longitudinali.

In generale, r_1 e r_2 sono quantità complesse perché il campo riflesso da uno specchio ha solitamente una fase diversa da quella del campo incidente. Si può porre: $r_1 = \sqrt{R_1} \exp(i\phi_1)$, $r_2 = \sqrt{R_2} \exp(i\phi_2)$, dove R_1 e R_2 sono i due coefficienti di riflessione per l'intensità. Definendo il cammino ottico $L' = L - l + nl$, si ricavano dalla (1.46) le due relazioni:

$$\sqrt{R_1 R_2} \exp(g_{th}l) = 1 \tag{1.47}$$

$$\nu_q = \frac{c}{2L'} \left(q - \frac{\phi_1 + \phi_2}{2\pi} \right). \tag{1.48}$$

La Fig. 1.9 presenta l'andamento qualitativo di $g(\nu)$, che è proporzionale a σ_{21}, ed è quindi una funzione centrata alla frequenza di transizione ν_{21}, con una larghezza a metà altezza $\Delta\nu_{21}$. Si è supposto nella figura che il laser sia sopra soglia, cioè che il picco di $g(\nu)$ abbia un valore maggiore di g_{th}. Perché l'oscillatore funzioni occorre però che almeno una delle autofrequenze v_q si trovi nell'intervallo di frequenze in cui il laser è sopra soglia. Questa condizione si verifica certamente se $\Delta v = v_{q+1} - v_q$ è più piccolo di Δv_{21}. Dalla 1.48 si ricava:

$$\Delta v = \frac{c}{2L'}. \tag{1.49}$$

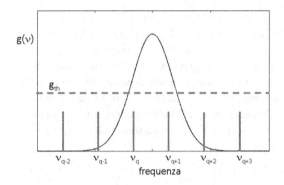

Fig. 1.9 Guadagno nel mezzo attivo. Il valore di soglia è g_{th}. Sono anche indicate alcune autofrequenze della cavità

Si noti che $2L'$ rappresenta il cammino ottico corrispondente ad un giro completo nella cavità laser, perciò $2L'/c$ è il tempo impiegato dalla luce a compiere un giro della cavità. Quali sono i valori tipici di queste grandezze? Se, ad esempio, $L' = 50\,cm$, si ha $2L'/c = 3.3\,ns$, e $\Delta v = 300\,MHz$. Per un laser nel visibile, Δv_{21} è sempre maggiore di $1\,GHz$. Perciò, normalmente: $\Delta v < \Delta v_{21}$.

1.8 Equazioni di bilancio

La discussione generale sugli oscillatori sviluppata nella Sezione 1.4 ha mostrato che il comportamento sopra soglia dell'oscillatore dipende dagli effetti di saturazione del guadagno dell'amplificatore. In questa sezione viene discusso un semplice modello del laser che tiene conto implicitamente della saturazione del guadagno.

Si supponga che il laser utilizzi uno schema a quattro livelli, che funzioni su un solo modo (una sola auto-frequenza), e che la cavità sia del tipo Fabry-Perot. Si introduce l'ipotesi semplificativa che il comportamento dinamico del laser si possa descrivere con due sole grandezze dipendenti dal tempo, il numero totale di fotoni presenti in cavità $Q(t)$ e la popolazione del livello superiore della transizione laser $N_2(t)$. Implicitamente si sta assumendo che il livello 3 abbia un decadimento spontaneo molto rapido verso il livello 2, ed anche che il livello inferiore della transizione laser abbia un decadimento spontaneo molto rapido verso il livello 0, e quindi che i livelli 3 ed 1 siano sempre vuoti. Le equazioni nonlineari che esprimono il bilancio tra guadagno e perdite sono le seguenti:

$$\frac{dQ}{dt} = VBQN_2 - \frac{Q}{\tau_c} \qquad (1.50)$$

$$\frac{dN_2}{dt} = W - BQN_2 - \frac{N_2}{\tau} \qquad (1.51)$$

dove B è una quantità proporzionale al coefficiente di emissione stimolata della transizione laser, V è il volume occupato dal modo nella cavità. W è il numero di atomi per secondo e per unità di volume che vengono portati al livello 2 per azione della pompa, ed è proporzionale alla potenza di pompa P_p. La costante τ è il tempo di decadimento spontaneo del livello 2, e τ_c è la costante di tempo con cui decadrebbe il numero di fotoni in cavità se la pompa cessasse istantaneamente di funzionare. In generale τ_c, che è chiamato vita media del fotone in cavità, dipende, oltre che dal fatto che la riflettività di almeno uno specchio debba essere inferiore ad 1, anche dalle perdite della cavità dovute a riflessioni spurie, disallineamenti, o imperfezioni nei componenti. Se le perdite dovute a difetti della cavità sono trascurabili, τ_c è espresso da:

$$\tau_c = \frac{2L'}{c(1 - R)}, \qquad (1.52)$$

dove R è la riflettività dello specchio di uscita del fascio laser.

Le due equazioni che descrivono sinteticamente il funzionamento del laser hanno un significato molto semplice. La (1.50) dice che il numero totale di fotoni in cavità aumenta per effetto dell'emissione stimolata, ma decresce per effetto delle perdite della cavità. I tre termini a destra della (1.51) descrivono, rispettivamente, la crescita di N_2 dovuta alla pompa, la decrescita dovuta all'emissione stimolata, e la decrescita dovuta all'emissione spontanea.

Le soluzioni stazionarie delle equazioni di bilancio, Q_s e N_{2s}, si ottengono ponendo le derivate temporali uguali a 0. Trattandosi di un sistema nonlineare, è possibile, in generale, che ci sia più di una soluzione stazionaria. Infatti, nel caso delle (1.50) e (1.51), è facile verificare che il sistema presenta due soluzioni:

$$\begin{aligned} Q_s &= 0 \\ N_{2s} &= W\tau \end{aligned} \qquad (1.53)$$

e

$$\begin{aligned} Q_s &= V\tau_c(W - W_{th}) \\ N_{2s} &= (VB\tau_c)^{-1} \end{aligned} \qquad (1.54)$$

dove

$$W_{th} = (VB\tau\tau_c)^{-1}. \qquad (1.55)$$

Svolgendo una analisi di stabilità, si scopre che, una volta fissati i parametri che compaiono nelle (1.50) e (1.51), solo una delle due soluzioni è stabile. Precisamente, la soluzione (1.53) è stabile se $W \leq W_{th}$, cioè se il valore del parametro di pompa

W è insufficiente a compensare le perdite della cavità, e quindi il laser si trova sotto soglia (il guadagno di anello è minore di 1). Si noti che, in realtà, nel laser sotto soglia sono comunque presenti processi di emissione spontanea di fotoni, e quindi in pratica Q_s sarà diverso da zero, anche se piccolo. Nelle equazioni di bilancio (1.50) e (1.51) il contributo dell'emissione spontanea è stato trascurato.

La soluzione (1.54) è invece stabile se $W \geq W_{th}$, cioè se il laser si trova sopra soglia (il guadagno di anello è maggiore di 1). Al crescere del parametro W, si assiste quindi ad uno scambio di stabilità fra le due soluzioni stazionarie.

È interessante osservare che nel laser sopra soglia il valore stazionario della popolazione del livello eccitato non aumenta all'aumentare di W, ma rimane bloccata al valore di soglia: questo corrisponde al fatto che, in regime di saturazione, il guadagno di anello deve essere necessariamente uguale a 1.

Avendo ipotizzato che le perdite della cavità siano solo dovute alla parziale trasmissione dello specchio di uscita del fascio laser, la potenza di uscita in regime stazionario è data da:

$$P_s = h\nu \frac{Q_s}{\tau_c}. \tag{1.56}$$

Si definisce efficienza del laser il rapporto tra la potenza di uscita e la potenza di pompa:

$$\eta = \frac{P_s}{P_p}. \tag{1.57}$$

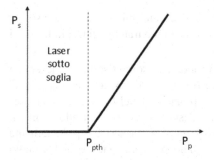

Fig. 1.10 Caratteristica potenza di pompa/potenza di uscita del laser. P_{pth} indica il valore della potenza di soglia

L'andamento tipico della potenza di uscita del laser in funzione della potenza di pompa è rappresentato in Fig. 1.10: fino al valore di soglia la potenza di pompa viene completamente utilizzata per realizzare l'inversione di popolazione necessaria a portare il guadagno d'anello ad 1. Oltre il valore di soglia la potenza di pompa viene convertita in potenza luminosa di uscita.

La trattazione che è stata svolta ha assunto implicitamente che il mezzo attivo sia costituito da un insieme diluito di atomi. Diluito perché si è supposto che il sistema dei livelli energetici sia quello dell'atomo isolato, e che l'interazione dell'atomo con il campo elettromagnetico non sia influenzata dalla presenza di altri atomi. Come si vedrà successivamente, non tutti i laser rientrano in questo schema. A seconda del tipo di mezzo attivo e del metodo di pompaggio, occorrerebbe scrivere diversamente le equazioni di bilancio, ma la maggior parte delle conclusioni tratte in questa sezione rimangono sostanzialmente valide per tutti i tipi di laser.

1.9 Tipi di laser

Per realizzare un amplificatore ottico, e quindi un laser, occorre individuare una transizione radiativa per la quale sia possibile creare inversione di popolazione. Si è finora supposto che la transizione laser riguardi due livelli elettronici di un atomo. Ma anche gli ioni, cioè atomi che abbiano perso uno o più elettroni, hanno livelli energetici discreti e possiedono transizioni radiative. Esistono infatti diversi laser che utilizzano transizioni elettroniche in ioni.

Strutture costituite da più atomi, come le molecole, possiedono, oltre ai livelli elettronici, livelli di energia interna associati a moti vibrazionali e rotazionali. La meccanica quantistica dimostra che anche questi tipi di energia sono quantizzati, e che è anche possibile trovare transizioni vibrazionali o rotazionali che siano radiative. Ci sono infatti casi importanti di laser funzionanti nell'infrarosso in cui si usa una transizione vibrazionale o rotazionale di una molecola. Esistono anche laser basati su transizioni che sono allo stesso tempo elettroniche e vibrazionali, dette transizioni vibroniche. Questi laser sono interessanti perché possono funzionare su un ampio intervallo di frequenze. Ancora diverso è il caso dei laser a semiconduttore, dove si utilizzano transizioni radiative fra banda di valenza e banda di conduzione del cristallo di semiconduttore.

In questa sezione vengono brevemente descritti alcuni tipi di laser a stato solido e di laser a gas, mentre i laser a semiconduttore verranno trattati nel Capitolo 5 ed i laser in fibra ottica nel Capitolo 6.

Laser a stato solido. Il termine laser a stato solido è di solito riservato ai laser che usano come mezzo attivo un cristallo isolante (o un vetro), drogato con una piccola quantità di impurezze. Il primo laser che abbia funzionato, nel 1960, è stato un laser a stato solido, il laser a rubino. Il rubino è un cristallo di Al_2O_3 (corindone) in cui alcuni ioni di Al^{3+} sono sostituiti da ioni di cromo. Il corindone è perfettamente trasparente, sono le impurezze di cromo che danno la colorazione rossa al cristallo perché lo ione Cr^{3+} presenta due bande di assorbimento, una nel verde e l'altra nel violetto. Il cristallo usato come mezzo attivo viene cresciuto a partire da una miscela liquida di Al_2O_3 con una piccola percentuale di Cr_2O_3 (0.05% in peso).

Lo schema semplificato dei livelli energetici dello ione Cr^{3+} nel cristallo è mostrato in Fig. 1.11. Dal punto di vista degli schemi discussi nel Capitolo 1, il laser a rubino è un laser a tre livelli: il livello 0 è il livello fondamentale, il livello 1 è il primo livello eccitato e rappresenta il livello superiore della transizione laser, il livello 2 è rappresentato dalle due bande di assorbimento. Gli ioni che vengono eccitati dalla pompa sulle due bande di assorbimento decadono sul livello 1 con tempi di decadimento spontaneo dell'ordine dei picosecondi. Il tempo di decadimento spontaneo del livello 1 è invece dell'ordine dei millisecondi e questo fatto permette di creare inversione di popolazione tra 1 e 0. Dal punto di vista tecnico, nel caso del pompaggio con lampade è molto utile che il livello 2 sia costituito da bande perché questo assicura un maggiore assorbimento della luce a banda larga emessa dalla lampada. L'emissione del laser a rubino avviene nel rosso, a $\lambda = 0.6943\,\mu m$.

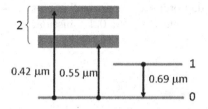

Fig. 1.11 Laser a rubino: schema dei livelli dello ione Cr^{3+}

Il mezzo attivo del laser a stato solido è di solito di forma cilindrica con diametro di alcuni millimetri, e lunghezza di alcuni centimetri. Se ha struttura cristallina, il mezzo attivo deve essere necessariamente un monocristallo (i materiali policristallini non sono trasparenti!). Un tale requisito rende costoso il mezzo attivo perché la crescita di cristalli di grande dimensione e di buone qualità ottiche è un processo tecnologicamente complesso.

Nel primo laser le due basi della barretta di mezzo attivo erano lavorate otticamente in modo da essere rese piane e parallele, ed erano rivestite da un sottile strato di argento perché costituissero gli specchi della cavità. Una simile configurazione, detta a specchi interni, ha il pregio della semplicità, ma non permette di inserire componenti nella cavità ed ha quindi un campo di applicazione limitato. Il pompaggio avveniva con lampade a scarica elettrica, a Xenon, che funzionavano in regime impulsato. Il laser a rubino non è attualmente utilizzato perché ha una soglia elevata, una potenza di uscita che ha forti fluttuazioni nel tempo, ed una efficienza molto bassa (tipicamente, $\eta \approx 0.1\%$).

Seguendo l'esempio del laser a rubino, sono stati sperimentati molti tipi di laser a stato solido, scegliendo preferenzialmente droganti che appartengono ad una delle famiglie di elementi di transizione, quali i metalli di transizione (in particolare Cr, Ti), o le terre rare (in particolare Nd, Er, Yb). Gli ioni di queste famiglie di droganti presentano delle transizioni radiative che hanno tempi lunghi di emissione spontanea (livelli metastabili), quindi particolarmente adatte a creare inversione di popolazione. Un laser interessante è quello che utilizza un cristallo di Al_2O_3 drogato con titanio invece che cromo. Questo laser, chiamato laser titanio-zaffiro, funziona su di una transizione vibronica, ed è accordabile su un ampio intervallo di lunghezze d'onda, da 700 a 1000 nm.

Il laser a neodimio è il laser a stato solido più importante. Il mezzo attivo è costituito da un cristallo di $Y_2Al_5O_{12}$, in cui alcuni ioni Y^{3+} sono sostituiti da ioni Nd^{3+}. Il cristallo è un granato di ittrio ed alluminio che viene di solito designato con l'acronimo YAG (Yttrium Aluminum Garnet), ed il laser viene indicato come Nd:YAG. Si può ottenere azione laser drogando con neodimio anche altri cristalli, quali, ad esempio, il vanadato di ittrio, YVO_4.

Lo schema dei livelli energetici dello ione Nd^{3+} in YAG è mostrato in Fig. 1.12. La differenza principale con il laser a rubino è che, nel caso del laser a neodimio, la transizione laser avviene tra due livelli eccitati. Siamo quindi nel caso dello schema a quattro livelli. Le due bande utilizzate per il pompaggio sono centrate alle lunghezze d'onda di 0.73 e 0.81 µm. Queste bande sono accoppiate da un rapido decadimento nonradiativo ($A_{32} \approx 10^7$ s^{-1}) al livello superiore dell'azione laser. Il tempo di decadimento spontaneo tra 2 e 1 è dell'ordine di centinaia di microsecondi, mentre è molto più rapido il decadimento spontaneo da 1 a 0. L'emissione laser avviene a $\lambda = 1.064$ µm.

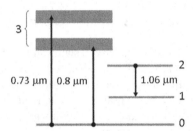

Fig. 1.12 Laser a neodimio: schema dei livelli dello ione Nd^{3+}

La configurazione della cavità del Nd:YAG è simile a quella del rubino. In confronto al laser a rubino, il laser Nd:YAG ha una soglia molto più bassa ed un'efficienza migliore (η può essere 1-3%). Il laser può funzionare in continua con potenze di uscita di alcune centinaia di Watt oppure impulsato con frequenze di ripetizione attorno ai 100 Hz. La banda di guadagno di questo laser ha una larghezza a metà altezza dell'ordine di 200 GHz, questo vuol dire che, in una cavità a Fabry-Perot che presenti un cammino ottico fra i due specchi pari a 30 cm, possono entrare in oscillazione 400 modi longitudinali. Si tratta di un laser utilizzato in una grande varietà di applicazioni: lavorazioni meccaniche, radar ottici, applicazioni mediche e scientifiche.

Attualmente la tecnica prevalente di pompaggio dei laser a stato solido utilizza, invece delle lampade, dei laser a semiconduttore. Nel caso del laser a neodimio, si usa un laser a semiconduttore GaAlAs con una lunghezza d'onda di uscita attorno a 0.81 µm che è in risonanza con una riga di assorbimento dello ione Nd^{3+}. In questo caso quindi la potenza di pompa viene utilizzata completamente, mentre nel caso della lampada più del 50% viene sprecato (anzi, ha un effetto dannoso perché contribuisce al riscaldamento del mezzo attivo). Inoltre l'accoppiamento della sorgente di pompa con il mezzo attivo è più efficace perché il laser di pompa fornisce un fascio direzionale, mentre la lampada emette su tutto l'angolo solido. Il laser a neodimio pompato da laser a semiconduttore può fornire una potenza di uscita pari al 30% della potenza del laser di pompa.

Gli ioni di terre rare possono dare amplificazione ottica anche quando sono dispersi in una matrice vetrosa. Questo permette di realizzare amplificatori e laser in fibra ottica, funzionanti a diverse lunghezze d'onda nel campo dell'infrarosso, come sarà discusso nel Capitolo 6.

Laser a gas. La seconda famiglia di laser descritta in questa sezione è quella dei laser a gas. Caratteristica comune a quasi tutti i laser a gas è che il pompaggio avviene con una scarica elettrica. Il gas è contenuto in un tubo, ai capi del quale viene applicata una differenza di potenziale sufficiente ad innescare la scarica, ionizzando una frazione degli atomi (o molecole). Le collisioni degli elettroni liberi accelerati dal campo elettrico con gli atomi e gli ioni generano una grande varietà di stati eccitati. In condizioni opportune si può creare una inversione stazionaria di popolazione su qualche transizione radiativa, ed utilizzare questa situazione per ottenere un funzionamento laser. La struttura tipica del laser a gas è la seguente: il gas è a pressione molto più bassa di quella atmosferica, ed è rinchiuso in un tubo cilindrico sigillato di piccolo diametro. L'asse della scarica coincide con l'asse della cavità ottica, naturalmente gli elettrodi non devono trovarsi sul cammino del fascio laser, perciò essi hanno una struttura anulare o sono posti lateralmente.

Il laser a elio-neon (laser He-Ne) è il primo laser a gas che abbia funzionato (Laboratori Bell Telephone, 1960), ed è anche il primo laser in continua che sia stato realizzato. L'azione laser può avvenire su diverse transizioni dell'atomo di neon, quella più utilizzata è nel rosso, alla lunghezza d'onda $\lambda = 0.6328\ \mu m$. I laser He-Ne disponibili commercialmente hanno una potenza continua di uscita compresa fra 1 e 50 mW, con lunghezza del tubo di scarica che va da 10 a 100 cm. Il laser He-Ne fornisce un fascio di uscita con piccola divergenza (10^{-4} rad) e con ottima stabilità della direzione di puntamento e della potenza di uscita. Il laser può anche essere stabilizzato in frequenza in modo da fornire un'uscita monocromatica con uno sparpagliamento in frequenza molto piccolo, che può essere dell'ordine di 1 kHz. Il laser He-Ne ha avuto una grande importanza in tutte le applicazioni che richiedevano una sorgente di bassa potenza e di elevata stabilità. È stato utilizzato come strumento di allineamento (in laboratorio, nelle costruzioni civili, nella meccanica di precisione), come sorgente in metrologia (misure di distanza, di velocità, di ampiezza di vibrazione), per la lettura di caratteri e di codici a barre (cassa dei supermercati). In molte di queste applicazioni è ora sostituito da laser a semiconduttori.

Un laser a gas che è tuttora importante per le applicazioni è il laser ad anidride carbonica (CO_2) che emette alla lunghezza d'onda $\lambda = 10.6\ \mu m$, corrispondente ad una transizione fra due livelli vibrazionali eccitati della molecola di CO_2. Il laser a CO_2 viene costruito in diverse configurazioni, a seconda della potenza di uscita richiesta. La configurazione più comune è quella in cui la scarica è longitudinale, e la miscela gassosa fluisce anch'essa in direzione longitudinale. Se il flusso gassoso è lento, la dissipazione termica viene assicurata raffreddando la parete laterale del tubo con circolazione d'acqua. Se il flusso gassoso è rapido (flusso supersonico), esso opera simultaneamente il ricambio della miscela e la rimozione del calore. Con un tubo lungo 1 m, e riempito alla pressione di circa 20 torr, si può ottenere una potenza continua di uscita di 100 W nel laser a flusso lento e di 1 kW nel laser a flusso supersonico. Si possono ottenere potenze medie molto maggiori utilizzando un flusso gassoso trasversale, lavorando con pressioni più alte (≈ 100 torr) e ricorrendo quindi ad una scarica elettrica trasversale: esistono laser commerciali di questo tipo con potenza media di uscita fino a 20 kW. In diversi casi, si usa una scarica elettrica a radiofrequenza (30-50 MHz) che non richiede la presenza di elettrodi e può essere resa più facilmente stabile. Il laser a CO_2 ha un'efficienza molto elevata ($\eta \approx 20\%$). Questa è una caratteristica molto importante per un laser di potenza utilizzato in applicazioni industriali. Infatti, un laser da 10 kW con 20% di efficienza richiede un'alimentazione di 50 kW, mentre, se l'efficienza fosse quella del laser He-Ne o argon o rubino, occorrerebbe alimentarlo con 10 MW elettrici. L'applicazione principale del laser a CO_2 è per le lavorazioni meccaniche. Laser con potenza media di alcune centinaia di Watt sono usati per tagliare materiali leggeri (plastica, carta, tessuti), mentre potenze di alcuni kW sono necessarie per tagliare lamiere metalliche. Oltre che per il taglio, sono usati per processi di saldatura e foratura, e per trattamenti termici superficiali. Sono state sperimentate anche applicazioni chirurgiche: il laser può essere usato come bisturi, approfittando del fatto che i tessuti biologici assorbono molto fortemente la radiazione a 10.6 µm.

Un altro laser a gas di grande interesse è il laser ad eccimeri, che emette impulsi di luce ultravioletta. In questo tipo di laser la scarica elettrica crea molecole biatomiche eccitate formate da un atomo di gas nobile (argon o kripton) e un atomo di elemento alogeno (fluoro o cloro). Le molecole si dissociano emettendo luce ultravioletta. Ad esempio il laser argon-fluoro (ArF) emette a 193 nm con impulsi di durata 10-100 ns ed una potenza media di diversi Watt. Si tratta di un laser che ha applicazioni molto importanti quali: la fotolitografia per la microelettronica; la fabbricazione dei reticoli di Bragg in fibra utilizzati nelle comunicazioni ottiche e nei sensori in fibra; le operazioni di modellazione della cornea per la cura della miopia.

1.10 Laser impulsati

Parecchie applicazioni della Fotonica sono basate su impulsi di luce ultracorti. Ci sono diversi metodi per ottenere impulsi laser. Si può impulsare la pompa, come avviene nel laser ad eccimeri. Oppure si può porre un interruttore ottico esternamente ad un laser in continua ed aprire l'interruttore per l'intervallo di tempo desiderato. In questo caso la durata dell'impulso che si ottiene non può essere inferiore al tempo di risposta dell'interruttore e la potenza di picco dell'impulso coincide necessariamente con la potenza continua del laser utilizzato. Queste limitazioni possono essere superate inserendo un interruttore ottico o un modulatore internamente alla cavità del laser. In questa sezione vengono descritte due tecniche importanti, che sono note con i nomi di "Q-switching" e "mode-locking". La prima permette di ottenere impulsi di elevata potenza di picco con durata di 10-100 ns, la seconda può produrre treni di impulsi ultracorti con durata anche inferiore al picosecondo e frequenza di ripetizione dell'ordine di 100 MHz.

1.10.1 Q-switching

La tecnica di Q-switching viene utilizzata con mezzi attivi nei quali il tempo di decadimento spontaneo del livello superiore della transizione laser, τ, è molto più lungo della vita media del fotone in cavità, $\tau \gg \tau_c$.

Un interruttore ottico viene inserito in cavità davanti ad uno degli specchi. Quando la pompa inizia a funzionare, l'interruttore è chiuso, cioè non lascia passare la luce. L'inversione di popolazione nel mezzo attivo può quindi crescere a valori molto più alti del valore di soglia senza che si inneschi l'azione laser. Quando l'inversione di popolazione ha raggiunto un valore abbastanza elevato l'interruttore viene aperto istantaneamente, ed il laser viene a trovarsi in una condizione in cui il guadagno di anello è molto maggiore di 1. Avviene di conseguenza una crescita molto rapida del numero di fotoni, associata ad un altrettanto rapido svuotamento del livello superiore della transizione laser. Il processo converte quasi tutta l'energia immagazzinata negli atomi eccitati in energia luminosa che viene emessa sotto forma di un breve impulso.

Il nome Q-switching si riferisce al fattore di merito Q di una cavità generica, che è definito come il rapporto tra le frequenza di risonanza e la larghezzza di banda dell'emissione:

$$Q = \frac{frequenza\ angolare \times energia\ immagazzinata}{potenza\ dissipata}. \quad (1.58)$$

Essenzialmente Q è un parametro che quantifica le perdite della cavità. Applicando la definizione generale al caso della cavità laser si trova: $Q = \omega_{21}\tau_c$. L'apertura istantanea dell'interruttore ottico da' luogo ad un cambiamento improvviso del fattore di merito della cavità, da grandi perdite (breve τ_c, quindi basso Q) a basse perdite (lungo τ_c, quindi alto Q), di qui il nome della tecnica.

Il comportamento del laser dopo l'apertura dell'interruttore ottico viene ricavato risolvendo le equazioni di bilancio, (1.50) and (1.51), con le appropriate condizioni iniziali. Il numero iniziale di atomi eccitati, $N_2(0)$, è calcolato dalla (1.51) sotto le due ipotesi che (i) non ci siano fotoni in cavità, (ii) la derivata temporale sia uguale a 0. Si ottiene: $N_2(0) = W\tau$. Si noti però che il sistema non può evolvere se il numero iniziale di fotoni in cavità è esattamente uguale a 0. Quello che succede in un laser reale è che c'è sempre qualche fotone in cavità, a causa dell'emissione spontanea. Un transitorio tipico, calcolato ponendo $Q(0) = 1$, è riportato nella Fig. 1.13. La curva superiore mostra che, ad interruttore chiuso, N_2 cresce raggiungendo valori molto maggiori del valore di soglia N_{2s}. Dopo l'apertura dell'interruttore all'istante $t = 0$, il numero di fotoni cresce rapidamente, mentre N_2 decresce scendendo al di sotto del valore di soglia. Il numero di fotoni in cavità, e quindi la potenza di uscita, ha valore massimo quando N_2 diventa uguale al valore di soglia, poi decresce rapidamente. L'impulso che si ottiene ha tipicamente una durata a metà altezza, τ_p, che è dell'ordine di τ_c.

Per ricavare l'ordine di grandezza della potenza di picco si può supporre che la creazione dell'impulso sia accompagnata da uno svuotamento completo dello stato eccitato: se il valore finale di $N_2(t)$ è vicino a 0, il numero totale di fotoni

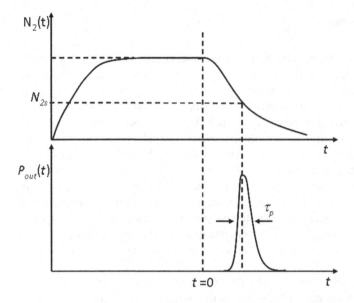

Fig. 1.13 Evoluzione temporale della popolazione del livello superiore della transizione laser (grafico superiore) e della potenza di uscita (grafico inferiore) in una operazione di Q-switching che avviene a $t = 0$.

che compongono l'impulso diviene uguale a $VN_2(0)$. Di conseguenza la potenza di picco è:

$$P_{picco} = h\nu \frac{VW\tau}{\tau_c}. \qquad (1.59)$$

Ricordando che la potenza stazionaria del laser, P_s, è data dalla (1.56), e assumendo, per semplicità, che $W \gg W_{th}$, il rapporto tra potenza di picco e potenza stazionaria è:

$$\frac{P_{picco}}{P_s} = \frac{\tau}{\tau_c}. \qquad (1.60)$$

La (1.60) mostra chiaramente che l'operazione di Q-switching può produrre una potenza di picco molto maggiore della potenza media del laser solo nel caso di mezzi attivi che abbiano un tempo di decadimento spontaneo del livello eccitato molto lungo, come avviene per i laser a stato solido ed il laser a CO_2. Considerando ad esempio un laser a neodimio che abbia $\tau = 300 \ \mu s$ and $\tau_c = 10 \ ns$, il rapporto che si ricava dalla (1.60) è uguale a 3×10^4. Quindi un laser progettato per una potenza continua di 1 W può produrre un impulso di Q-switching (chiamato talvolta nella letteratura impulso gigante) con una potenza di picco di 30 kW.

L'interruttore ottico utilizzato nel Q-switching si basa sull'effetto elettro-ottico o acusto-ottico, e verrà descritto nel Capitolo 4. Invece di un Q-switching attivo, si può realizzare un Q-switching passivo introducendo in cavità un assorbitore saturabile. L'assorbitore può essere modellizzato come il sistema a due livelli descritto nella Sezione 1.5, che ha un assorbimento che dipende dall'intensità del fascio di luce incidente. Le perdite per assorbimento sono elevate nella fase iniziale di crescita dell'impulso, finché l'intensità luminosa non si avvicina al valore di saturazione che compare a denominatore della (1.18). A questo punto le perdite per assorbimento si riducono molto rapidamente, con un effetto simile a quello di una apertura rapida di un interruttore ottico attivo.

1.10.2 Mode-locking

La tecnica di mode-locking si applica a laser che funzionano simultaneamente su di un grande numero di modi longitudinali. Si consideri un laser in continua che funziona su N modi longitudinali con spaziatura in frequenza $\Delta \nu$. Per una cavità a Fabry-Perot, $\Delta \nu$ è dato dalla (1.49).

Il campo elettrico totale associato al fascio laser è:

$$E(t) = \sum_{k=1}^{N} E_k exp[-i(\omega_k t + \phi_k)], \tag{1.61}$$

dove le ampiezze E_k sono quantità reali indipendenti dal tempo. L'intensità luminosa del fascio laser, che è proporzionale a $|E(t)|^2$, è la somma delle intensità degli N modi più la somma di $N(N-1)$ termini di interferenza che sono tutti oscillanti nel tempo e a media nulla. Poiché le fasi ϕ_k sono casuali, i termini interferenziali tendono a cancellarsi mutuamente, cosicché:

$$I(t) = \sum_{k=1}^{N} I_k + \Delta I(t), \tag{1.62}$$

dove $\Delta I(t)$ è un termine fluttuante a media nulla, di piccola ampiezza rispetto al termine che lo precede.

Il regime di mode-locking consiste nell'introdurre una relazione fissa tra le fasi dei diversi modi:

$$\phi_k - \phi_{k-1} = \phi_o, \tag{1.63}$$

dove ϕ_o è una costante arbitraria. Per semplificare i calcoli è utile supporre che N sia dispari e che la frequenza del modo centrale coincida con la frequenza centrale, ν_{21}, della banda di guadagno. Se N è dispari, può essere scritto come: $N = 2n + 1$. Chiamando m il numero intero che ha valori nell'intervallo $-n \leq m \leq n$, assumendo ampiezze uguali, cioè $E_m = E_o$, e utilizzando la (1.63), la (1.61) diventa:

$$E(t) = \sum_{m=-n}^{n} E_o exp\{-i[(\omega_o + m\Delta\omega)t + m\phi_o]\} = A(t)E_o exp(-i\omega_o t), \tag{1.64}$$

dove

$$A(t) = \sum_{m=-n}^{n} exp[-im(\Delta\omega t + \phi_o)].\qquad(1.65)$$

È utile introdurre la nuova variabile temporale t', legata a t dalla relazione $\Delta\omega t + \phi_o = \Delta\omega t'$. Usare t' invece di t equivale a spostare l'origine dell'asse del tempo di $\phi_o/\Delta\omega$. La somma nel membro a destra della (1.65) è una progressione geometrica con ragione $exp(i\Delta\omega t')$. Si trova quindi:

$$A(t') = \sum_{-n}^{n} exp(-im\Delta\omega t') = \frac{sin[(2n+1)\Delta\omega t'/2]}{sin(\Delta\omega t'/2)}.\qquad(1.66)$$

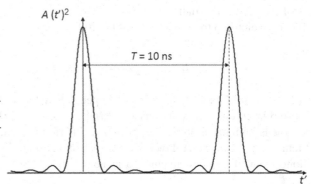

Fig. 1.14 Andamento temporale dell'intensità di uscita di un laser a mode-locking. In questo esempio numerico si assume che il laser funzioni su 11 modi aventi tutti la medesima ampiezza ed una spaziatura in frequenza uguale a 100 MHz.

L'andamento temporale dell'intensità si ricava dalla (1.66) tenendo presente che $I(t')$ è proporzionale a $E_o^2 A^2(t')$. A titolo di esempio, la Fig. 1.14 presenta $I(t')$, calcolata nel caso in cui $N = 11$ e $\Delta\nu = 100$ MHz. Il profilo dell'intensità consiste in una sequenza periodica di impulsi con periodo:

$$T = \frac{2\pi}{\Delta\omega} = \frac{1}{\Delta\nu}.\qquad(1.67)$$

L'intensità di picco, I_p, si ottiene calcolando $A^2(t')$ nel limite di t' tendente a 0. Il risultato è:

$$I_p = N^2 I_o = N I_L,\qquad(1.68)$$

dove I_o è l'intensità di un solo modo e $I_L = N I_o$ è l'intensità media totale del laser.

È importante notare che il comportamento impulsato è dovuto solamente all'effetto dell'interferenza fra gli N modi. Di conseguenza si può ritenere che l'operazione di mode-locking non modifichi la potenza media del laser, ma semplicemente ridistribuisca la potenza emessa in modo temporalmente non uniforme. Se questo è vero, allora l'energia contenuta in un singolo impulso deve essere uguale all'integrale della potenza emessa in un periodo T, quindi la durata del singolo impulso, τ_p, è determinata dall'uguaglianza:

$$\tau_p I_p = T N I_L \; ; \quad \tau_p = \frac{T}{N}. \tag{1.69}$$

Ricordando che $T = \Delta v^{-1}$ e che $N = \Delta v_{21}/\Delta v$, si trova che la durata dell'impulso di mode-locking è uguale all'inverso della banda totale di emissione del laser, $\tau_p = (\Delta v_{21})^{-1}$, indipendentemente dalla lunghezza della cavità. Ad esempio, il laser Nd-YAG ha una banda di guadagno di circa 200 GHz, perciò la durata minima dell'impulso di mode-locking per questo tipo di laser è 5 ps. Per un laser a neodimio in matrice vetrosa la banda è più larga di un ordine di grandezza, quindi la minima durata dell'impulso è dell'ordine di 500 fs. La durata dell'impulso può essere ridotta di un altro ordine di grandezza utilizzando in regime di mode-locking il laser titanio-zaffiro.

Ci sono diversi metodi per ottenere il mode-locking. Il metodo attivo più utilizzato è quello di modulare le perdite del laser ad una frequenza che coincide con Δv. Il comportamento del laser può essere interpretato come una auto-regolazione: se le perdite sono minime negli istanti t_o, $t_o + T$, etc., il laser massimizza la sua efficienza emettendo brevi impulsi in istanti di minima perdita invece che operare con una potenza continua. La modulazione di perdite viene ottenuta inserendo nella cavità un modulatore elettro-ottico od acusto-ottico.

In ogni tipo di laser esistono delle interazioni fra i diversi modi longitudinali che potrebbero favorire un vincolo tra le fasi. Il motivo per cui il mode-locking spontaneo solitamente non avviene è che i modi longitudinali non sono esattamente equispaziati in frequenza, a causa della dispersione ottica nel mezzo attivo. Infatti il cammino ottico che compare nella (1.48) contiene l'indice di rifrazione del mezzo attivo, che dipende a sua volta dalla frequenza. Di conseguenza la (1.48) deve essere vista come una espressione implicita delle autofrequenze della cavità. Siccome la distanza in frequenza è lievemente differente per ogni coppia di modi adiacenti, solo se la profondità di modulazione supera un certo valore di soglia si possono costringere i modi ad equispaziarsi in frequenza ed a vincolare reciprocamente le fasi.

Il mode-locking può anche essere ottenuto in modo passivo utilizzando effetti nonlineari, ad esempio inserendo un assorbitore saturabile in cavità o utilizzando uno specchio che abbia una riflettività dipendente dall'intensità luminosa. Inizialmente il laser che funziona in regime multimodale presenta fluttuazioni casuali di intensità, ma l'assorbitore saturabile trasmette selettivamente quelle di alta intensità mentre assorbe quelle di bassa intensità. Nei passaggi successivi in cavità tende quindi a formarsi un unico impulso di alta intensità. Nei laser a stato solido, in particolare nel laser titanio-zaffiro, si può ottenere un mode-locking spontaneo sfruttando il fatto che l'indice di rifrazione del mezzo attivo dipende dall'intensità del fascio di luce.

Impulsi ultracorti di elevata potenza di picco possono essere ottenuti operando simultaneamente il Q-switching ed il mode-locking, In questa situazione il treno di impulsi di mode-locking ha un inviluppo che segue l'evoluzione temporale dell'impulso di Q-switching. A titolo di esempio, la Fig. 1.15 mostra il risultato di un esperimento in cui un laser Nd-YVO_4 pompato da diodo laser opera in regime di Q-

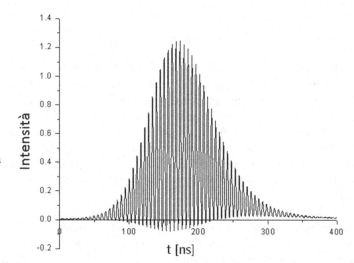

Fig. 1.15 Intensità di uscita di un laser Nd-YVO_4 che funziona simultaneamente in regime di Q-switching a di mode-locking

switching mediante un interruttore acusto-ottico ed in regime di mode-locking mediante uno specchio a riflettività saturabile. Si ottiene un treno di circa venti impulsi ultracorti con durata di 9 ps, separati da un periodo di 5.6 ns.

1.11 Proprietà della luce laser

Le considerazioni svolte in questo capitolo hanno messo in evidenza che la luce laser differisce da quella di una sorgente convenzionale per due caratteristiche principali: direzionalità e monocromaticità. Queste due proprietà sono legate, rispettivamente, alla coerenza spaziale e temporale.

La direzionalità nasce dal fatto che solo la luce viaggiante lungo l'asse della cavità può attraversare ripetutamente il mezzo attivo ed essere amplificata. La radiazione laser è quindi caratterizzata da una direzione ben precisa del vettore propagazione, mentre una sorgente convenzionale emette in tutte le direzioni. In realtà, a causa della diffrazione (che sarà illustrata in dettaglio nel Capitolo 2), anche la radiazione laser presenta uno sparpagliamento angolare θ_o (detto, di solito, angolo di divergenza del fascio laser) che è dell'ordine di λ/w, dove w è il raggio del fascio laser. In pratica, θ_o ha valori che stanno nell'intervallo 10^{-4}-10^{-3} radianti. In molti esperimenti scientifici o applicazioni tecnologiche (ad esempio, nei lettori di dischi ottici quali i CD o DVD, oppure nelle lavorazioni meccaniche con il laser) il fascio laser viene focalizzato, allo scopo di illuminare una zona molto piccola e/o di raggiungere intensità elevate. Se si utilizza una lente convergente avente distanza focale f, la dimensione della macchia focale, come sarà dimostrato nel Capitolo 3, è: $w_f \approx \theta_o f$. Si tenga presente che il valore minimo ottenibile è necessariamente: $w_f \approx \lambda$. Ponendo, ad esempio, $\theta_o = 10^{-4}$ e $f = 5$ cm, si trova $w_f = 5 \mu$m. Con un laser da 1 W, l'intensità raggiungibile è: $4 \times 10^6 \, \text{W}/\text{cm}^2$.

Ci sono applicazioni, quali le comunicazioni ottiche e la sensoristica, per le quali sono necessari laser funzionanti su di una sola frequenza, cioè su di un solo modo della cavità. In alcuni tipi di laser, come il laser elio-neon e il laser a semiconduttore (descritto nel Capitolo 5) si può effettivamente ottenere un funzionamento su singolo modo. La frequenza della luce emessa dal laser a singolo modo presenta delle fluttuazioni dovute principalmente a variazioni casuali del cammino ottico in cavità. In un laser ben stabilizzato la larghezza di banda δv_L della radiazione emessa può essere dell'ordine di 1 MHz, anche inferiore se si usa stabilizzazione attiva, mentre l'allargamento in frequenza della transizione atomica utilizzata Δv_{21} è dell'ordine di 1 GHz per il laser a He-Ne e di centinaia di GHz per i laser a stato solido. Nel caso di una sorgente convenzionale, la larghezza spettrale della radiazione emessa non può essere inferiore a Δv_{21}.

In linea di principio, sarebbe possibile filtrare sia in direzione sia in frequenza la luce emessa da una sorgente convenzionale al fine di ottenere la stessa direzionalità e la stessa banda in frequenza della luce laser. Tale filtraggio produrrebbe necessariamente un segnale non solo estremamente debole, ma anche qualitativamente diverso da quello del laser perché caratterizzato da grandi fluttuazioni in ampiezza e fase.

Un'altra proprietà del laser che è stata descritta in questo capitolo è la possibilità di ottenere impulsi di luce ultracorti, di durata anche inferiore a 10^{-13} s. Nel caso della sorgente convenzionale, gli impulsi più brevi disponibili hanno durata dell'ordine di 1 ns.

Esercizi

1.1. Calcolare la quantità di moto di un fotone a raggi X avente frequenza di 10^{18} Hz.

1.2. Se lo 0.5% della potenza luminosa incidente su di un mezzo viene assorbita in 1 mm, quale frazione viene trasmessa se il cammino nel mezzo è di 10 cm? Calcolare il coefficiente di assorbimento per unità di lunghezza α.

1.3. Calcolare il tempo di vita del fotone, τ_c, in una cavità laser ad anello di lunghezza 30 cm con specchi di riflettività $R_1 = 1$, $R_2 = 0.95$, $R_3 = 0.85$.

1.4. Un laser Nd-YAG con cavità a Fabry-Perot di lunghezza 30 cm e mezzo attivo lungo 5 cm opera in regime di mode-locking. Assumendo che l'indice di rifrazione del mezzo attivo sia $n = 2$ e che la larghezza della banda di guadagno sia 200 GHz, calcolare il periodo T del treno di impulsi e la durata τ_p del singolo impulso.

1.5. Tenendo conto del fatto che la banda di guadagno del laser He-Ne ha una larghezza di 1.5 GHz, quale è la massima lunghezza di Fabry-Perot che permette di funzionare su di un singolo modo longitudinale?

1.6. Calcolare la riflettività degli specchi che è necessaria per avere un guadagno di anello unitario in una cavità Fabry-Perot simmetrica in cui il mezzo attivo ha un coefficiente di guadagno per unità di lunghezza di 1 m^{-1} ed lungo 0.1 m.

1.7. Si consideri un laser Nd-YAG con cavità Fabry-Perot, in cui il cristallo Nd-YAG ha lunghezza $L = 2$ cm e lo specchio 1 è totalmente riflettente. Assumendo che l'inversione di popolazione nel mezzo attivo sia $N_2 - N_1 = 1 \times 10^{18}$ cm^{-3}, la sezione d'urto di emissione stimolata sia $\sigma_{21} = 3.5 \times 10^{-19}$ cm^2, il guadagno di anello sia uguale a 2, determinare la riflettività dello specchio di uscita.

2

Onde elettromagnetiche

Sommario In questo capitolo, dopo aver derivato dalle equazioni di Maxwell l'equazione delle onde, viene introdotta l'onda piana e ne vengono discusse le proprietà. Successivamente è definito lo spettro di frequenza ed è ricavata la relazione che lega la durata di un impulso luminoso alla larghezza spettrale. La propagazione di onde monocromatiche viene affrontata utilizzando l'approssimazione parassiale, valida per fasci di luce che contengano raggi poco inclinati rispetto alla direzione principale di propagazione, come è il caso dei fasci laser. Nell'ambito di tale approssimazione si dimostra che le onde sferiche Gaussiane sono degli invarianti nella propagazione, la qual cosa permette di descrivere gli effetti della propagazione con semplici relazioni algebriche. Viene poi introdotta la teoria classica della diffrazione, vista come una teoria approssimata della propagazione. Si dimostra che l'approssimazione di Fresnel produce risultati equivalenti all'approssimazione parassiale. Si discute infine l'approssimazione di Fraunhofer, che viene applicata ad alcuni casi semplici.

2.1 Onde elettromagnetiche nel vuoto

La propagazione nel vuoto di un'onda elettromagnetica è descritta dalle equazioni di Maxwell:

$$\nabla \cdot \mathbf{E} = 0 \tag{2.1}$$

$$\nabla \cdot \mathbf{B} = 0 \tag{2.2}$$

$$\nabla \times \mathbf{B} = \varepsilon_o \mu_o \frac{\partial \mathbf{E}}{\partial t} \tag{2.3}$$

$$\nabla \times \mathbf{E} = -\frac{\partial \mathbf{B}}{\partial t} \tag{2.4}$$

dove $\mathbf{E}$ è il campo elettrico (unità di misura: V/m), e $\mathbf{B}$ è l'induzione magnetica (Tesla, T). La costante ε_o è chiamata costante dielettrica (o permittività elettrica) del vuoto e vale 8.854×10^{-12} F/m, mentre μ_o rappresenta la permeabilità magnetica del vuoto e vale $4\pi \times 10^{-7}$ H/m.

© Springer-Verlag Italia Srl. 2016
V. Degiorgio and I. Cristiani, *Note di fotonica*, UNITEXT for Physics,
DOI 10.1007/978-88-470-5788-3_2

Ricordando una proprietà generale degli operatori differenziali:

$$\nabla \times (\nabla \times \mathbf{E}) = \nabla(\nabla \cdot \mathbf{E}) - \nabla^2 \mathbf{E} \tag{2.5}$$

prendendo il rotore di entrambe i membri della (2.4), e tenendo conto della (2.1), si ha:

$$\nabla \times (\nabla \times \mathbf{E}) = -\nabla^2 \mathbf{E} = -\frac{\partial(\nabla \times \mathbf{B})}{\partial t}. \tag{2.6}$$

Utilizzando la (2.3), si ottiene infine una equazione, detta equazione delle onde, che contiene come unica incognita il campo elettrico:

$$\nabla^2 \mathbf{E} = \frac{1}{c^2} \frac{\partial^2 \mathbf{E}}{\partial t^2} \tag{2.7}$$

dove $c = (\varepsilon_o \mu_o)^{-1/2}$ è la velocità di propagazione dell'onda elettromagnetica. Ovviamente $\mathbf{B}$ soddisfa ad una equazione identica alla (2.7).

L'onda elettromagnetica descritta dalle equazioni di Maxwell trasporta energia. La direzione del flusso di energia è quella del vettore di Poynting, definito come:

$$\mathbf{S_P} = \mathbf{E} \times \mathbf{H} \tag{2.8}$$

dove $\mathbf{H} = \mathbf{B}/\mu_o$ è il campo magnetico (unità di misura: A/m). Il modulo del vettore $\mathbf{S_P}$, che ha le dimensioni di W/m^2, rappresenta la potenza per unità di area trasportata dal campo elettromagnetico.

Una importante soluzione particolare della (2.7) è l'onda piana monocromatica:

$$\mathbf{E} = \mathbf{E_0} \cos(\omega t - \mathbf{k} \cdot \mathbf{r} + \phi) = \mathbf{E_0} \mathrm{Re}\{\exp[-i(\omega t - \mathbf{k} \cdot \mathbf{r} + \phi)]\} \tag{2.9}$$

dove $\mathbf{k}$ è il vettore propagazione, che ha modulo $k = 2\pi/\lambda = \omega/c$, λ è la lunghezza d'onda, e ϕ una fase costante che può sempre essere posta uguale a 0 scegliendo opportunamente l'origine dell'asse dei tempi. L'onda descritta dalla (2.9) è chiamata piana perché ha superfici equifase (dette anche fronti d'onda) che sono piane. Le superfici equifase sono perpendicolari a $\mathbf{k}$.

Sostituendo la (2.9) nella (2.1), si ha: $i\mathbf{k} \cdot \mathbf{E} = 0$, cioè $\mathbf{E} \perp \mathbf{k}$. Analogamente, usando la (2.2), si trova: $\mathbf{B} \perp \mathbf{k}$. Con la (2.4) si dimostra inoltre che $\mathbf{E} \perp \mathbf{B}$, e che $\mathbf{B}$ ed $\mathbf{E}$ hanno la stessa fase. Si ricava infine che: $B = \sqrt{\varepsilon_o \mu_o} E$. Riassumendo la situazione, il campo elettrico e quello magnetico sono mutuamente perpendicolari, e giacciono entrambi nel piano perpendicolare alla direzione di propagazione: si tratta quindi di un'onda trasversa. Inoltre $\mathbf{B}$ ed $\mathbf{E}$ oscillano in fase.

Il vettore di Poynting dell'onda piana è diretto come il vettore propagazione $\mathbf{k}$. Inserendo la (2.9) nella (2.8) si ricava la seguente espressione:

$$\mathbf{S_P} = c\varepsilon_o E_o^2 \frac{\mathbf{k}}{k} \cos^2(\omega t - \mathbf{k} \cdot \mathbf{r} + \phi). \tag{2.10}$$

I campi a frequenza ottica sono funzioni del tempo che variano molto rapidamente. Ad esempio, il periodo di oscillazione di un campo che ha lunghezza d'onda $\lambda = 1\,\mu m$ è $T = \lambda/c = 3.3 \times 10^{-15}\,s = 3.3\,fs$. Spesso, come nel caso del vettore di Poynting che rappresenta un flusso di energia, è più significativo considerare il valore medio nel tempo piuttosto che il valore istantaneo. Date due funzioni sinusoidali alla stessa frequenza $a(t) = A\cos(\omega t + \alpha)$ e $b(t) = B\cos(\omega t + \beta)$ si ha che la media temporale del prodotto è data da:

$$\langle a(t)b(t) \rangle = \frac{1}{2}AB\cos(\alpha - \beta). \tag{2.11}$$

Utilizzando la (2.11) si ricava che la media temporale del modulo di $\mathbf{S_P}$, che viene chiamata intensità I dell'onda elettromagnetica, è uguale a:

$$I = c\frac{\varepsilon_o E_o^2}{2}. \tag{2.12}$$

Per un'onda monocromatica, i vettori di campo sono funzioni sinusoidali del tempo e dello spazio, ma spesso è utile rappresentarli in termini di funzioni esponenziali complesse come mostrato nella (2.9). In questo testo i campi saranno spesso indicati come funzioni del tipo $\mathbf{E} = \mathbf{E_o}\exp[-i(\omega t - \mathbf{k} \cdot \mathbf{r} + \phi)]$. Usando questo tipo di notazione bisognerà comunque ricordare che solo la parte reale dell'espressione complessa ha un effettivo significato fisico.

2.2 Spettro dei segnali ottici

Si consideri un generico fascio di luce caratterizzato da un campo elettrico $E(\mathbf{r}, t)$ che, per semplicità, prendiamo sotto forma scalare. Il campo $E(t)$ (nelle formule seguenti ometteremo la coordinata spaziale $\mathbf{r}$) può essere espresso come una sovrapposizione pesata di funzioni sinusoidali a diversa frequenza. La forma matematica di tale sovrapposizione è l'integrale:

$$E(t) = \frac{1}{2\pi}\int_{-\infty}^{\infty} d\omega E(\omega)\exp(-i\omega t). \tag{2.13}$$

La funzione $E(\omega)$ rappresenta, in ampiezza e fase, il peso della componente a frequenza ω. Da un punto di vista matematico, $E(\omega)$ è la trasformata di Fourier di $E(t)$.

Invertendo la (2.13), si ha:

$$E(\omega) = \int_{-\infty}^{\infty} dt E(t)\exp(i\omega t). \tag{2.14}$$

Lo spettro di intensità del segnale luminoso, $S(\omega)$, è espresso da:

$$S(\omega) = c\frac{\varepsilon_o |E(\omega)|^2}{2}. \tag{2.15}$$

Nel prossimo capitolo verranno discussi i metodi per misurare lo spettro di potenza. È importante sottolineare che nella misura di $S(\omega)$ si perde l'informazione sulla fase di $E(\omega)$, quindi la conoscenza di $S(\omega)$ non è sufficiente, in generale, per ricostruire l'andamento temporale di $E(t)$.

Nel caso particolare di segnale monocromatico, $E(t) = E_o \exp(-i\omega_o t)$, $E(\omega)$ diventa una funzione singolare, perché è nulla per tutti i valori $\omega \neq \omega_o$, e diventa infinita se $\omega = \omega_o$. Per rappresentare questo andamento è utile introdurre la funzione δ di Dirac, che ha integrale unitario. La trasformata di Fourier dell'onda monocromatica si può scrivere come:

$$E(\omega) = E_o \delta(\omega - \omega_o). \tag{2.16}$$

La luce emessa dalle sorgenti convenzionali contiene una molteplicità di frequenze, ognuna delle quali oscilla con una fase completamente casuale e del tutto priva di correlazione con quella delle altre frequenze. Nel caso del laser è invece possibile introdurre un vincolo di fase tra le diverse frequenze emesse. Questa proprietà è estremamente importante perché permette di generare in modo perfettamente controllato impulsi di luce anche molto brevi e con elevate potenze di picco, come si è visto nel capitolo precedente.

Nel caso di un impulso di luce che abbia andamento temporale gaussiano, come quello mostrato nella Fig. 2.1, il campo elettrico può essere espresso come:

$$E(t) = A_o \exp\left(-\frac{t^2}{2\tau_i^2}\right) \exp(-i\omega_o t) \tag{2.17}$$

dove ω_o è la frequenza centrale del segnale luminoso, e τ_i è il ritardo al quale l'intensità si riduce del fattore $1/e$ rispetto al valore di picco. Di solito si definisce come durata di un impulso di luce τ_p la larghezza a metà altezza del picco di intensità, che è legata a τ_i dalla relazione:

$$\tau_p = 2\sqrt{\ln 2}\,\tau_i = 1.67\tau_i. \tag{2.18}$$

Ricordando l'integrale definito:

$$\int_0^\infty \exp(-a^2 t^2)\,dt = \frac{\sqrt{\pi}}{2a} \tag{2.19}$$

la trasformata di Fourier della (2.17), che è anch'essa una funzione gaussiana, può essere facilmente calcolata, ottenendo:

$$E(\omega) = \sqrt{2\pi}\,\tau_i A_o \exp\left(-\frac{\tau_i^2 (\omega - \omega_o)^2}{2}\right). \tag{2.20}$$

Se $\Delta \nu$ è la larghezza a metà altezza del picco dello spettro di potenza, si trova che, per l'impulso descritto dalla (2.17), vale la relazione:

$$\Delta\nu\tau_p = \frac{2\ln 2}{\pi} = 0.441. \tag{2.21}$$

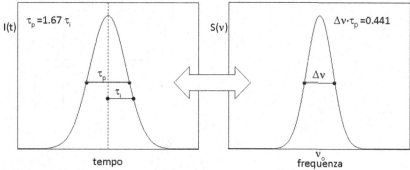

Fig. 2.1 Impulso gaussiano e suo spettro di potenza

Se l'impulso ha una forma temporale diversa dalla gaussiana, il prodotto tra banda in frequenza e durata temporale non è più uguale a 0.441, ma è comunque espresso da un numero dell'ordine di 1.

È importante notare che la relazione (2.21) vale solo nel caso in cui $E(\omega)$ sia una quantità reale, il che equivale a dire che tutte le componenti in frequenza dell'impulso abbiano la stessa fase. Un impulso di questo tipo è chiamato "transform-limited pulse".

Nel caso generale di impulsi che non siano "transform-limited", la (2.21) fornisce solo il limite inferiore del prodotto banda-durata. Per considerare un caso estremo, si potrebbe creare un impulso gaussiano di durata τ_p agendo con un interruttore elettro-ottico (descritto nel Capitolo 4) su di un fascio di luce solare. In questo caso, la banda spettrale dell'impulso rimarrebbe quella della luce solare, e quindi il prodotto banda-durata sarebbe superiore di molti ordini di grandezza al valore 0.441.

2.3 Polarizzazione della luce

Una proprietà importante delle onde trasversali è la polarizzazione. Un'onda luminosa è detta polarizzata linearmente se il campo elettrico ad essa associato oscilla nel tempo senza cambiare direzione. La direzione di **E** individua la direzione di polarizzazione dell'onda piana.

Nel caso generale, supponendo, per fissare le idee, di considerare un'onda piana che si propaghi lungo l'asse z, il campo elettrico avrà componenti lungo gli assi x e y che sono entrambe funzioni sinusoidali:

$$E_x = E_{xo} \cos(\omega t - kz) \tag{2.22}$$

$$E_y = E_{yo} \cos(\omega t - kz + \phi) \tag{2.23}$$

dove ϕ è lo sfasamento fra le due componenti. Ponendo $X = E_x/E_{xo} = \cos(\omega t - kz)$ e $Y = E_y/E_{yo} = \cos(\omega t - kz + \phi) = \cos(\omega t - kz)\cos\phi - \sin(\omega t - kz)\sin\phi$, si può ricavare una equazione implicita tra X e Y che non contiene più le coordinate

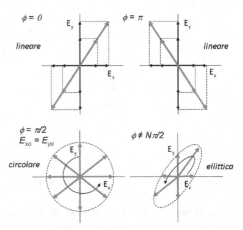

Fig. 2.2 Polarizzazione dell'onda elettromagnetica al variare dello sfasamento tra le componenti E_x e E_y

spazio-temporali:

$$X \cos \phi - Y = \sqrt{1 - X^2} \sin \phi. \tag{2.24}$$

Elevando al quadrato entrambi i membri della (2.24) si arriva all'equazione:

$$X^2 + Y^2 - 2XY \cos \phi = \sin^2 \phi \tag{2.25}$$

e quindi:

$$\frac{E_x^2}{E_{xo}^2} + \frac{E_y^2}{E_{yo}^2} - 2 \frac{E_x E_y}{E_{xo} E_{yo}} \cos \phi = \sin^2 \phi. \tag{2.26}$$

Nel piano individuato dalle due componenti del campo elettrico, la (2.26) rappresenta l'equazione della traiettoria descritta dal vertice del vettore campo elettrico nell'intervallo di tempo corrispondente ad un periodo ottico $T = 1/\nu$, come mostrato in Fig. 2.2. Nel caso generale la traiettoria ha forma ellittica. Nel caso particolare in cui $\phi = 0$, l'ellisse diventa una retta, cioè la direzione del vettore campo elettrico rimane costante nel tempo (polarizzazione lineare), formando con l'asse y un angolo θ tale che $\tan \theta = E_{xo}/E_{yo}$. Anche nel caso in cui lo sfasamento tra le due componenti del campo sia $\phi = \pi$, la polarizzazione risulta lineare, ma in una direzione che forma un angolo $-\theta$ rispetto all'asse y.

Nel caso particolare $\phi = \pm \pi/2$ e $E_{xo} = E_{yo}$, il vertice del vettore campo elettrico descrive un cerchio. Si parla in questo caso di polarizzazione circolare. La rotazione del vettore campo elettrico può avvenire in senso orario (polarizzazione circolare destrorsa) o antiorario (polarizzazione circolare sinistrorsa) a seconda che ϕ sia uguale a $\pi/2$ o a $-\pi/2$.

Uno stato generico di polarizzazione della luce può essere anche descritto come sovrapposizione di due polarizzazioni circolari, una destrorsa e una sinistrorsa, aventi diversa ampiezza e diversa fase. Se le due polarizzazioni circolari hanno diversa ampiezza, la polarizzazione risultante è ellittica, mentre, se hanno la stessa ampiezza, la polarizzazione risultante è lineare con una direzione determinata dallo sfasamento fra le due polarizzazioni circolari.

Nel caso del sole e delle sorgenti convenzionali si dice solitamente che la luce emessa è depolarizzata. In realtà ciò che avviene è che lo stato di polarizzazione fluttua in modo casuale su di una scala di tempi molto più rapida di quella tipica della misura di polarizzazione.

2.4 Approssimazione parassiale

Da ora in poi in questo capitolo verranno prese in considerazione onde monocromatiche, cioè contenenti una sola lunghezza d'onda, per le quali verranno utilizzate delle trattazioni approssimate che permettono di risolvere problemi di propagazione in situazioni nelle quali le dimensioni dei componenti ottici e dei fasci di luce si possano considerare grandi rispetto alla lunghezza d'onda.

Nel caso di un'onda monocromatica con frequenza angolare ω, si può porre: $\mathbf{E}(\mathbf{r},t) = \mathbf{E}(\mathbf{r})\exp(-i\omega t)$. Sostituendo questa espressione nell'equazione delle onde, si ottiene l'equazione di Helmholtz:

$$(\nabla^2 + k^2)\mathbf{E}(\mathbf{r}) = 0. \tag{2.27}$$

Nelle applicazioni non si ha mai a che fare con onde piane, ma con fasci di luce collimati, come quello emesso dal laser. In questa sezione viene discussa l'approssimazione parassiale, che è particolarmente adatta a trattare situazioni in cui il fascio di luce, propagandosi lungo una direzione che assumeremo coincidente con l'asse z, contiene solo onde che abbiano un vettore $\mathbf{k}$ poco inclinato rispetto all'asse di propagazione.

Poiché la trattazione svolta in questo capitolo riguarderà da ora in poi la dipendenza del campo elettrico dalle sole coordinate spaziali, verrà omesso il termine $\exp(-i\omega t)$ in tutte le espressioni del campo elettrico.

Sostituendo nella (2.27) la seguente espressione:

$$E(x,y,z) = U(x,y,z)\exp(ikz) \tag{2.28}$$

si ottiene:

$$\frac{\partial^2 U}{\partial x^2} + \frac{\partial^2 U}{\partial y^2} + \frac{\partial^2 U}{\partial z^2} + 2ik\frac{\partial U}{\partial z} = 0. \tag{2.29}$$

L'approssimazione parassiale assume che U sia una funzione di z lentamente variabile, nel senso che la scala spaziale su cui U cambia in modo significativo sia molto più grande di λ, come mostrato qualitativamente nella Fig. 2.3. Matematicamente, questo equivale a supporre che la derivata di U rispetto a z sia piccola rispetto a kU, e quindi che la derivata seconda di U rispetto a z sia piccola rispetto a kdU/dz.

Per chiarire meglio il significato di questa importante approssimazione, si consideri il caso semplice di un'onda che sia la somma di tre onde piane, una con il vettore $\mathbf{k}$ diretto secondo l'asse z, le altre due con vettore $\mathbf{k}$ che giace nel piano xz e forma un angolo $\pm\alpha$ con l'asse z. Assumiamo che le tre onde abbiano la stessa

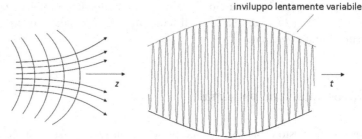

Fig. 2.3 Propagazione in approssimazione parassiale

ampiezza, il campo elettrico complessivo è dato da:

$$E(x,y,z) = E_o \exp(ikz)U(x,y,z)$$

dove

$$U(x,y,z) = 1 + \exp[ik(\cos\alpha - 1)z][\exp(ikx\sin\alpha) + \exp(-ikx\sin\alpha)].$$

Si ottiene:

$$\frac{dU}{dz} = ik(\cos\alpha - 1)U.$$

Se l'angolo α è piccolo, anche la quantità $\cos\alpha - 1$ è piccola, ed è quindi dimostrata la validità dell'approssimazione:

$$\left|\frac{dU}{dz}\right| \ll |kU|.$$

Trascurando la derivata seconda di U rispetto a z nella (2.29), si ottiene la cosiddetta equazione parassiale:

$$\frac{\partial^2 U}{\partial x^2} + \frac{\partial^2 U}{\partial y^2} + 2ik\frac{\partial U}{\partial z} = 0. \tag{2.30}$$

2.4.1 Onda sferica

Una importante soluzione particolare dell'equazione delle onde (2.7), che descrive in forma scalare un'onda monocromatica avente fronti d'onda sferici, è la seguente:

$$\mathbf{E} = \frac{\mathbf{A}_o}{|\mathbf{r} - \mathbf{r}_o|} \exp(ik|\mathbf{r} - \mathbf{r}_o|). \tag{2.31}$$

L'onda ha origine nel punto $\mathbf{r}_0$ che ha coordinate x_o, y_o, z_o. Assumendo che l'origine dell'onda sferica si trovi sull'asse z, cioè che $x_o = y_o = 0$, la distanza $|\mathbf{r} - \mathbf{r}_0|$ è data da:

$$|\mathbf{r} - \mathbf{r_0}| = \sqrt{x^2 + y^2 + (z - z_o)^2}$$

$$= (z - z_o)\sqrt{1 + \frac{x^2 + y^2}{(z - z_o)^2}}.$$

(2.32)

Applicare l'approssimazione parassiale alla (2.32) significa ritenere che la frazione che compare sotto radice nell'ultimo membro sia piccola rispetto ad 1. Sviluppando in serie di potenze la radice quadrata, e troncando al primo ordine, si ottiene:

$$|\mathbf{r} - \mathbf{r_0}| \approx (z - z_o)\left[1 + \frac{x^2 + y^2}{2(z - z_o)^2}\right].$$

(2.33)

Utilizzare la (2.33) al posto della (2.32) equivale ad approssimare il fronte d'onda sferico con un paraboloide. La validità della (2.33) è chiaramente limitata a situazioni nelle quali si osservi l'onda a distanze dall'asse di propagazione che siano piccole rispetto al valore della coordinata $z - z_o$.

Chiamando $R(z) = z - z_o$ il raggio di curvatura del fronte d'onda, l'ampiezza complessa del campo elettrico associato all'onda sferica può essere scritta come:

$$U(x, y, z) = \frac{A_o}{R(z)}\exp\left(ik\frac{x^2 + y^2}{2R(z)}\right).$$

(2.34)

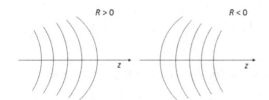

Fig. 2.4 Convenzione per il segno del raggio di curvatura del fronte d'onda dell'onda sferica

Il raggio di curvatura del fronte d'onda, R, è una grandezza dotata di segno: con la convenzione scelta (mostrata nella Fig. 2.4), R positivo significa fronte d'onda con la convessità rivolta verso le coordinate z positive, cioè onda divergente.

2.4.2 Onda sferica gaussiana

Il fascio di luce emesso dal laser può essere descritto come un'onda sferica che presenta una distribuzione trasversale di intensità di tipo gaussiano. L'ampiezza complessa del campo elettrico di una tale onda è:

$$U(x,y,z) = A(z) \exp\left[-\frac{x^2+y^2}{w^2}\right] \exp\left[i\frac{k(x^2+y^2)}{2R}\right]$$

$$= A(z) \exp\left[i\frac{k(x^2+y^2)}{2q}\right] \tag{2.35}$$

dove w è la distanza dall'asse a cui l'ampiezza del campo si riduce di un fattore $1/e$. Il parametro w viene chiamato raggio dell'onda gaussiana.

Nel membro a destra della (2.35) compare la grandezza q, detta raggio di curvatura complesso, definita come:

$$\frac{1}{q} = \frac{1}{R} + i\frac{\lambda}{\pi w^2}. \tag{2.36}$$

Sostituendo la (2.35) nella (2.30), si trova che l'onda sferica gaussiana rappresenta una soluzione dell'equazione parassiale. Questo vuol dire che l'onda si propaga lunga l'asse z mantenendo invariata la sua espressione funzionale, e cambiando nella propagazione l'ampiezza $A(z)$ ed il raggio di curvatura complesso $q(z)$. La sostituzione nell'equazione parassiale genera la seguente equazione:

$$\left[\frac{k^2}{q^2}\left(\frac{dq}{dz}-1\right)(x^2+y^2) + \frac{2ik}{q}\left(\frac{q}{A}\frac{dA}{dz}+1\right)\right]A(z) = 0. \tag{2.37}$$

L'unico modo in cui la (2.37) possa essere soddisfatta per tutti i valori di x e y è che valgano le due equazioni:

$$\frac{dq}{dz} = 1 \; ; \quad \frac{dA(z)}{dz} = -\frac{A(z)}{q(z)}. \tag{2.38}$$

Le soluzioni delle (2.38), con le condizioni iniziali $q(z_o) = q_o$, $A(z_o) = A_o$, sono:

$$q(z) = q_o + z - z_o \; ; \quad \frac{A(z)}{A_o} = \frac{q_o}{q(z)}. \tag{2.39}$$

La prima delle (2.39) mostra che il raggio di curvatura complesso dell'onda sferica gaussiana si comporta esattamente come il raggio di curvatura reale dell'onda sferica che abbiamo discusso nella sezione precedente, la seconda delle (2.39) indica che l'ampiezza del campo elettrico cambia nella propagazione seguendo un andamento inversamente proporzionale al raggio di curvatura complesso.

Per comprendere meglio il significato dei risultati ottenuti, è utile discutere il caso in cui si abbia, in corrispondenza del piano $z = 0$, un'onda sferica gaussiana che presenti un fronte d'onda piano. Questo significa che il raggio di curvatura R_o è infinito per $z = 0$. Su questo piano il raggio di curvatura complesso è quindi dato da: $1/q_o = i\lambda/(\pi w_o^2)$, dove w_o è il raggio del fascio. La distribuzione di campo sul piano $z = 0$ è:

$$U(x_o, y_o) = A_o \exp\left[i\frac{k(x_o^2 + y_o^2)}{2q_o}\right]. \tag{2.40}$$

Avendo assegnato la forma dell'onda alla coordinata $z = 0$, si può calcolare la distribuzione di campo alla coordinata generica z semplicemente inserendo le due condizioni (2.39) nella (2.35). Si noti che il problema di propagazione dell'onda luminosa viene risolto senza ricorrere all'equazione differenziale (2.30), ma utilizzando solo delle relazioni algebriche. Si ottiene:

$$U(x, y, z) = A_o \frac{q_o}{q_o + z} \exp\left[i\frac{k(x^2 + y^2)}{2(q_o + z)}\right] \tag{2.41}$$

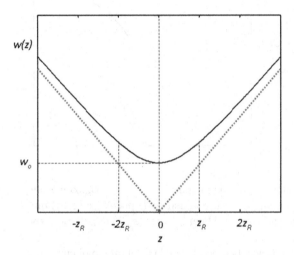

Fig. 2.5 Onda sferica gaussiana: andamento del parametro $w(z)$

che può anche essere scritta come:

$$U(x, y, z) = A_o \frac{w_o}{w(z)} \exp\left[-i\psi(z)\right] \exp\left[i\frac{k(x^2 + y^2)}{2q(z)}\right] \tag{2.42}$$

dove

$$q(z) = z + q_o = z - \frac{i\pi w_o^2}{\lambda} \tag{2.43}$$

$$w(z) = w_o\sqrt{1 + \left(\frac{\lambda z}{\pi w_o^2}\right)^2} = w_o\sqrt{1 + \left(\frac{z}{z_R}\right)^2} \tag{2.44}$$

$$\psi(z) = \arctan\left(\frac{\lambda z}{\pi w_o^2}\right) = \arctan\left(\frac{z}{z_R}\right). \tag{2.45}$$

La quantità z_R, detta lunghezza di Rayleigh, è definita come:

$$z_R = \frac{\pi w_o^2}{\lambda}. \tag{2.46}$$

L'andamento di $w(z)$ è riportato nella Fig. 2.5. Si noti che il raggio del fascio cresce lentamente per piccoli z: si può dare una definizione della distanza su cui il fascio di luce mantiene il raggio minimo assumendo che tale distanza coincida con quella necessaria a variare di un fattore $\sqrt{2}$ il raggio minimo. Tale distanza è precisamente la lunghezza di Rayleigh.

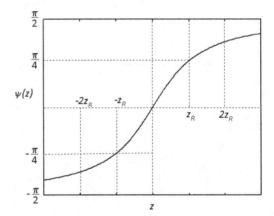

Fig. 2.6 Onda sferica gaussiana: andamento della fase addizionale in funzione della coordinata di propagazione

La (2.42) indica che l'onda sferica gaussiana acquista nella propagazione uno sfasamento $\psi(z)$ aggiuntivo rispetto a quello tipico dell'onda piana. La (2.45) mostra che lo sfasamento aggiuntivo varia da $-\pi/2$ per $z \ll z_R$ a $\pi/2$ per $z \gg z_R$, come illustrato nella Fig. 2.6.

Attraverso la relazione (2.43) si ricava la dipendenza da z del raggio di curvatura del fronte d'onda dell'onda sferica gaussiana:

$$R(z) = z + \frac{1}{z}\left(\frac{\pi w_o^2}{\lambda}\right)^2 = z + \frac{z_R^2}{z}. \tag{2.47}$$

L'andamento di $R(z)$ è riportato nella Fig. 2.7.

È interessante discutere il comportamento dell'onda sferica gaussiana per distanze grandi rispetto alla lunghezza di Rayleigh. Se $z \gg z_R$, si ha dalla (2.44):

$$w(z) \approx \frac{\lambda z}{\pi w_o}. \tag{2.48}$$

Questa espressione mostra che il raggio del fascio di luce cresce proporzionalmente alla distanza dall'origine. La potenza luminosa è quindi prevalentemente

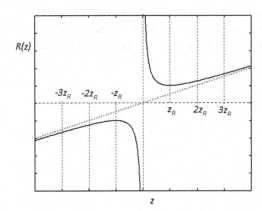

Fig. 2.7 Onda sferica gaussiana: andamento del raggio di curvatura del fronte d'onda in funzione della coordinata di propagazione

concentrata in un cono avente apertura:

$$\theta_o = \frac{\lambda}{\pi w_o}. \tag{2.49}$$

L'angolo θ_o è detto l'angolo di divergenza del fascio di luce. La (2.49) esprime un concetto molto generale per la propagazione di un'onda: ad una limitazione nella dimensione trasversale corrisponde necessariamente uno sparpagliamento angolare nella direzione del vettore propagazione. A meno di un fattore numerico dell'ordine dell'unità, l'angolo di divergenza è dato dal rapporto tra lunghezza d'onda e dimensione trasversale del fascio di luce. Si vedrà successivamente che un simile risultato si ottiene anche trattando il classico problema di diffrazione in cui un'onda piana attraversa un foro di raggio $D/2$, generando un fascio di luce con sparpagliamento angolare $\approx 2\lambda/D$.

Nell'ipotesi $z \gg z_R$, $R(z)$ diviene uguale a z, cioè il raggio di curvatura diventa identico a quello di un'onda sferica generata alla coordinata $z = 0$.

La trattazione svolta in questa sezione ha dimostrato che le proprietà delle onde sferiche gaussiane costituiscono una interessante generalizzazione delle proprietà delle onde sferiche ordinarie. L'aspetto importante è che le formule che descrivono l'onda sferica gaussiana contengono gli effetti della diffrazione.

2.5 Diffrazione. Approssimazione di Fresnel

La teoria della diffrazione è nata per trattare la situazione schematizzata nella Fig. 2.8. Un'onda piana monocromatica con vettore propagazione **k** diretto secondo l'asse z investe uno schermo piano, che giace sul piano xy, opaco dappertutto tranne che in una zona trasparente che è definita da Σ. Si vuole determinare la distribuzione spaziale del campo elettromagnetico a destra del piano xy. Per trattare in modo esatto il problema occorrerebbe risolvere l'equazione delle onde con le opportune condizioni al contorno. Siccome il problema è troppo complicato, si ricorre a

soluzioni approssimate. L'approssimazione più semplice è quella dell'ottica geometrica, che, nel caso in figura, direbbe che il campo trasmesso è ancora un'onda
piana, però limitata alla zona avente come base la superficie Σ e come direzione del-

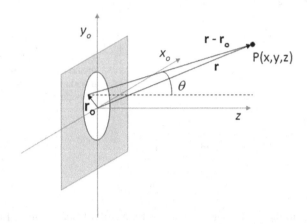

Fig. 2.8 Diffrazion
da una apertura
Σ che giace nel
piano $z = 0$

l'asse quella di **k**. Sperimentalmente si osserva invece che, al di là dell'apertura, ci
sono anche onde elettromagnetiche con vettore di propagazione diverso da **k**. Una
approssimazione più soddisfacente si può ottenere ricorrendo alla teoria della diffrazione, impostata da Huygens e successivamente elaborata da Fresnel e da Kirchhoff.
Qualitativamente l'idea è la seguente: ciascun elemento infinitesimo della superficie
Σ investita dall'onda incidente si comporta come sorgente di un'onda sferica avente
fase e ampiezza fissate, punto per punto, da quelle del campo incidente. Il campo
elettrico in un determinato punto nel semispazio a destra dello schermo si calcola
sovrapponendo i contributi di tutti gli elementi di superficie dell'apertura, ognuno
con la fase appropriata, che viene calcolata tenendo conto della distanza percorsa.
Si noti che il principio della sovrapposizione degli effetti è una diretta conseguenza
della linearità delle equazioni di Maxwell.

La teoria può essere applicata anche in situazioni in cui l'onda incidente non
è un'onda piana che viaggia lungo l'asse z. Il campo incidente viene caratterizzato
come una grandezza scalare complessa, $E_i(x_o, y_o)$, dove x_o, y_o sono le coordinate che
individuano i punti sul piano dello schermo. Il campo diffratto nel punto $P(x, y, z)$ è
dato dal seguente integrale di superficie:

$$E(\mathbf{r}) = \frac{i}{\lambda} \int \int_{\Sigma} E_i(\mathbf{r}_o) \frac{\exp(ik|\mathbf{r} - \mathbf{r}_o|)}{|\mathbf{r} - \mathbf{r}_o|} \cos\theta \, dx_o dy_o \qquad (2.50)$$

dove $\mathbf{r} = (x, y, z)$ è il vettore che indica la posizione di P rispetto all'origine, $\mathbf{r}_o$ è
il vettore che indica la posizione dell'elemento di superficie $dx_o dy_o$ sul piano dello
schermo, e θ è l'angolo formato dal vettore $\mathbf{r} - \mathbf{r}_o$ con l'asse z. Si ha quindi:

$$\cos\theta = \frac{z}{\sqrt{(x-x_o)^2+(y-y_o)^2+z^2}} \tag{2.51}$$

$$|\mathbf{r}-\mathbf{r}_o| = \sqrt{(x-x_o)^2+(y-y_o)^2+z^2} = z\sqrt{1+\frac{(x-x_o)^2+(y-y_o)^2}{z^2}}. \tag{2.52}$$

Si noti l'unità immaginaria i a moltiplicare l'integrale (2.50): questo significa che c'è uno sfasamento $\pi/2$ tra l'onda sferica irradiata da ciascun elemento della superficie Σ e l'onda incidente. L'integrale (2.50) rappresenta un'ottima approssimazione della soluzione esatta in tutti i casi in cui il campo diffratto è osservato in un punto che ha una distanza dal piano xy molto maggiore della lunghezza d'onda, cioè $z \gg \lambda$.

L'integrale (2.50) può essere esteso a tutto il piano xy moltiplicando la funzione integranda per un coefficiente di trasmissione $\tau(x_o,y_o)$ che vale 1 all'interno di Σ e 0 all'esterno di Σ. Ma l'introduzione di $\tau(x_o,y_o)$ permette anche di generalizzare la trattazione al caso in cui lo schermo presenti zone parzialmente trasparenti (in tal caso il modulo di τ potrebbe assumere tutti i valori compresi tra 0 e 1) e zone in cui si modifichi la fase del campo incidente (in tal caso τ diventerebbe una grandezza complessa).

La generalizzazione dell'integrale di diffrazione (2.50) assume la forma:

$$E(\mathbf{r}) = \frac{i}{\lambda} \int_{-\infty}^{\infty} dx_o \int_{-\infty}^{\infty} \tau(x_o,y_o)E_i(\mathbf{r}_o)\frac{\exp(ik|\mathbf{r}-\mathbf{r}_o|)}{|\mathbf{r}-\mathbf{r}_o|}\cos\theta\, dy_o. \tag{2.53}$$

La teoria della diffrazione, vista attraverso l'integrale (2.53), costituisce una teoria approssimata della propagazione di onde elettromagnetiche. Infatti, una volta assegnata una distribuzione di campo sul piano $z = 0$ immediatamente a destra dello schermo, la (2.53) permette di calcolare il campo sul piano generico a distanza z.

In molti casi è utile considerare l'integrale di diffrazione nell'approssimazione di Fresnel. Assumendo che i raggi siano poco inclinati rispetto all'asse z è possibile sviluppare in serie di potenze il membro a destra della (2.52), trascurando tutti i termini di ordine superiore al primo. Nell'integrale (2.53) si può quindi porre $\cos\theta = 1$ e $|\mathbf{r}-\mathbf{r}_o| = z$. Si noti però che l'esponenziale richiede un trattamento particolare: in generale, in un esponenziale del tipo $\exp[i(A+A_1)]$, la constatazione che A_1 è molto piccolo rispetto ad A non è una ragione sufficiente per eliminare A_1. Poiché l'esponenziale con esponente immaginario è una funzione periodica con periodo 2π, A_1 può essere infatti trascurato solo se è piccolo rispetto a 2π. Nell'esponenziale occorre quindi tenere il termine al primo ordine nello sviluppo in serie della (2.52):

$$|\mathbf{r}-\mathbf{r}_o| \approx z\left[1+\frac{(x-x_o)^2+(y-y_o)^2}{2z^2}\right]. \tag{2.54}$$

La condizione perché si possa trascurare il termine successivo al primo è:

$$\frac{k(x-x_o)^4}{4z^3} \ll 2\pi. \tag{2.55}$$

Se D è il diametro dell'apertura, la (2.55) dice che l'approssimazione di Fresnel è certamente valida se è soddisfatta la condizione:

$$z^3 \gg \frac{D^4}{\lambda}.\tag{2.56}$$

In realtà, paragonando i risultati ottenuti con l'approssimazione di Fresnel a risultati numerici esatti, si constata che la condizione (2.56) è eccessivamente restrittiva.

In conclusione, l'integrale (2.53), scritto nell'approssimazione di Fresnel, diviene:

$$E(\mathbf{r}) = \frac{i \exp(ikz)}{\lambda z} \int_{-\infty}^{\infty} dx_o$$

$$\int_{-\infty}^{\infty} \tau(x_o, y_o) E_i(\mathbf{r_0}) \exp\{ik/(2z)[(x - x_o)^2 + (y - y_o)^2]\} dy_o.\tag{2.57}$$

L'integrale (2.57) rappresenta una convoluzione di un nucleo Gaussiano complesso con la distribuzione di campo presente immediatamente a destra del piano $x_o y_o$.

L'approssimazione di Fresnel può essere utilizzata per descrivere la propagazione libera di onde sferiche gaussiane. Si consideri un'onda sferica gaussiana che presenti un fronte d'onda piano in corrispondenza del piano $z = 0$. Questo significa che il raggio di curvatura R_o è infinito per $z = 0$. Il raggio di curvatura complesso è quindi dato da: $1/q_o = i\lambda/(\pi w_o^2)$, dove w_o è il raggio del fascio sul piano $z = 0$. La distribuzione di campo sul piano $z = 0$ è quindi:

$$E_i(x_o, y_o) = A_o \exp\left[i\frac{k(x_o^2 + y_o^2)}{2q_o}\right].\tag{2.58}$$

La distribuzione di campo alla coordinata z si calcola inserendo la (2.58) nella (2.57), con $\tau(x_o, y_o) = 1$. Notando che l'integrale di diffrazione può essere facilmente calcolato per via analitica separando l'integrazione su x_o da quella su y_o, si ottiene:

$$E(x, y, z) = A_o \frac{i \exp(ikz)}{\lambda z} J(x, z) J(y, z)\tag{2.59}$$

dove:

$$J(x, z) = \int_{-\infty}^{\infty} \exp\left[i\frac{k(x - x_o)^2}{2z}\right] \exp\left[i\frac{kx_o^2}{2q_o}\right] dx_o.\tag{2.60}$$

Tenendo presente che:

$$\int_{-\infty}^{\infty} \exp\left(-\frac{x^2}{w^2}\right) dx = \int_{-\infty}^{\infty} \exp\left[-\frac{(x - c)^2}{w^2}\right] dx = \sqrt{\pi}\, w\tag{2.61}$$

dove c è una costante arbitraria, possiamo calcolare facilmente l'integrale (2.60) se esprimiamo la funzione integranda come esponenziale di un quadrato. Si ha:

$$J(x,z) = \int_{-\infty}^{\infty} \exp\left[\frac{ik}{2}\left(\frac{q_o+z}{q_oz}x_o^2 - \frac{2xx_o}{z} + \frac{x^2}{z}\right)\right]dx_o$$

$$= \exp\left[\frac{ikx^2}{2(q_o+z)}\right]\int_{\infty}^{\infty}\exp\left\{\frac{ik(q_o+z)}{2q_oz}\left[x_o - \frac{q_ox}{q_o+z}\right]^2\right\}dx_o. \tag{2.62}$$

Il risultato dell'integrale (2.62) è:

$$E(x,y,z) = A_o\frac{q_o}{q_o+z}e^{ikz}\exp\left[i\frac{k(x^2+y^2)}{2(q_o+z)}\right]. \tag{2.63}$$

Si è quindi ritrovato per altra via la (2.41). In altri termini, la trattazione del problema di propagazione con la teoria della diffrazione di Fresnel si è rivelata equivalente a quella basata sull'equazione parassiale.

2.6 Diffrazione di Fraunhofer

La trattazione della diffrazione può essere ulteriormente semplificata introducendo l'approssimazione di Fraunhofer, che consiste nel trascurare nell'espressione (2.57) i termini quadratici in x_o e y_o. Tale approssimazione è valida solo se i termini che si trascurano sono piccoli rispetto a π. Deve quindi valere la condizione:

$$z \gg \frac{(x_o^2+y_o^2)}{\lambda}. \tag{2.64}$$

Nel caso di una apertura circolare di diametro D, il valore massimo della somma $x_o^2+y_o^2$ è $D^2/4$, quindi la condizione diventa: $z \gg D^2/(4\lambda)$. In un caso pratico può essere molto difficile soddisfare questa condizione. Ad esempio, se $\lambda = 0.6\,\mu m$, e il diametro dell'apertura è $D = 5\,cm$, la (2.64) richiede $z \gg 3\,km$. Questo esempio spiega perché l'approssimazione di Fraunhofer viene anche detta approssimazione di campo lontano. Come si vedrà nella Sezione 3.3, è però possibile, utilizzando semplicemente una lente convergente, portare il campo lontano su di un piano vicino, coincidente con il piano focale della lente. Questa possibilità rende di un grande interesse pratico l'approssimazione di Fraunhofer.

L'integrale (2.57), scritto nell'approssimazione di Fraunhofer, diviene:

$$E(x,y,z) = \frac{i\exp(ikz)}{\lambda z}\exp\left[\frac{ik}{2z}(x^2+y^2)\right]$$
$$\int_{-\infty}^{\infty}dx_o\int_{-\infty}^{\infty}\tau(x_o,y_o)E_i(x_o,y_o)\exp(-i(k/z)(xx_o+yy_o))dy_o. \tag{2.65}$$

È interessante osservare che, a meno dei fattori moltiplicativi che precedono l'integrale, $E(x,y,z)$ risulta essere la trasformata di Fourier bidimensionale del campo presente immediatamente a destra del piano di riferimento. Le due coordinate coniugate rispetto a x_o, y_o sono: $f_x = x/(\lambda z)$, e $f_y = y/(\lambda z)$, che rappresentano le componenti della frequenza spaziale $\mathbf{f}$ che ha modulo $f = \sqrt{f_x^2 + f_y^2}$.

Per comprendere il significato fisico della frequenza spaziale $\mathbf{f}$, occorre tenere presente che il campo τE_i uscente dal piano x_o, y_o può sempre essere descritto come una sovrapposizione di onde piane. Come schematizzato in Fig. 2.9, ogni onda piana è caratterizzata da una diversa direzione del vettore $\mathbf{k}$. La direzione di $\mathbf{k}$ è determinata assegnando la coppia di angoli α_x, α_y, che sono, rispettivamente, gli angoli formati dal vettore propagazione con gli assi x, y. Una volta noti α_x e α_y, l'angolo α_z formato da $\mathbf{k}$ con l'asse z è determinato dalla relazione: $\cos^2 \alpha_x + \cos^2 \alpha_y + \cos^2 \alpha_z = 1$. Ad ogni coppia di valori α_x, α_y corrisponde una frequenza spaziale $\mathbf{f}$ con componenti $f_x = \lambda^{-1} \cos \alpha_x$ e $f_y = \lambda^{-1} \cos \alpha_y$. Il modulo di $\mathbf{f}$ è:

$$f = \frac{\sqrt{1 - \cos^2 \alpha_z}}{\lambda} = \frac{\sin \alpha_z}{\lambda}. \qquad (2.66)$$

Il termine frequenza spaziale nasce dal fatto che f^{-1} rappresenta la spaziatura (periodo) dei piani equifase proiettati sul piano x_o, y_o. Tale spaziatura assume il valore λ se l'onda piana si propaga perpendicolarmente all'asse z ($\alpha_z = \pi/2$), e tende all'infinito quando α_z tende a 0, cioè quando l'onda si propaga lungo l'asse z.

La (2.65) dice che un'onda piana uscente dal piano $z = 0$ avente componenti della frequenza spaziale f_x, f_y è rappresentata sul piano z in campo lontano dal punto che ha coordinate $x = f_x \lambda z$ e $y = f_y \lambda z$. Nel caso in cui il campo incidente E_i sia un'onda piana con vettore propagazione $\mathbf{k}$ diretto lungo z, $E(x, y, z)$ risulta essere

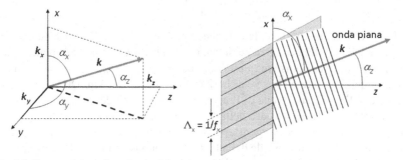

Fig. 2.9 Scomposizione di un fascio di luce in onde piane

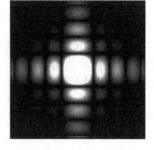

Fig. 2.10 Immagine della diffrazione di Fraunhofer da una apertura quadrata

semplicemente la trasformata della funzione trasmissione $\tau(x_o, y_o)$.

2.6.1 Apertura rettangolare e circolare

È utile discutere alcuni esempi di applicazione dell'approssimazione di Fraunhofer. Si consideri un'onda piana che viaggia lungo l'asse z e illumina un'apertura rettangolare caratterizzata da:

$$\tau(x_o, y_o) = \text{rect}\left(\frac{x_o}{L_x}\right)\text{rect}\left(\frac{y_o}{L_y}\right), \tag{2.67}$$

dove $\text{rect}(x)$ è una funzione uguale a 1 nell'intervallo $-0.5 \leq x \leq 0.5$ e uguale a 0 altrove. La trasformata della (2.67) è: $F\{\tau(x_o, y_o)\} = L_x L_y \text{sinc}(\pi L_x f_x)\text{sinc}(\pi L_y f_y)$ dove $\text{sinc}(x) = (\sin x)/x$. Si ottiene quindi sostituendo nella (2.65):

$$E(x,y,z) = \frac{iE_i \exp(ikz)}{\lambda z}\exp[i(k/2z)(x^2+y^2)]L_x L_y \text{sinc}\left(\pi\frac{xL_x}{\lambda z}\right)\text{sinc}\left(\pi\frac{yL_y}{\lambda z}\right). \tag{2.68}$$

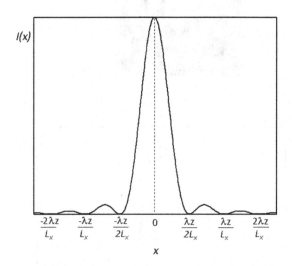

Fig. 2.11 Diffrazione di Fraunhofer da una apertura quadrata: andamento dell'intensità in funzione della coordinata x

La Fig. 2.10 mostra l'immagine dell'onda diffratta, mentre la Fig. 2.11 descrive l'andamento trasversale dell'intensità $I(x,y,z)$, che è proporzionale a $|E(x,y,z)|^2$, lungo la coordinata x. In particolare, dalla Fig. 2.11 risulta che la larghezza del primo lobo di diffrazione nella direzione x, calcolata come la distanza fra i primi due zeri, vale $\Delta x = \lambda z/L_x$, o, in altri termini, che $\lambda/(2L_x)$ è l'apertura angolare del lobo principale di diffrazione. Mentre l'onda incidente sull'apertura contiene solo un vettore propagazione diretto lungo l'asse z, l'onda che ha attraversato l'apertura (onda diffratta) presenta uno sparpagliamento in **k** che è tanto più accentuato quanto più è piccola l'apertura.

Si consideri ora un'apertura circolare caratterizzata da:

$$\tau(x_o, y_o) = \mathrm{circ}\left(\frac{r_o}{R}\right), \tag{2.69}$$

dove $\mathrm{circ}(r)$ è uguale a 1 all'interno del cerchio di raggio 1 e uguale a 0 altrove. Utilizzando la (2.65), si trova il campo diffratto:

$$E(r) = \frac{iE_i \exp(ikz)}{\lambda z} \exp[i(k/2z)r^2] R^2 \frac{J_1[rR/(\lambda z)]}{rR/(\lambda z)} \tag{2.70}$$

dove J_1 è la funzione di Bessel di ordine 1. La distribuzione di intensità $I(r)$, che è proporzionale a $|E(r)|^2$, è detta figura di Airy. L'immagine dell'onda diffratta è presentata nella Fig. 2.12, mentre l'andamento di $I(r)$ è mostrato nella Fig. 2.13. Il raggio corrispondente al primo zero è $0.61\lambda z/R$.

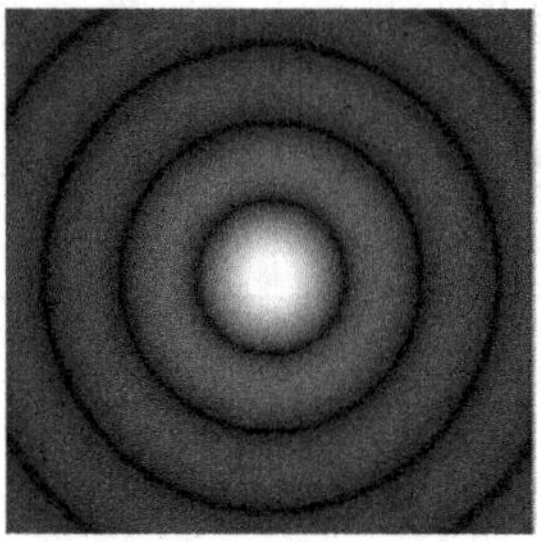

Fig. 2.12 Immagine della diffrazione di Fraunhofer da una apertura circolare

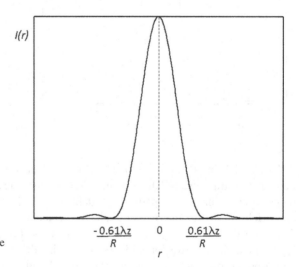

Fig. 2.13 Diffrazione di Fraunhofer da una apertura circolare: andamento dell'intensità in funzione della coordinata radiale

Gli esempi discussi in questa sezione confermano la conclusione che l'onda

uscente dall'apertura presenta uno sparpagliamento angolare che è dell'ordine del
rapporto tra lunghezza d'onda e dimensione dell'apertura.

2.6.2 Funzione di trasmissione periodica

Si supponga che un'onda piana con vettore propagazione diretto lungo l'asse z in-
contri sul piano $z = 0$ una funzione trasmissione che abbia un andamento sinusoidale
lungo l'asse x con passo $d = 1/f_o$, e sia delimitata da un'apertura quadrata di lato
L. La funzione trasmissione è data da:

$$\tau(x_o, y_o) = \frac{1 + m\cos(2\pi f_o x_o)}{2} \text{rect}\left(\frac{x_o}{L}\right) \text{rect}\left(\frac{y_o}{L}\right) \tag{2.71}$$

dove il parametro m rappresenta la profondità della modulazione di trasmissione.
    Notando che:

$$F\left\{\frac{1 + m\cos 2\pi f_o x_o}{2}\right\} = \frac{1}{2}\delta(f_x, f_y) + \frac{m}{4}\delta(f_x + f_o, f_y) + \frac{m}{4}\delta(f_x - f_o, f_y) \tag{2.72}$$

e ricordando che la trasformata di Fourier del prodotto di due funzioni è uguale alla
convoluzione delle trasformate delle due funzioni, si ottiene:

$$E(x, y, z) = \frac{iE_i L^2 \exp(ikz)}{2\lambda z} \exp\left[\frac{ik}{2z}(x^2 + y^2)\right] \text{sinc}\left(\pi\frac{yL}{\lambda z}\right)$$

$$\left\{\text{sinc}\left(\pi\frac{xL}{\lambda z}\right) + \frac{m}{2}\text{sinc}\left[\pi\frac{L}{\lambda z}(x + f_o\lambda z)\right] + \frac{m}{2}\text{sinc}\left[\pi\frac{L}{\lambda z}(x - f_o\lambda z)\right]\right\}. \tag{2.73}$$

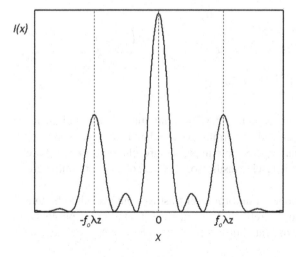

Fig. 2.14 Intensità della radiazione diffratta da una funzione
trasmissione periodica

In Fig. 2.14 è riportato l'andamento dell'intensità diffratta in funzione della coordinata x. Il picco centrale rappresenta la frazione dell'onda incidente che si propaga lungo l'asse z, quest'onda rappresenta l'ordine 0 di diffrazione. Si noti che l'onda presenta uno sparpagliamento di direzione, cioè un'apertura angolare non infinitesima, a causa della limitazione trasversale introdotta dalla dimensione finita della zona trasparente.

I due picchi laterali, posizionati simmetricamente rispetto al picco centrale, rappresentano onde che hanno vettori propagazione che giacciono nel piano xz e formano con l'asse z gli angoli $\pm\lambda/d$. Queste due onde costituiscono gli ordini di diffrazione $+1$ e -1. La separazione spaziale tra l'ordine 0 e l'ordine ±1 è $f_o\lambda z$, mentre la larghezza dei picchi è $\lambda z/L$.

Il profilo di trasmissione sinusoidale non presenta modi di ordine superiore ad 1: se fosse stato invece considerato un profilo di trasmissione ad onda quadra, la funzione $\tau(x_o,y_o)$ avrebbe contenuto le armoniche di tutti gli ordini, e di conseguenza il fascio diffratto sarebbe stato costituito da modi di ordine anche superiore ad 1.

Un altro caso da considerare è quello del profilo sinusoidale di fase:

$$\tau(x_o,y_o) = \exp\left[i\frac{m\sin(2\pi f_o x_o)}{2}\right]\text{rect}\left(\frac{x_o}{L}\right)\text{rect}\left(\frac{y_o}{L}\right). \tag{2.74}$$

Un profilo di questo tipo può essere realizzato con una lamina di materiale trasparente che presenti o una modulazione sinusoidale di indice di rifrazione, oppure una modulazione di spessore, lungo la coordinata x_o. Tenendo conto che:

$$\exp\left[i\frac{m\sin 2\pi f_o x_o}{2}\right] = \sum_{q=-\infty}^{\infty} J_q\left(\frac{m}{2}\right)\exp(i2\pi q f_o x_o) \tag{2.75}$$

dove J_q è la funzione di Bessel del primo tipo di ordine q, e utilizzando il teorema di convoluzione, si ha:

$$E(x,y,z) = \frac{E_i L^2 \exp(ikz)}{2\lambda z}\exp\left[\frac{ik}{2z}(x^2+y^2)\right]\text{sinc}\left(\pi\frac{yL}{\lambda z}\right)$$
$$\sum_{q=-\infty}^{\infty} J_q\left(\frac{m}{2}\right)\text{sinc}\left[\frac{\pi L}{\lambda z}(x-q f_o\lambda z)\right]. \tag{2.76}$$

La (2.76) mostra che il profilo sinusoidale di fase presenta tutti gli ordini di diffrazione, l'ampiezza dell'ordine q essendo determinata dal valore della corrispondente funzione di Bessel alla coordinata $m/2$. Si noti, in particolare, che si può sopprimere completamente l'ordine 0, cioè il fascio trasmesso, se $m/2$ coincide con uno zero della J_0.

La discussione della diffrazione da un profilo di trasmissione periodico ha una importante applicazione al caso dei reticoli di diffrazione, trattati nel capitolo seguente. Mediante la diffrazione di Fraunhofer si possono calcolare non solo le proprietà geometriche del reticolo, ma anche la distribuzione di potenza sui vari ordini di diffrazione del reticolo.

Esercizi

2.1. Si consideri l'onda elettromagnetica piana avente le seguenti componenti del campo elettrico (in unità SI): $E_x = 0$, $E_y = 200 \ cos[12\pi \times 10^{14}(t - zc) + \pi/2]$, e $E_z = 0$. Indicare la frequenza, la lunghezza d'onda, la direzione di moto, e lo stato di polarizzazione dell'onda.

2.2. Si consideri l'onda elettromagnetica piana avente campo elettrico $E = E_o cos(\omega t - kz)$. Assumendo che $E_o = 100 \ \text{V/m}$, calcolare il valore di B_o in Tesla e dell'intensità I in W/m^2.

2.3. Un'onda elettromagnetica piana che si propaga lungo l'asse z ha le seguenti componenti del campo elettrico: $E_x(t,z) = E_o \cos(\omega t - kz)$, e $E_y(t,z) = \sqrt{3}E_o \cos(\omega t - kz)$. Determinare l'angolo formato dalla direzione di polarizzazione con l'asse x.

2.4. Un'onda sferica gaussiana di lunghezza d'onda $\lambda = 0.63 \ \mu$m ha raggio minimo $w_o = 0.5$ mm. Calcolare il raggio w ed il raggio di curvatura del fronte d'onda R sul piano alla distanza di 5 m dal piano di raggio minimo.

2.5. Un'onda elettromagnetica piana ha lunghezza d'onda $\lambda = 500 \ nm$ ed un vettore d'onda $\mathbf{k}$ che giace nel piano xz, formando un angolo $\alpha_x = 60°$ con l'asse x. Calcolare la frequenza spaziale della distribuzione di fase sul piano $z = 0$.

2.6. Un'onda piana di lunghezza d'onda $\lambda = 500$ nm illumina una apertura circolare di diametro $D = 100 \ \mu$m. La figura di diffrazione viene osservata su di uno schermo posto alla distanza di 30 cm dal piano dell'apertura. a) controllare se la condizione di validità della diffrazione di Fraunhofer è soddisfatta; b) determinare la posizione del primo zero della funzione di Airy.

3

Componenti e metodi ottici

Sommario In questo capitolo, dopo aver introdotto le equazioni di Maxwell nella materia, vengono descritte le proprietà dei componenti ottici di uso più comune nella Fotonica. La trattazione assume che le proprietà ottiche dei materiali isotropi siano tutte descrivibili con un solo parametro, l'indice di rifrazione, che è una funzione della frequenza dell'onda elettromagnetica. Nel caso dei materiali anisotropi occorre introdurre più indici di rifrazione. La funzione dei componenti ottici è quella di modificare le proprietà del fascio di luce. Ad esempio, uno specchio piano cambia la direzione di propagazione, una lente cambia il raggio di curvatura del fronte d'onda, la propagazione in un cristallo birifrangente può cambiare lo stato di polarizzazione, la propagazione in un mezzo dispersivo può permettere di separare tra loro componenti del fascio a diversa lunghezza d'onda. Il capitolo comprende anche la descrizione delle tecniche utilizzate per le misure di spettro in frequenza di segnali luminosi, e si conclude con una trattazione delle guide ottiche.

3.1 Onde elettromagnetiche nella materia

In un mezzo le equazioni di Maxwell assumono la seguente forma:

$$\nabla \cdot \mathbf{D} = \rho \tag{3.1}$$

$$\nabla \cdot \mathbf{B} = 0 \tag{3.2}$$

$$\nabla \times \mathbf{H} = \mathbf{J} + \frac{\partial \mathbf{D}}{\partial t} \tag{3.3}$$

$$\nabla \times \mathbf{E} = -\frac{\partial \mathbf{B}}{\partial t} \tag{3.4}$$

dove $\mathbf{D}$ è il vettore spostamento elettrico (C/m^2), mentre ρ e $\mathbf{J}$ sono, rispettivamente, la densità di carica elettrica (C/m^3) e la densità di corrente (A/m^2) e rappresentano le sorgenti dei campi $\mathbf{E}$ e $\mathbf{H}$. In ottica si considerano di solito campi elettromagnetici in mezzi dielettrici in cui sia ρ che $\mathbf{J}$ sono nulli.

© Springer-Verlag Italia Srl. 2016
V. Degiorgio and I. Cristiani, *Note di fotonica*, UNITEXT for Physics,
DOI 10.1007/978-88-470-5788-3_3

Le relazioni che legano **D** a **E** e **B** a **H** possono essere scritte come:

$$\mathbf{D} = \varepsilon_o \mathbf{E} + \mathbf{P} \tag{3.5}$$

$$\mathbf{B} = \mu_o (\mathbf{H} + \mathbf{M}). \tag{3.6}$$

P e **M** sono, rispettivamente, la polarizzazione elettrica e la magnetizzazione dell'unità di volume, e rappresentano la perturbazione prodotta dal campo elettromagnetico nel mezzo.

Limitando la trattazione al caso di un'onda che si propaga in un materiale dielettrico non ferromagnetico, si può porre $\mathbf{M} = \mathbf{J} = \rho = 0$ nelle equazioni (3.1), (3.3) e (3.6). Tenendo conto della (3.5), l'equazione delle onde in un mezzo assume la seguente forma:

$$\nabla^2 \mathbf{E} = \frac{1}{c^2} \frac{\partial^2 \mathbf{E}}{\partial t^2} + \mu_o \frac{\partial^2 \mathbf{P}}{\partial t^2}. \tag{3.7}$$

Per risolvere qualunque problema di propagazione di onde elettromagnetiche in un mezzo, occorre associare alle equazioni di Maxwell l'equazione che lega **P** ad **E**. È utile ricordare il significato fisico di **P**: il mezzo materiale è costituito di particelle cariche (nuclei ed elettroni). Sotto l'azione di un campo elettrico esterno le nuvole elettroniche subiscono uno spostamento rispetto ai nuclei, in modo tale che ogni atomo (o molecola) diventa un dipolo elettrico. **P** rappresenta il momento di dipolo dell'unità di volume. Se il campo elettrico oscilla con frequenza angolare ω, anche il dipolo indotto tenderà ad oscillare con la stessa frequenza, ma poiché la risposta del mezzo non è istantanea, in generale **P** è legato a **E** da una relazione di convoluzione:

$$\mathbf{P}(\mathbf{r},t) = \varepsilon_o \int_{-\infty}^{t} R(t - t') \mathbf{E}(\mathbf{r},t') dt' \tag{3.8}$$

dove $R(t - t')$ è la funzione di risposta del mezzo. Si noti che, per il principio di causalità, la risposta del mezzo non può precedere lo stimolo, perciò $R(t - t')$ deve essere nulla per $t < t'$. L'integrale che compare nella (3.8) ha quindi t come limite superiore.

Introducendo la trasformata di Fourier del campo e della polarizzazione, e ricordando che la trasformata della convoluzione di due funzioni è uguale al prodotto delle trasformate delle due funzioni, si ottiene dalla (3.8) la relazione:

$$\mathbf{P}(\mathbf{r}, \omega) = \varepsilon_o \chi(\omega) \mathbf{E}(\mathbf{r}, \omega) \tag{3.9}$$

dove $\chi(\omega)$, detta suscettività elettrica, è data da

$$\chi(\omega) = \int_{-\infty}^{\infty} R(t) \exp(i\omega t) dt \tag{3.10}$$

e $\mathbf{E}(\mathbf{r}, \omega)$ è definito dalla trasformazione:

$$\mathbf{E}(\mathbf{r},t) = \int_{-\infty}^{\infty} d\omega \mathbf{E}(\mathbf{r}, \omega) \exp(-i\omega t). \tag{3.11}$$

Sostituendo la (3.9) nella (3.5) si trova che lo spostamento elettrico $\mathbf{D}(\mathbf{r}, \omega)$, generato da un campo elettrico monocromatico che oscilla alla frequenza angolare ω, è proporzionale a $\mathbf{E}(\mathbf{r}, \omega)$:

$$\mathbf{D} = \varepsilon_o(1 + \chi)\mathbf{E} = \varepsilon_o\varepsilon_r\mathbf{E}. \tag{3.12}$$

La costante adimensionale $\varepsilon_r = 1 + \chi$ è chiamata costante dielettrica relativa o permittività elettrica. L'equazione delle onde assume la forma:

$$\nabla^2\mathbf{E} = \frac{1}{u^2}\frac{\partial^2\mathbf{E}}{\partial t^2}, \tag{3.13}$$

dove u rappresenta la velocità di propagazione nel mezzo:

$$u = \frac{1}{\sqrt{\varepsilon_o\varepsilon_r\mu_o}} = \frac{c}{n}, \tag{3.14}$$

e

$$n = \sqrt{\varepsilon_r} \tag{3.15}$$

è l'indice di rifrazione del mezzo. Si ricordi che è stata introdotta l'ipotesi che la suscettività magnetica del mezzo sia uguale a quella del vuoto. Nel caso più generale, in cui: $\mathbf{B} = \mu_o\mu_r\mathbf{H}$, si ha:

$$n = \sqrt{\varepsilon_r\mu_r}. \tag{3.16}$$

Poiché la suscettività χ dipende dalla frequenza, l'indice di rifrazione è, in generale, una funzione della frequenza della radiazione. Questo fenomeno si chiama dispersione ottica. Considerando, ad esempio, uno dei vetri ottici di uso più frequente, il borosilicato noto con la sigla BK7, che è trasparente tra 0.35 μm e 2.3 μm, n decresce in modo monotono dal valore 1.54 a 0.35 μm al valore 1.49 a 2.3 μm. Questo comportamento viene detto dispersione normale, mentre il termine dispersione anomala si riferisce al caso in cui n cresce all'aumentare di λ. Come si vedrà nel Capitolo 6, la propagazione di brevi impulsi di luce è molto influenzata dall'esistenza della dispersione ottica.

Siccome il prodotto della lunghezza d'onda per la frequenza deve essere uguale in ogni caso alla velocità di propagazione, e poiché la frequenza di oscillazione non può cambiare passando da un mezzo all'altro, ne consegue che nel mezzo cambia la lunghezza d'onda. Se λ è la lunghezza d'onda nel vuoto, quella nel mezzo sarà quindi: $\lambda' = \lambda/n$.

L'equazione (3.13) è formalmente identica alla (2.7), ammette quindi come soluzione l'onda piana monocromatica espressa dalla (2.9), con modulo del vettore propagazione nel mezzo dato da:

$$k = \frac{\omega}{u} = \frac{\omega}{c}[1 + \chi]^{1/2} = \frac{\omega}{c}n. \tag{3.17}$$

Se $\chi(\omega)$ è una quantità reale, la situazione è simile a quella della propagazione nel vuoto, con l'unica differenza che la velocità di propagazione non è più c, ma $u = c/n$. Se $\chi(\omega)$ è una quantità complessa, anche n diventa complesso. Considerando un'onda piana monocromatica che si propaghi lungo l'asse z ed entri nel mezzo a $z = 0$, ponendo $n = n' + in''$, e quindi $k = (\omega/c)(n' + in'')$, il campo elettrico dell'onda alla coordinata z è dato da:

$$E = E_0 \exp\{-i([\omega t - (\omega/c)(n' + in'')z]\}. \tag{3.18}$$

Quindi l'intensità $I(z)$, che è proporzionale al modulo quadro del campo, è espressa da:

$$I(z) = I_0 \exp[-2(\omega/c)n''z] = I_0 \exp(-\alpha z) \tag{3.19}$$

dove è stato introdotto il coefficiente di attenuazione per unità di lunghezza $\alpha = 2(\omega/c)n''$. L'equazione (3.19) mostra che, se $n'' > 0$, l'intensità dell'onda decade esponenzialmente durante la propagazione.

3.2 Riflessione e rifrazione

Il funzionamento di componenti ottici quali specchi e lenti è basato sulle leggi della riflessione e rifrazione. In questa sezione vengono discussi i fenomeni di riflessione e rifrazione che si verificano quando un'onda monocromatica incontra la superficie di separazione tra due mezzi omogenei e isotropi. La trattazione permette di ricavare non solo la direzione di propagazione dell'onda riflessa e dell'onda rifratta, ma anche come si ripartisce fra le due onde la potenza incidente. Si trova che tale ripartizione dipende sia dall'angolo di incidenza che dalla polarizzazione dell'onda incidente.

3.2.1 Interfaccia dielettrica

Si considerino due mezzi dielettrici, caratterizzati da indici di rifrazione n_1 e n_2, che abbiano una superficie di separazione piana e infinita. Un'onda piana monocromatica proveniente dal mezzo 1, che incide sulla superficie di separazione, verrà parzialmente trasmessa e parzialmente riflessa. Sia θ_i l'angolo formato dal vettore d'onda $\mathbf{k_i}$ dell'onda incidente con la normale alla superficie. Siano θ_r e θ_t, rispettivamente, gli angoli di riflessione e rifrazione. La condizione al contorno da soddisfare è che le componenti tangenziali di $\mathbf{E}$ e $\mathbf{H}$ siano continue attraverso la superficie di separazione.

Si assuma che, come mostrato in Fig. 3.1, la superficie di separazione coincida con il piano xy e $\mathbf{k_i}$ giaccia sul piano yz.

Si definisce piano di incidenza quello che contiene $\mathbf{k_i}$ e la normale alla superficie di separazione. Nel caso della figura, il piano di incidenza coincide con il piano yz. È utile considerare separatamente il caso in cui l'onda incidente sia polarizzata lungo

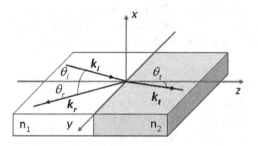

Fig. 3.1 Riflessione e rifrazione all'interfaccia fra due mezzi

l'asse x, cioè perpendicolarmente al piano di incidenza (caso σ), e quello in cui sia polarizzata nel piano yz (caso π).

- *Caso σ.* Ponendo $|\mathbf{k_i}| = k_o n_1$, dove $k_o = 2\pi/\lambda$, il campo elettrico dell'onda incidente è:

$$\mathbf{E_i} = E_i \exp(-i\omega t + ik_o y n_1 \sin\theta_i + ik_o z n_1 \cos\theta_i)\mathbf{x} \qquad (3.20)$$

dove $\mathbf{x}$ è il vettore unitario diretto secondo x. I campi elettrici dell'onda riflessa e dell'onda rifratta sono espressi da:

$$\mathbf{E_r} = E_r \exp(-i\omega t + ik_o y n_1 \sin\theta_r - ik_o z n_1 \cos\theta_r)\mathbf{x} \qquad (3.21)$$

$$\mathbf{E_t} = E_t \exp(-i\omega t + ik_o y n_2 \sin\theta_t + ik_o z n_2 \cos\theta_t)\mathbf{x}. \qquad (3.22)$$

La condizione che esprime la continuità della componente tangenziale del campo elettrico sulla superficie $z = 0$ è:

$$E_i \exp(ik_o y n_1 \sin\theta_i)\mathbf{x} + E_r \exp(ik_o y n_1 \sin\theta_r)\mathbf{x} = E_t \exp(ik_o y n_2 \sin\theta_t)\mathbf{x}. \quad (3.23)$$

Perché la (3.23) sia soddisfatta per tutti i valori di y, occorre che gli angoli di riflessione e di trasmissione soddisffino le relazioni:

$$\theta_i = \theta_r, \qquad (3.24)$$

e

$$n_1 \sin\theta_i = n_2 \sin\theta_t. \qquad (3.25)$$

La (3.25) è nota come legge di Snell.
Utilizzando le (3.24) e (3.25), la (3.23) diventa semplicemente

$$E_i + E_r = E_t. \qquad (3.26)$$

Per determinare come la potenza del fascio incidente si ripartisce tra fascio trasmesso e fascio riflesso, occorre calcolare E_r ed E_t. La (3.26) contiene entrambe le incognite, ma si può ottenere una seconda equazione imponendo la continuità della componente tangenziale del campo magnetico:

$$H_i \cos\theta_i - H_r \cos\theta_r = H_t \cos\theta_t. \qquad (3.27)$$

Ricordando che $H = \sqrt{\varepsilon_r \varepsilon_0 / (\mu_r \mu_0)} E$, le (3.26) e (3.27) rappresentano un sistema di due equazioni nelle due incognite E_r e E_t. Introducendo i coefficienti di trasmissione e di riflessione di campo, τ e ρ, e ponendo $\mu_r = 1$ per entrambe i mezzi, si ottengono le espressioni:

$$\tau_\sigma = \frac{E_t}{E_i} = \frac{2n_1 \cos\theta_i}{n_1 \cos\theta_i + n_2 \cos\theta_t} = \frac{2\sin\theta_t \cos\theta_i}{\sin(\theta_i + \theta_t)} \tag{3.28}$$

$$\rho_\sigma = \frac{E_r}{E_i} = \frac{n_1 \cos\theta_i - n_2 \cos\theta_t}{n_1 \cos\theta_i + n_2 \cos\theta_t} = -\frac{\sin(\theta_i - \theta_t)}{\sin(\theta_i + \theta_t)}. \tag{3.29}$$

Nel caso in cui il fascio incidente provenga dal mezzo 2, si possono definire due altri coefficienti, τ_σ' e ρ_σ', che sono legati ai precedenti dalle relazioni:

$$\rho_\sigma' = -\rho_\sigma \; ; \; \tau_\sigma \tau_\sigma' = 1 - \rho_\sigma^2. \tag{3.30}$$

Nel caso di incidenza normale, $\theta_i = \theta_r = \theta_t = 0$, la (3.29) si riduce a:

$$\rho_\sigma = -\frac{n_2 - n_1}{n_2 + n_1}. \tag{3.31}$$

Se $n_2 > n_1$, $\rho_\sigma < 0$, cioè E_r è sfasato di π rispetto a E_i. Se $n_2 < n_1$, $\rho_\sigma > 0$, cioè E_r è in fase con E_i.

- *Caso π*. Il calcolo è analogo a quello del caso σ. Si ottiene:

$$\tau_\pi = \frac{E_t}{E_i} = \frac{2n_1 \cos\theta_i}{n_1 \cos\theta_t + n_2 \cos\theta_i} = \frac{2\sin\theta_t \cos\theta_i}{\sin(\theta_i + \theta_t)\cos(\theta_i - \theta_t)}. \tag{3.32}$$

$$\rho_\pi = \frac{E_r}{E_i} = \frac{n_1 \cos\theta_t - n_2 \cos\theta_i}{n_1 \cos\theta_t + n_2 \cos\theta_i} = -\frac{\tan(\theta_i - \theta_t)}{\tan(\theta_i + \theta_t)}. \tag{3.33}$$

I coefficienti τ_π' e ρ_π' sono legati a τ_π e ρ_π da relazioni identiche alle (3.30).

Per calcolare i coefficienti di riflessione e di trasmissione per la potenza, si deve ricordare che la potenza incidente su una superficie Σ, è data dalla media nel tempo del flusso del vettore di Poynting attraverso la superficie stessa. Occorre quindi proiettare i vettori di Poynting sulla normale alla superficie. Ricordando che: $\mathbf{S_P} = (\mathbf{E} \times \mathbf{B})/\mu_0$, l'espressione di P_i è:

$$P_i = (1/2)c\varepsilon_0 n_1 \Sigma |E_i|^2 \cos\theta_i. \tag{3.34}$$

Analogamente per la potenza riflessa e trasmessa:

$$P_r = (1/2)c\varepsilon_0 n_1 \Sigma |E_r|^2 \cos\theta_i \qquad P_t = (1/2)c\varepsilon_0 n_2 \Sigma |E_t|^2 \cos\theta_t. \tag{3.35}$$

Perciò i coefficienti di riflessione R e di trasmissione T sono dati da:

$$R = \frac{P_r}{P_i} = \frac{|E_r|^2}{|E_i|^2} = |\rho|^2 \tag{3.36}$$

$$T = \frac{P_t}{P_i} = |\tau|^2 \frac{n_2 \cos \theta_t}{n_1 \cos \theta_i}. \tag{3.37}$$

Si noti che $R + T = 1$, mentre la somma $|\rho|^2 + |\tau|^2$ in generale è $\neq 1$.

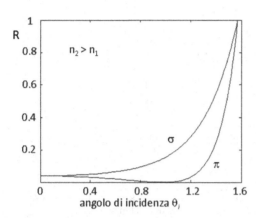

Fig. 3.2 Coefficiente di riflessione nel caso in cui $n_2/n_1 = 1.5$. I valori di θ_i sono espressi in radianti

L'andamento di R in funzione di θ_i è diverso a seconda che n_1 sia maggiore o minore di n_2. Perciò è bene discutere separatamente i due casi.

- Si consideri il caso in cui $n_1 < n_2$, prendendo come esempio una superficie aria-vetro che presenti un rapporto $n_2/n_1 = 1.5$. Per un'onda che arriva dall'aria (mezzo 1) e si propaga verso il vetro, l'andamento di R_π e R_σ è quello riportato in Fig. 3.2. Per incidenza normale ($\theta_i = 0$), utilizzando la 3.31, si trova che sia R_π che R_σ assumono il valore 0.04. Si vede che R_σ cresce in modo monotono con θ_i raggiungendo il valore 1 per $\theta_i = \pi/2 = 90°$. Invece R_π decresce fino ad annullarsi per $\theta_i = \theta_B$, poi cresce fino a raggiungere anch'esso il valore 1 per $\theta_i = \pi/2$.
  L'angolo θ_B, detto angolo di Brewster, si calcola facilmente dalla (3.33): per avere $\rho_\pi = 0$, occorre infatti che $\tan(\theta_i + \theta_t)$ tenda all'infinito, cioè che $\theta_i + \theta_t = \pi/2$. Usando la legge di Snell, si trova:

$$\tan \theta_B = \frac{n_2}{n_1}. \tag{3.38}$$

Ad esempio, se $n_2/n_1 = 1.5$, $\theta_B = 56°$, e $R_\sigma(\theta_B) = 0.147$.
In generale, ρ è una quantità complessa, che può essere scritta come $\rho = \sqrt{R} \exp(i\phi)$, dove ϕ è lo sfasamento del campo riflesso rispetto al campo incidente. Nel caso σ, $\phi_\sigma = \pi$ in tutto l'intervallo $0 \leq \theta_i \leq \pi/2$. Nel caso π, ϕ_π è uguale a π nell'intervallo $0 \leq \theta_i < \theta_B$, e diventa uguale a 0 per $\theta_B \leq \theta_i \leq \pi/2$.

- Si consideri ora il caso $n_1 > n_2$. La seconda delle (3.24) ci dice che θ_t diventa maggiore di θ_i. Perciò esisterà un valore di θ_i, che viene chiamato θ_c, in corrispondenza del quale θ_t diventa uguale a $\pi/2$. θ_c è detto angolo di riflessione totale o angolo limite, ed è definito dalla condizione:

$$\sin \theta_c = n_2/n_1. \tag{3.39}$$

Quando $\theta_i \geq \theta_c$ non esiste il fascio trasmesso, quindi la riflettività dell'interfaccia diventa uguale a 1. Prendendo come esempio una superficie vetro-aria con

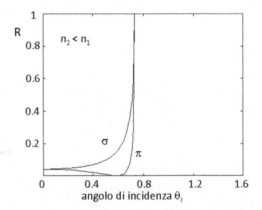

Fig. 3.3 Coefficiente di riflessione nel caso in cui $n_1/n_2 = 1.5$. I valori di θ_i sono espressi in radianti

$n_1/n_2 = 1.5$, per la quale $\theta_c = 41.8°$, si trova che l'andamento di R_π e R_σ è quello riportato in Fig. 3.3. Come nel caso precedente, R_π si annulla all'angolo di Brewster, $\theta_B = 33.7°$.

Il coefficiente di riflessione di campo è una quantità reale per $\theta_i \leq \theta_c$, ma diventa complesso per $\theta_i \geq \theta_c$. Infatti, per $\theta_i \geq \theta_c$, $\cos \theta_t$ diventa una quantità immaginaria:

$$\cos \theta_t = \sqrt{1 - \sin^2 \theta_t} = \sqrt{1 - \frac{n_1^2}{n_2^2} \sin^2 \theta_i} = i \sqrt{\frac{n_1^2}{n_2^2} \sin^2 \theta_i - 1}. \tag{3.40}$$

Sostituendo la (3.40) nelle espressioni di ρ, si può ricavare l'andamento di ϕ in funzione di θ_i nell'intervallo $\theta_c \leq \theta_i \leq \pi/2$. Nel caso σ, $\phi_\sigma = 0$ nell'intervallo $0 \leq \theta_i \leq \theta_c$, mentre ϕ_σ cresce da 0 a π nell'intervallo $\theta_c \leq \theta_i \leq \pi/2$ secondo la legge:

$$\tan \left(\frac{\phi_\sigma}{2} \right) = \frac{\sqrt{\sin^2 \theta_i - \sin^2 \theta_c}}{\cos \theta_i}. \tag{3.41}$$

Nel caso π, $\phi_\pi = 0$ nell'intervallo $0 \leq \theta_i \leq \theta_B$, $\phi_\pi = \pi$ nell'intervallo $\theta_B < \theta_i \leq \theta_c$, mentre ϕ_π decresce da π a 0 nell'intervallo $\theta_c \leq \theta_i \leq \pi/2$ secondo la legge:

$$\tan \left(\frac{\phi_\pi}{2} \right) = \frac{\cos \theta_i \sin^2 \theta_c}{\sqrt{\sin^2 \theta_i - \sin^2 \theta_c}}. \tag{3.42}$$

3.2.2 Riflessione da una superficie metallica

In molte situazioni di interesse pratico, come ad esempio nella cavità del laser, è importante disporre di specchi ad elevata riflettività per incidenza normale ($\theta_i = 0$). Utilizzando la (3.31) si può constatare che non è possibile ottenere coefficienti di riflessione prossimi ad 1 usando una interfaccia tra l'aria e un materiale dielettrico trasparente. Specchi ad alta riflettività possono essere realizzati ricorrendo a superfici metalliche o a strutture costituite da molti strati dielettrici. In questa sezione si considera il caso in cui il mezzo 2 sia un metallo.

I metalli hanno proprietà ottiche particolari perché contengono elettroni che possono muoversi liberamente all'interno del cristallo. In un approccio semplificato la costante dielettrica relativa del metallo può essere scritta come la somma di due termini, uno, ε', dovuto agli elettroni legati, e l'altro dovuto agli elettroni liberi:

$$\varepsilon_m = \varepsilon' + i\frac{\sigma}{\varepsilon_o \omega}, \tag{3.43}$$

dove σ è la conducibilità elettrica del metallo, che dipende da ω secondo la relazione:

$$\sigma(\omega) = \sigma(0)\frac{1 + i\omega\tau}{1 + \omega^2\tau^2}. \tag{3.44}$$

Il parametro τ è un tempo di rilassamento che dipende dalla natura del metallo. La conducibilità a frequenza zero è:

$$\sigma(0) = \frac{Ne^2\tau}{m_e}, \tag{3.45}$$

dove N è il numero di elettroni liberi per unità di volume, m_e è la massa dell'elettrone, ed e è la carica elettrica dell'elettrone.

Il gas di elettroni liberi all'interno del metallo ha una frequenza caratteristica di oscillazione, detta frequenza di plasma, che è legata a $\sigma(0)$ dall'espressione:

$$\omega_p = \sqrt{\frac{\sigma(0)}{\varepsilon'\varepsilon_o\tau}} = \sqrt{\frac{Ne^2}{\varepsilon'\varepsilon_o m_e}} \tag{3.46}$$

La radiazione elettromagnetica che ha frequenza vicina alla frequenza di plasma viene fortemente assorbita dal metallo, perciò l'indice di rifrazione deve essere scritto come una quantità complessa, $n_m = \sqrt{\varepsilon_m} = n' + in''$. Limitando la discussione al caso di incidenza normale, ($\theta_i = 0$), la riflettività della superficie aria-metallo, derivata dalla (3.31), è:

$$R = \frac{|n_m - 1|^2}{|n_m + 1|^2} = \frac{n'^2 + n''^2 + 1 - 2n'}{n'^2 + n''^2 + 1 + 2n'}. \tag{3.47}$$

Le espressioni di n' e n'' possono essere ricavate dalla (3.43) e seguenti supponendo che il contributo degli elettroni legati sia trascurabile. Tenendo conto del

Tabella 3.1 Indice di rifrazione complesso e coefficiente di riflessione per incidenza normale di alcuni metalli a tre diverse lunghezze d'onda

Metallo	λ (nm)	n'	n''	R
Argento	400	0.08	1.9	0.94
	550	0.06	3.3	0.98
	700	0.08	4.6	0.99
Alluminio	400	0.4	4.5	0.93
	550	0.8	6	0.92
	700	1.5	7	0.89
Oro	450	1.4	1.9	0.40
	550	0.33	2.3	0.82
	700	0.13	3.8	0.97

fatto che, in un metallo tipico, $\tau \approx 10^{-13}\,\mathrm{s}$ e $\omega_p \approx 10^{15}\,\mathrm{s}^{-1}$, si possono discutere separatamente tre intervalli di frequenza dell'onda elettromagnetica incidente:

- infrarosso: $\omega \ll 1/\tau \ll \omega_p$. Si ottiene: $R = 1$;
- infrarosso vicino e visibile: $1/\tau \ll \omega \ll \omega_p$. Si ottiene: $R = 1 - 2/(\omega_p\tau)$, la riflettività è elevata, ma inferiore al 100%;
- ultravioletto: $\omega_p \ll \omega$. Si ottiene: $R = \omega_p^4/(16\omega^6\tau^2) \ll 1$. La riflettività è molto bassa.

La Tabella 3.1 presenta i valori di n', n'', e R per alcuni metalli a tre diverse lunghezze d'onda. I dati si riferiscono a strati metallici depositati attraverso evaporazione su di un substrato di vetro.

La Tabella 3.1 mostra che le superfici metalliche possono avere riflettività elevate per luce visibile, ma occorre tener presente che tutta la potenza luminosa che non viene riflessa viene assorbita dal metallo. Questo aspetto non ha importanza per gli specchi di uso quotidiano, ma crea problemi nel caso della riflessione di fasci laser. L'assorbimento di intensi fasci laser infatti riscalda il metallo e può danneggiare la superficie riflettente. Per questo motivo la riflessione metallica non viene utilizzata nel caso di laser che operano nel visibile o vicino infrarosso, ma solo per laser operanti nel medio o lontano infrarosso.

L'andamento di R in funzione della lunghezza d'onda è presentato nella Fig. 3.4 per l'alluminio e l'oro. Nel caso dell'oro, la frequenza di plasma ha un valore inferiore a quello dell'alluminio e questo fatto deprime il coefficiente di riflessione dell'oro nella parte blu-verde dello spettro visibile. L'andamento mostrato nella Fig. 3.4 spiega perché l'oro abbia una riflessione colorata quando è illuminato in luce bianca. Per entrambi i metalli, i valori di R si avvicinano ad 1 nell'infrarosso.

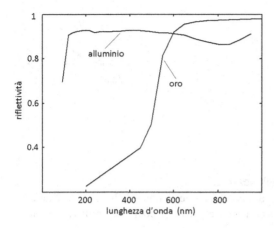

Fig. 3.4 Coefficiente di riflessione per incidenza normale sulle superfici aria-alluminio e aria-oro

3.2.3 Strato dielettrico antiriflettente

Le proprietà di riflessione di una superficie che separa due mezzi trasparenti (ad esempio, aria-vetro) possono essere fortemente modificate in presenza di sottili strati dielettrici depositati sulla superficie stessa.

Si consideri un solo strato parallelo di spessore d ed indice di rifrazione n_2 interposto fra due mezzi con indici di rifrazione n_1 e n_3, come mostrato in Fig. 3.5. Sia $n_1 < n_2 < n_3$, e sia E_i il campo dell'onda piana incidente perpendicolarmente alla superficie. Il campo riflesso sulla prima interfaccia è: $E_{r1} = \rho_{12}E_i$. Il campo trasmesso $E_{t1} = \tau_{12}E_i$ dalla prima superficie viene parzialmente riflesso dalla seconda superficie, producendo un secondo contributo di riflessione che, valutato sul piano immediatamente a sinistra dell'interfaccia 1-2, è dato da: $E_{r2} = \exp(i\Delta)\rho_{23}\tau_{21}E_{t1}$, dove $\Delta = 4\pi n_2 d/\lambda$ è lo sfasamento introdotto dalla propagazione avanti e indietro nello strato 2, essendo λ la lunghezza d'onda del fascio di luce incidente.

Poiché l'onda retro-riflessa dalla superficie 2-3 subisce a sua volta una riflessione quando arriva sulla superficie 1-2, per ottenere il campo totale riflesso si dovrebbe tener conto di un numero infinito di riflessioni multiple. Se la riflettività delle due interfacce è piccola, si può ritenere che $\tau_{21}\tau_{12} \approx 1$, ed approssimare il campo riflesso considerando solo le prime due riflessioni:

$$E_r = E_{r1} + E_{r2} = [\rho_{12} + \exp(i\Delta)\rho_{23}]E_i. \tag{3.48}$$

Si vede dalla (3.48) che è possibile annullare E_r se la riflessione sull'interfaccia 2-3 genera un campo con la stessa ampiezza di quello prodotto dalla riflessione su 1-2, ma in opposizione di fase, in modo da produrre interferenza distruttiva. La prima condizione si realizza se: $\rho_{12} = \rho_{23}$, mentre, affinché i due campi siano in opposizione di fase, deve essere: $\Delta = \pi$. Tenendo presente la (3.31), la prima condizione equivale a: $(n_2/n_1) = (n_3/n_2)$, cioè: $n_2 = \sqrt{n_3 n_1}$. Lo strato intermedio deve quindi avere un indice di rifrazione che sia la media geometrica di n_1 e n_3. La seconda condizione si può scrivere come: $d = \lambda/(4n_2)$, cioè lo spessore dello strato deve essere

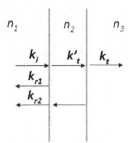

Fig. 3.5 Strato dielettrico antiriflettente

un quarto della lunghezza d'onda nel mezzo 2.

Si noti che l'annullamento della riflettività avviene ad una sola lunghezza d'onda: in altri termini, lo strato riflettente è cromatico, cioè il coefficiente di riflessione dipende dalla lunghezza d'onda.

È importante precisare che, se il campo totale trasmesso E_t fosse stato calcolato, senza introdurre approssimazioni, come una somma di un numero infinito di termini, si sarebbe trovato lo stesso risultato della trattazione approssimata. Per dimostrare questa affermazione è però meglio seguire un approccio più generale, applicabile in presenza di un numero arbitrario di strati dielettrici, che consiste nello scrivere le condizioni al contorno su ogni interfaccia.

Si consideri l'interfaccia 1-2. A sinistra sono presenti il campo dell'onda inciden-te E_i ed il campo dell'onda riflessa E_r. A destra c'è un'onda che si allontana dalla superficie e un'onda che si avvicina alla superficie, siano rispettivamente E_t' ed E_r' i campi associati a queste due onde. Le condizioni di conservazione delle componenti tangenziali del campo elettrico e del campo magnetico sulla superficie 1-2 sono:

$$E_i + E_r = E_t' + E_r'$$
$$E_i - E_r = (n_2/n_1)(E_t' - E_r'). \tag{3.49}$$

Analogamente, per la superficie 2-3, tenendo conto del fatto che le onde che attraversano lo strato 2 subiscono uno sfasamento pari a $\Delta/2$, si trova:

$$\exp(i\Delta/2)E_t' - \exp(-i\Delta/2)E_r' = E_t$$
$$\exp(i\Delta/2)E_t' + \exp(-i\Delta/2)E_r' = (n_3/n_2)E_t. \tag{3.50}$$

Le condizioni al contorno (3.49) e (3.50) possono essere poste in forma matri-ciale: una sequenza costituita da un numero N di interfacce può essere espressa semplicemente attraverso il prodotto di N matrici 2x2.

Dalle (3.49) e (3.50) si ricava l'espressione esatta di E_r:

$$E_r = \rho_{12}E_i + \rho_{23}E_i \frac{\tau_{12}\tau_{21}\exp(i\Delta)}{1 - \rho_{23}\rho_{21}\exp(i\Delta)}. \tag{3.51}$$

Ricordando che, in base alla (3.30), $\tau_{12}\tau_{21} = 1 - \rho_{12}^2$, si vede che le condizioni per cui si annulla E_r nella (3.51) sono esattamente le stesse ricavate sopra a partire dall'espressione approssimata (3.48) del campo riflesso.

In Tabella 3.2 sono riportati l'indice di rifrazione e l'intervallo di trasparenza di alcuni dei materiali più comunemente utilizzati per la deposizione di strati sottili. Strati di spessore controllato possono essere depositati mediante tecniche di evaporazione sotto vuoto. Si consideri, ad esempio, il caso di $n_1 = 1$ (aria) e $n_3 = 1.52$ (vetro): per annullare completamente la riflessione alla superficie aria-vetro si dovrebbe interporre uno strato di indice di rifrazione $n_2 = \sqrt{1.52} = 1.23$. Poiché materiali adatti che abbiano questo indice di rifrazione non sono disponibili, si ricorre di solito al fluoruro di magnesio ($n_2 = 1.38$): uno strato di MgF_2 spesso un quarto di lunghezza d'onda riduce la riflettività per incidenza normale dal 4% all'1.3%.

Tabella 3.2 Proprietà di materiali utilizzati per la deposizione di strati sottili

Materiale	n	Intervallo di trasparenza
Criolite Na_3AlF_6	1.35	$0.15 - 14\,\mu m$
Fluoruro di magnesio MgF_2	1.38	$0.12 - 8\,\mu m$
Biossido di silicio SiO_2	1.46	$0.17 - 8\,\mu m$
Fluoruro di torio ThF_4	1.52	$0.15 - 13\,\mu m$
Ossido di alluminio Al_2O_3	1.62	$0.15 - 6\,\mu m$
Monossido di silicio SiO	1.9	$0.5 - 8\,\mu m$
Biossido di zirconio ZrO_2	2.00	$0.3 - 7\,\mu m$
Biossido di cerio CeO_2	2.2	$0.4 - 16\,\mu m$
Biossido di titanio TiO_2	2.3	$0.4 - 12\,\mu m$
Solfuro di zinco ZnS	2.32	$0.4 - 14\,\mu m$
Tellururo di cadmio $CdTe$	2.69	$0.9 - 16\,\mu m$
Silicio Si	3.5	$1.1 - 10\,\mu m$
Germanio Ge	4.05	$1.5 - 16\,\mu m$
Tellururo di piombo $PbTe$	5.1	$3.9 - 20\,\mu m$

È possibile annullare completamente la riflessione alla superficie aria-vetro utilizzando materiali presenti nella Tabella 3.2, purché si ricorra a più di uno strato. Ad esempio, con due strati a quarto d'onda di materiali con indici di rifrazione n_2 e n'_2, si può dimostrare che la riflettività si annulla se $n'_2/n_2 = \sqrt{n_3/n_1}$. Ponendo $n_1 = 1$ e $n_3 = 1.52$, si trova $n'_2/n_2 = 1.23$. Dalla Tabella 3.2 si può scegliere: ZrO_2 ($n'_2 = 2.00$) e Al_2O_3 ($n_2 = 1.62$) che presentano un rapporto fra gli indici di rifrazione esattamente uguale a 1.23.

Finora si è considerato il caso di incidenza normale. Che cosa avviene se θ_i è diverso da 0, come mostrato in Fig. 3.6? Il calcolo fatto per incidenza normale rimane valido, con l'unico accorgimento di modificare il valore della differenza di fase tra il fascio riflesso dalla seconda interfaccia e quello riflesso dalla prima interfaccia:

$$\Delta' = 2\frac{2\pi n_2}{\lambda}\frac{d}{\cos\theta_t} - \frac{2\pi n_1 d}{\lambda}\,\mathrm{tg}\theta_t \sin\theta_i = \frac{4\pi n_2 d}{\lambda}\cos\theta_t, \qquad (3.52)$$

dove θ_t è l'angolo di propagazione nel mezzo 2, che è legato a θ_i dalle leggi di Snell.

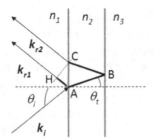

Fig. 3.6 Strato antiriflettente: incidenza non normale. La differenza di cammino ottico tra $\mathbf{k}_{r2}$ e $\mathbf{k}_{r1}$ è: $2n_2\overline{AB} - n_1\overline{AH}$

Si noti però che, una volta fissati d e n_2, la lunghezza d'onda in corrispondenza della quale $\Delta' = \pi$ cambia al variare di θ_i.

3.2.4 Specchio a strati dielettrici multipli

Utilizzando una sequenza opportuna di strati dielettrici si può ottenere l'effetto di aumentare, anziché ridurre, la riflettività. Il coefficiente di riflessione può assumere valori vicini al 100% per qualunque lunghezza d'onda nel visibile, con il vantaggio addizionale che ciò che non è riflesso viene prevalentemente trasmesso e non assorbito, come avviene invece negli specchi metallici. Comunque è bene notare che, mentre lo specchio metallico può riflettere ugualmente bene su di ampio intervallo spettrale, le strutture a strati dielettrici sono decisamente cromatiche, cioè presentano una riflettività sensibilmente dipendente dalla lunghezza d'onda del campo incidente.

La struttura dello specchio a strati dielettrici multipli è schematizzata in Fig. 3.7: tra il mezzo 1 (aria) e il mezzo 2 (substrato di vetro) è interposta una sequenza di strati ABAB..A con indice di rifrazione $n_A > n_B$, e con $n_A > n_2$. Una teoria dettagliata che tenga conto di tutte le riflessioni multiple è piuttosto complessa. Senza svolgere alcun calcolo, è comunque logico prevedere che la riflettività massima si verifichi quando i campi elettrici delle onde riflesse da tutte le interfacce, valutati sul piano immediatamente a sinistra della prima interfaccia, si sommano in fase dando luogo ad una interferenza costruttiva. Per calcolare le fasi relative occorre tener presenti due fatti: a) c'è uno sfasamento dovuto a diversi cammini di propagazione, b) c'è uno sfasamento dovuto alla riflessione. Quest'ultimo, come visto nella Sezione 3.2.1, è uguale a π se l'onda proviene dal mezzo ad indice di rifrazione minore, è uguale a 0 se l'onda proviene dal mezzo con indice di rifrazione maggiore. Ad esempio, lo sfasamento è π per la riflessione sulla prima interfaccia ($n_1 < n_A$), è uguale a 0 per la riflessione sulla seconda interfaccia ($n_A > n_B$), è π sulla terza ($n_B < n_A$), e così via. È facile vedere che la condizione di interferenza costruttiva per tutte le riflessioni si ha quando lo sfasamento accumulato dall'onda nel doppio passaggio attraverso lo strato A e lo strato B corrisponde alla condizione: $\Delta_A = \Delta_B = \pi$, cioè ad una scelta di spessore $d_A = \lambda_o/(4n_A)$, $d_B = \lambda_o/(4n_B)$, dove λ_o è la lunghezza d'onda per la quale si vuole ottenere una riflettività elevata.

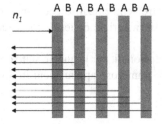

Fig. 3.7 Specchio a strati dielettrici multipli

La riflettività R_{max} in corrispondenza di λ_o è data da:

$$R_{max} = tanh^2(N\xi),\qquad(3.53)$$

dove:

$$\xi = \ln\left(\frac{n_A}{n_B}\right) + \frac{1}{2N}\left[\ln\left(\frac{n_A}{n_1}\right) + \ln\left(\frac{n_A}{n_2}\right)\right]\qquad(3.54)$$

Aumentando il numero N di strati (sempre in numero dispari), aumenta la riflettività R_o, e, nello stesso tempo, si riduce la larghezza di banda attorno a λ_o su cui la riflettività ha valori elevati. Se N tende all'infinito, R tende a 1. La convergenza è tanto più rapida quanto maggiore è il rapporto n_A/n_B. Ad esempio, usando solfuro di zinco ($n_A = 2.32$) e fluoruro di magnesio ($n_B = 1.38$), si può avere $R = 0.99$ con 13 strati.

Analogamente a quanto discusso nella sezione precedente, se cambia l'angolo di incidenza, cambia in corrispondenza la lunghezza d'onda per la quale c'è il massimo di riflettività. Scegliendo opportunamente i materiali ed il numero di strati, si può costruire uno specchio a strati dielettrici che abbia la riflettività prescelta per qualunque lunghezza d'onda e qualunque angolo di incidenza.

Nel Capitolo 6 saranno descritti i cosiddetti reticoli di Bragg in fibra ottica che sono basati sullo stesso principio degli strati dielettrici multipli, ma che presentano un salto di indice fra uno strato ed il successivo molto piccolo. In questo caso occorrono migliaia di strati per raggiungere riflettività vicine al 100%.

Il concetto che si possa variare a piacere la lunghezza d'onda alla quale compare il picco di riflettività può senza cambiare il tipo di materiali usati, semplicemente modificando lo spessore degli strati dielettrici, può essere esteso a strutture anche più complesse. Nella scienza e nella tecnologia stanno assumendo una crescente importanza le strutture periodiche artificiali di materiali dielettrici o semiconduttori, proprio perché le proprietà ottiche di tali strutture possono essere progettate scegliendo opportunamente i parametri geometrici. È interessante notare che questo approccio è utilizzato anche in natura: il colore blu di alcuni tipi di farfalle o verde di alcuni coleotteri nasce dalla presenza di strutture dielettriche periodiche sulle ali delle farfalle o sulla corazza dei coleotteri. Un fenomeno associato alle strutture periodiche è l'iridescenza, cioè il fatto che il colore può variare a seconda dell'angolo di inclinazione. Il motivo è che, cambiando l'angolo di incidenza della luce, cambia la lunghezza d'onda per la quale si ha il picco di riflettività. Un caso tipico di materiale iridescente è quello degli opali, pietre semi-preziose che sono costituite da una struttura periodica tridimensionale di materiale dielettrico (ossido di silicio).

Strutture periodiche bi-dimensionali o tri-dimensionali, per le quali è stato coniato il termine di cristalli fotonici, stanno trovando numerose applicazioni in diversi campi della Fotonica.

3.2.5 Divisore di fascio

I divisori di fascio sono degli specchi semiriflettenti che permettono di separare un fascio ottico in due parti che si propagano in due diverse direzioni. Per comprendere il funzionamento di alcuni strumenti ottici basati sull'interferenza della luce è importante conoscere l'effetto che il divisore di fascio produce sulla fase relativa tra campo trasmesso e campo riflesso.

Siano $\tau = \tau_o \exp(i\phi_\tau)$ e $\rho = \rho_o \exp(i\phi_\rho)$, rispettivamente, il coefficiente di trasmissione e il coefficiente di riflessione per il campo elettrico. Il valore di questi coefficienti dipende dalla struttura del divisore di fascio, dall'angolo di incidenza, dalla polarizzazione e dalla lunghezza d'onda del fascio di luce incidente. Si vuole però dimostrare che esiste una relazione generale che lega fra di loro le fasi ϕ_τ e ϕ_ρ.

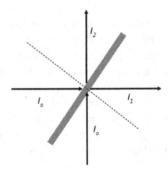

Fig. 3.8 Divisore di fascio

Lo schema in Fig. 3.8 mostra un divisore di fascio sul quale vengono inviati da lati opposti, con lo stesso angolo di incidenza, due fasci di luce identici con intensità I_o. Se lo specchio non introduce perdite, ci si deve aspettare, per ragioni di simmetria, che $I_1 = I_2 = I_o$. Notando che il campo elettrico E_1 all'uscita 1 è la somma di due contributi dovuti, rispettivamente, alla riflessione del fascio che incide da destra ed alla trasmissione del fascio che incide da sinistra, si ha: $E_1 = \rho E_o + \tau E_o$. Quindi: $I_1 = |\rho + \tau|^2 I_o$. La condizione $I_1 = I_o$ è soddisfatta se

$$|\rho + \tau|^2 = (\tau\tau^* + \rho\rho^* + 2Re(\tau\rho^*)) = 1. \tag{3.55}$$

Poiché $\tau\tau^* + \rho\rho^* = 1$, la quantità $Re(\tau\rho^*) = \tau_o\rho_o \cos(\phi_\tau - \phi_\rho)$ deve essere nulla, quindi

$$\phi_\tau - \phi_\rho = \frac{\pi}{2}. \tag{3.56}$$

È interessante notare che il risultato (3.56) non dipende dall'angolo di incidenza o dalla natura dello specchio, costituisce quindi una proprietà generale del divisore di fascio simmetrico. Nel caso asimmetrico, chiamando ϕ_τ e ϕ_ρ gli sfasamenti per il fascio proveniente da sinistra, ϕ'_τ e ϕ'_ρ quelli per il fascio proveniente da destra, la (2.53) è sostituita dalla seguente relazione:

$$\phi_\tau + \phi'_\tau - \phi_\rho - \phi'_\rho = \pi. \tag{3.57}$$

Si vedrà nel Capitolo 4 che la relazione (3.56) è importante per capire il funzionamento dell'interferometro di Mach-Zehnder.

3.2.6 Prisma a riflessione totale

Il prisma a riflessione totale interna mostrato in Fig. 3.9 si comporta come uno specchio con un coefficiente di riflessione del 100% se il fascio incidente subisce due riflessioni totali sulle superfici vetro-aria. Perché questo avvenga, l'angolo di

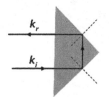

Fig. 3.9 Prisma a riflessione totale interna

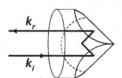

Fig. 3.10 Corner cube

incidenza sulle interfacce vetro-aria deve essere maggiore dell'angolo limite per il vetro usato. Nel caso della figura, $\theta_i = 45°$, che è maggiore di θ_c per un vetro normale.

Mentre gli specchi a strati dielettrici presentano riflettività elevata in una banda ristretta attorno alla lunghezza d'onda per la quale sono stati progettati, il prisma a riflessione totale interna ha una banda ampia. Le limitazioni alla banda possono nascere da due cause: a) assorbimento da parte del vetro, b) dipendenza dell'indice di rifrazione dalla frequenza dell'onda (dispersione ottica) che potrebbe portare il valore dell'angolo limite sopra a 45°.

Il fascio riflesso dal prisma a riflessione totale interna ha un vettore propagazione che ha direzione opposta a quella del vettore propagazione del fascio incidente. In diverse applicazioni è utile avere degli specchi che retroriflettano nella stessa direzione del fascio incidente, qualunque sia tale direzione. Uno specchio normale gode di questa proprietà solo nel caso particolare in cui il fascio incidente si propaghi perpendicolarmente alla superficie dello specchio. Il prisma a riflessione totale retroriflette nella stessa direzione tutti i fasci di luce che abbiano un vettore propagazione che giaccia nel piano perpendicolare allo spigolo del prisma (piano della figura). Nel caso in cui il vettore propagazione del fascio incidente abbia direzione completamente arbitraria, per ottenere la retroriflessione occorre usare un triedro (Fig. 3.10), detto "corner cube", nel quale avvengono tre riflessioni totali interne, oppure una combinazione di lente più specchio, detta occhio di gatto (Fig. 3.11).

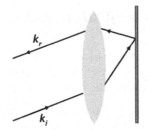

Fig. 3.11 Occhio di gatto. Lo specchio è posto nel piano focale della lente

3.2.7 Onda evanescente

Si consideri un'onda che arriva su di una superficie vetro-aria con un angolo di incidenza $\theta_i \geq \theta_c$. Indicando il vetro come mezzo 1, e l'aria come mezzo 2, si assuma che la superficie di separazione coincida con il piano xy e che il vettore d'onda incidente giaccia sul piano yz. Limitando la discussione al caso σ, il campo elettrico dell'onda trasmessa sarà scritto come:

$$\mathbf{E_t} = E_t \exp[-i(\omega t - k_{2y}y - k_{2z}z)]\mathbf{x}. \tag{3.58}$$

La condizione di continuità sull'interfaccia impone $k_{1y} = k_{2y}$, perciò $k_{2y} = k_o n_1 \sin \theta_i$. Utilizzando la relazione:

$$k_2 = k_o n_2 = \sqrt{k_{2y}^2 + k_{2z}^2} \tag{3.59}$$

si può ricavare: $k_{2z} = k_o \sqrt{n_2^2 - n_1^2 \sin^2 \theta_i}$. Se $\theta_i > \theta_c$, l'espressione sotto radice è negativa e k_{2z} diviene immaginario. Ponendo $\sqrt{n_2^2 - n_1^2 \sin^2 \theta_i} = i\Gamma n_2$, dove Γ è reale, si ha:

$$\mathbf{E_t} = E_t \exp[-i(\omega t + k_o n_1 y \sin \theta_i] \exp(-\Gamma k_o n_2 z)\mathbf{x}. \tag{3.60}$$

La condizione di riflessione totale interna non implica che il campo elettrico dell'onda sia nullo immediatamente a destra della superficie vetro-aria. Infatti la (3.60) descrive un'onda, nota come onda evanescente, che corre parallelamente all'interfaccia vetro-aria ed ha un'ampiezza che decade esponenzialmente allontanandosi dalla superficie vetro-aria. La densità di energia elettromagnetica nel mezzo 2 è proporzionale a $|E_t|^2$: decresce quindi esponenzialmente in funzione della distanza di penetrazione z, riducendosi di un fattore e^{-1} alla distanza $\delta = (2\Gamma k n_2)^{-1}$. Ad esempio: se $n_1 = 1.5$, $n_2 = 1$, $\theta_i = \pi/4$, si ha $\Gamma = 0.354$, e quindi $\delta = \lambda/4.44$. Se si considera una lunghezza d'onda al centro dello spettro visibile, $\lambda = 0.55\,\mu m$, si trova che $\delta = 120\,nm$.

Per calcolare l'ampiezza dell'onda trasmessa, si scrivono le condizioni al contorno sulla superficie vetro-aria:

$$E_i + E_r = E_t \tag{3.61}$$

$$E_i - E_r = i\gamma E_t, \tag{3.62}$$

dove $\gamma = \Gamma n_2/(n_1 \cos\theta_i)$ è una quantità reale.

Dalle (3.61) e (3.62), si ricava:

$$E_t = \frac{2}{1+i\gamma}E_i \; ; \quad E_r = \frac{1-i\gamma}{1+i\gamma}E_i \tag{3.63}$$

Si noti che le (3.63) forniscono $|E_i| = |E_r|$, cioè riflettività totale, anche se $|E_t|$ è diverso da 0.

Avvicinando al primo un secondo prisma che "cattura" l'onda evanescente si può ottenere una parziale trasmissione del fascio di luce. Tale tecnica, che sfrutta un effetto tunnel, viene chiamata riflessione totale interna frustrata. Si consideri la configurazione in Fig. 3.12, dove il mezzo 2 (aria) ha spessore finito d. Per scrivere le condizioni di continuità delle componenti tangenziali dei campi elettrico e magnetico sulle due interfacce è necessario assumere che nell'intercapedine di aria ci siano due onde evanescenti che decadono in direzioni opposte. Si ottiene per

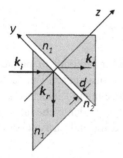

Fig. 3.12 Trasmissione di un'onda evanescente

la prima interfaccia:

$$E_i + E_r = E'_t + E'_r \tag{3.64}$$

$$E_i - E_r = i\gamma(E'_t - E'_r) \tag{3.65}$$

dove E'_t ed E'_r sono rispettivamente il campo dell'onda evanescente che si allontana dall'interfaccia e quello dell'onda evanescente che si avvicina all'interfaccia, entrambi misurati infinitamente vicino all'interfaccia. Analogamente, per la seconda interfaccia si ha:

$$\exp[-d/(2\delta)]E'_t + \exp[d/(2\delta)]E'_r = E_t \tag{3.66}$$

$$\exp[-d/(2\delta)]E'_t - \exp[d/(2\delta)]E'_r = -(i/\gamma)E_t. \tag{3.67}$$

Eliminando E'_t e E'_r, si trovano E_t e E_r. Si può quindi calcolare la trasmissione di potenza T:

$$T = \frac{|E_t|^2}{|E_i|^2} = \frac{\exp(-d/\delta)}{\left[\left(1 + \exp(-d/\delta)\right)/2\right]^2 + A\left(1 - \exp(-d/\delta)\right)^2} \tag{3.68}$$

dove $A = (1 - \gamma^2)^2/(16\gamma^2)$. Si vede dalla (3.68) che, per d tendente a 0, T tende a 1, come è logico. Se $d \gg \delta$, si ottiene:

$$T \approx \frac{4\exp(-d/\delta)}{1 + 4A} \tag{3.69}$$

che mostra una decrescita esponenziale di T in funzione di d. L'insieme dei due prismi costituisce uno specchio il cui coefficiente di trasmissione può essere variato agendo su d e funziona quindi da attenuatore variabile.

3.2.8 Lente sottile e specchio sferico

Finora sono state considerate solo situazioni in cui onde piane incidono su superfici piane di separazione fra mezzi diversi. Di conseguenza l'onda trasmessa e l'onda riflessa sono anch'esse piane. Nel caso invece in cui l'interfaccia fra i due mezzi sia curva, ad esempio sia una superficie sferica, è evidente che un'onda piana incidente sull'interfaccia produce un'onda riflessa ed un'onda trasmessa che non hanno un fronte d'onda piano.

Un componente ottico importante è la lente, che è formata sovrapponendo due calotte sferiche di vetro (Fig. 3.13) aventi raggio di curvatura ρ_1 e ρ_2. Si assume che ρ_1 e ρ_2 siano dotati di segno, usando la convenzione che attribuisce un segno positivo al raggio di curvatura se la superficie è convessa. Ad esempio, nel caso di una lente biconvessa, ρ_1 e ρ_2 sono entrambi positivi.

L'approssimazione che viene qui utilizzata per descrivere la lente è quella chiamata comunemente di lente sottile, che consiste nell'assumere che lo spessore della lente sia molto minore dei raggi di curvatura delle due calotte sferiche. Se la lente è sottile, se il vetro usato è perfettamente trasparente alla lunghezza d'onda della luce di cui si studia la propagazione e se si trascurano le eventuali riflessioni sulle superfici della lente, si può schematizzare il comportamento della lente con una funzione trasmissione che agisce solo sulla fase del campo incidente E_1:

$$E_2(x,y,z,t) = \tau_f(x,y)E_1(x,y,z,t) \tag{3.70}$$

dove $\tau_f(x,y)$ è data da:

$$\tau_f(x,y) = \exp\{ik_o[n\Delta(x,y) + \Delta_o - \Delta(x,y)]\} \tag{3.71}$$

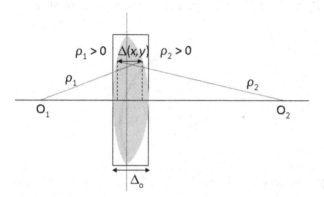

Fig. 3.13 Lente sottile

dove n è l'indice di rifrazione del vetro, $\Delta(x,y)$ è lo spessore della lente alle coordinate trasversali x, y. e $\Delta_o = \Delta(0,0)$ è lo spessore della lente in corrispondenza dell'asse z. Il calcolo di $\tau_f(x,y)$ considera che il raggio luminoso che viaggia in direzione z alle coordinate trasversali x, y subisce uno sfasamento complessivo che è la somma di quello nel vetro, uguale a $k_o n\Delta(x,y)$, e di quello in aria, uguale a $k_o[\Delta_o - \Delta(x,y)]$.

Utilizzando la trigonometria, si ricava:

$$\Delta(x,y) = \Delta_o + \sqrt{\rho_1{}^2 - (x^2 + y^2)} - \rho_1 + \sqrt{\rho_2{}^2 - (x^2 + y^2)} - \rho_2. \tag{3.72}$$

Nell'approssimazione di raggi poco inclinati rispetto all'asse z (approssimazione parassiale), si può ritenere che le distanze dall'asse z siano sempre piccole rispetto al valore dei raggi di curvatura ρ_1 e ρ_2. Di conseguenza, si possono sviluppare in serie le radici quadrate conservando solo i termini al primo ordine in $(x^2 + y^2)$. Questo equivale ad approssimare la superficie sferica con un paraboloide. Si ottiene:

$$\Delta(x,y) = \Delta_o - \frac{x^2+y^2}{2}\left(\frac{1}{\rho_1} + \frac{1}{\rho_2}\right).$$

(3.73)

Sostituendo nella (3.71) si ha:

$$\tau_f(x,y) = \exp(ik_o n \Delta_o) \exp[-\frac{ik_o}{2f}(x^2+y^2)]$$

(3.74)

dove f, detta lunghezza focale della lente, è definita da:

$$\frac{1}{f} = (n-1)\left(\frac{1}{\rho_1} + \frac{1}{\rho_2}\right).$$

(3.75)

Si noti che f è dotato di segno: $f > 0$ significa lente convergente, $f < 0$ lente divergente. Poiché f dipende da n, che, a sua volta, varia con la lunghezza d'onda, la lente presenta una aberrazione cromatica, perché focalizza a distanze diverse lunghezze d'onda diverse.

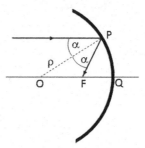

Fig. 3.14 Specchio sferico

Quanto detto per la lente si applica anche allo specchio sferico, con la differenza che lo specchio lavora in riflessione mentre la lente lavora in trasmissione. Si consideri uno specchio sferico con raggio di curvatura della superficie ρ, come mostrato in Fig. 3.14. Il punto O rappresenta il centro della superficie sferica. La riflessione di un raggio parallelo all'asse ottico che incide sullo specchio nel punto P con un angolo di incidenza α, interseca l'asse nel punto F, la cui distanza da O è data da: $OF = OP/(2\cos\alpha)$. Quindi, poiché la posizione di F dipende da α, raggi paralleli che incidono sullo specchio in punti diversi intercettano l'asse ottico in punti diversi. Se però si introduce l'approssimazione di raggi vicini all'asse del sistema (approssimazione che confonde la superficie sferica con un paraboloide) si può porre $\cos\alpha \approx 1$, quindi $OF \approx OP/2 = \rho/2$. Ne consegue che lo specchio, nell'ambito di questa approssimazione, fa convergere tutti i raggi paralleli in un punto a distanza $\rho/2$, si comporta quindi come una lente avente una distanza focale $f = \rho/2$. Si noti che lo specchio sferico ha una distanza focale che non dipende da λ, quindi non presenta aberrazione cromatica. Tutti i grandi telescopi astronomici utilizzano specchi anziché lenti.

3.2.9 Focalizzazione dell'onda sferica

Si assuma che l'onda incidente sulla lente sia un'onda sferica con origine sull'asse z e raggio di curvatura del fronte d'onda R_1. Ponendo l'origine degli assi sul piano della lente, il campo elettrico E_1 dell'onda, valutato sul piano immediatamente prima della lente, è dato da:

$$E_1(x,y,0) = \frac{A_o}{R_1} \exp\left(ik_o \frac{x^2+y^2}{2R_1}\right). \tag{3.76}$$

Il campo E_2 immediatamente dopo la lente si calcola come: $E_2 = \tau_f E_1$. Utilizzando la (3.76) e la (3.74), si trova che l'onda uscente dalla lente è anch'essa un'onda sferica, con raggio di curvatura R_2 che soddisfa la relazione:

$$\frac{1}{R_2} = \frac{1}{R_1} - \frac{1}{f}. \tag{3.77}$$

Si noti che, se $R_1 \gg f$, R_2 è all'incirca uguale a f, cioè un fascio parallelo (onda piana) viene convertito in un'onda sferica che converge nel fuoco destro della lente. Se $R_1 = f$, R_2 diventa infinito, il che vuol dire che un'onda sferica originata nel fuoco sinistro viene convertita dalla lente in un fascio parallelo (onda piana). Se $R_1 > f$, R_2 è negativo, indicando quindi che l'onda divergente viene convertita dalla lente in un'onda convergente.

Il rapporto tra il raggio della lente e la lunghezza focale si chiama apertura numerica (NA) della lente. Tanto più alto è il valore di NA, tanto più elevata è la capacità di raccogliere luce da parte della lente.

La (3.77) può anche essere interpretata nel modo seguente: dato un oggetto P puntiforme che si trova sull'asse ottico a distanza R_1 dalla lente, la lente crea a distanza R_2 un'immagine Q del punto P. Se P è sull'asse ottico, anche Q è sull'asse. Che cosa succede se il punto P' è fuori asse? Assumendo che le coordinate del punto P' siano $(x_o, 0, -R_1)$, il campo elettrico dell'onda sferica che arriva sul piano della lente è espresso da:

$$E_1(x,y,0) = \frac{A_o}{R_1} \exp\left\{\frac{ik_o}{2R_1}[(x-x_o)^2 + y^2]\right\}. \tag{3.78}$$

Utilizzando ancora la relazione $E_2 = \tau_f E_1$, e rielaborando l'espressione ad esponente, si trova dopo qualche passaggio algebrico:

$$E_2(x,y,0) = \frac{A_o \exp(i\phi)}{R_1} \exp\left\{\frac{ik_o}{2R_2}\left[\left(x + \frac{f}{R_1-f}x_o\right)^2 + y^2\right]\right\} \tag{3.79}$$

dove la fase ϕ dipende da x_o e dai parametri della lente, ma non dipende dalle coordinate x e y. La (3.79) mostra che l'immagine di P' è nel punto Q' che ha coordinate $[-fx_o/(R_1-f), 0, R_2]$. Si può quindi affermare che la lente crea un'immagine QQ' del segmento PP'. Se $R_1 > f$, l'immagine è reale e capovolta, con un fattore di ingrandimento $f/(R_1 - f)$. Sono stati quindi ritrovati per altra via risultati già noti dall'ottica geometrica. Il campo della formazione di immagini ha molte applicazioni importanti (occhiali, microscopi, telescopi, etc.), ma non verrà trattato in questa sede.

Un altro caso importante da considerare è quello in cui l'onda incidente sia un'onda piana che abbia una direzione di propagazione leggermente inclinata rispetto all'asse z. Per semplificare la discussione si assuma che $\mathbf{k}$ giaccia nel piano xz, formando un angolo α con l'asse x. Sul piano $z = 0$ il campo dell'onda incidente è quindi $E_1 = A_o \exp(ik_o\alpha x)$, dove si è posto α invece di $\sin\alpha$. Utilizzando ancora la relazione $E_2 = \tau_f E_1$, e rielaborando l'espressione ad esponente, si trova che il campo dell'onda uscente dalla lente è:

$$E_2(x,y,0) = A_o \exp(i\phi) \exp\left\{ -\frac{ik_o}{2f}\left[(x - \alpha f)^2 + y^2 \right] \right\} \qquad (3.80)$$

dove $\phi = k\alpha^2 f/2$. La (3.80) descrive un'onda sferica che converge nel punto di coordinate $(\alpha f, 0, f)$. Generalizzando la trattazione, si può affermare che esiste una corrispondenza biunivoca tra la direzione dell'onda piana che incide sulla lente e il punto di convergenza sul piano focale. Questo risultato, estremamente importante, verrà ripreso nella sezione dedicata all'ottica di Fourier.

3.2.10 Focalizzazione dell'onda sferica gaussiana

Assumendo ora che l'onda incidente sulla lente sia un'onda sferica gaussiana con raggio di curvatura complesso q_1, è immediato dimostrare, utilizzando la (3.74), che il campo trasmesso $E_2(x,y,z)$ è anch'esso un'onda sferica gaussiana con un raggio di curvatura complesso q_2 che soddisfa la relazione:

$$\frac{1}{q_2} = \frac{1}{q_1} - \frac{1}{f}. \qquad (3.81)$$

Poiché il raggio dell'onda non cambia attraversando la lente, $w_1 = w_2$, la (3.81) coincide con la (3.77). Se $f > 0$ ed E_1 è un'onda divergente con raggio di curvatura $R_1 > f$, la lente genera un'onda sferica gaussiana convergente con raggio di curvatura $R_2 < 0$. Se $R_1 \gg f$, si ricava: $|R_2| \approx f$, cioè si ritrova la condizione in base alla quale l'onda piana viene fatta convergere raggiungendo il raggio minimo sul piano focale della lente. C'è una differenza basilare tra la focalizzazione dell'onda sferica e quella dell'onda sferica gaussiana. Nel primo caso siamo nell'ambito dell'ottica geometrica, l'onda converge in un singolo punto. Nel secondo caso la teoria tiene conto della diffrazione, quindi l'onda converge raggiungendo un raggio minimo diverso da zero.

Si può calcolare la distanza z_f alla quale il fascio focalizzato avrà il raggio minimo, ed anche il valore del raggio minimo w_f, utilizzando le relazioni che descrivono la propagazione del fascio gaussiano, vale a dire la 2.44 e la 2.47. Si ottiene:

$$z_f = \frac{|R_2|}{1 + [\lambda |R_2|/(\pi w_1^2)]^2} \ , \ w_f = \frac{w_1}{\sqrt{1 + [\pi w_1^2/(\lambda |R_2|)]^2}}. \tag{3.82}$$

Supponendo che $\pi w_1^2 \gg \lambda f$, si ottengono dalle (3.82) le seguenti espressioni approssimate:

$$z_f \approx f \ , \ w_f \approx \frac{\lambda f}{\pi w_1}. \tag{3.83}$$

È anche utile calcolare la lunghezza di Rayleigh associata alla zona focale:

$$z_{fR} = \frac{\pi w_f^2}{\lambda} \approx \frac{\lambda}{\pi} \left(\frac{f}{w_1}\right)^2. \tag{3.84}$$

Il valore di $2z_{fR}$ definisce la profondità di campo, cioè l'intervallo di distanze su cui il fascio si può ritenere focalizzato. In altri termini, se si vuole focalizzare un fascio laser su di un bersaglio, la precisione con la quale deve essere fissata la distanza lente-bersaglio deve essere minore di z_{fR}.

Si consideri un esempio numerico: ponendo $f = 20$ cm, $w_1 = 2$ mm, $\lambda = 0.5\,\mu$m (si noti che con questi valori il rapporto $\pi w_1^2/(\lambda f)$ è $\gg 1$), si ottiene $w_f = 16\,\mu$m e $z_{fR} = 1.6$ mm. Si tenga presente che, in ogni caso, w_f deve essere maggiore di λ.

Da un punto di vista matematico, l'onda sferica gaussiana si estende su tutto il piano trasversale alla direzione di propagazione, mentre qualunque componente ottico ha una dimensione trasversale finita. Ci si può quindi chiedere quale è il limite di validità della trattazione basata sulle onde sferiche gaussiane. Considerando una lente (o uno specchio) avente diametro d finito, la frazione di potenza intercettata dalla lente è data da:

$$\frac{\int_0^{d/2} 2\pi r \exp(-\frac{2r^2}{w^2})dr}{\int_0^\infty 2\pi r \exp(-\frac{2r^2}{w^2})dr} = 1 - \exp\left(-\frac{d^2}{2w^2}\right). \tag{3.85}$$

Un'apertura di diametro $d = 2w$ trasmette l'86% della potenza totale del fascio. Se $d = 3w$, la trasmissione è pari al 99%. Nella maggior parte dei casi, l'assunzione che il fascio uscente dalla lente sia ancora un'onda sferica gaussiana è considerata soddisfacente se la lente intercetta il 99% della potenza del fascio incidente.

3.2.11 Matrici ABCD

Nell'ambito dell'ottica geometrica è utile trattare il funzionamento di un sistema ottico utilizzando un formalismo matriciale, detto formalismo ABCD, per descrivere le modificazioni di traiettoria dei raggi luminosi.

Il raggio luminoso presente alla coordinata z viene caratterizzato assegnando due parametri, la distanza dall'asse ottico, $r(z)$, e l'angolo formato con l'asse ottico,

$\phi(z)$, che nell'ambito dell'approssimazione parassiale concide con la derivata di r rispetto a z. Il raggio è quindi rappresentato dalla matrice colonna:

$$\mathbf{R} = \begin{pmatrix} r \\ \phi \end{pmatrix}. \tag{3.86}$$

Ogni componente ottico può essere rappresentato da una matrice 2×2 del tipo

$$\mathbf{M} = \begin{pmatrix} A & B \\ C & D \end{pmatrix} \tag{3.87}$$

che lega il vettore di uscita $\mathbf{R_u}$ al vettore di ingresso $\mathbf{R_i}$ attraverso la relazione matriciale:

$$\mathbf{R_u} = \mathbf{MR_i}. \tag{3.88}$$

Utilizzando le leggi della rifrazione e le proprietà delle lenti e degli specchi, si possono ricavare le matrici ABCD dei componenti ottici più comuni, che sono mostrati nella Fig. 3.15.

• Propagazione libera

$$\mathbf{M} = \begin{pmatrix} 1 & d \\ 0 & 1 \end{pmatrix}. \tag{3.89}$$

• Lente

$$\mathbf{M} = \begin{pmatrix} 1 & 0 \\ \frac{-1}{f} & 1 \end{pmatrix}. \tag{3.90}$$

• Interfaccia piana fra due mezzi

$$\mathbf{M} = \begin{pmatrix} 1 & 0 \\ 0 & \frac{n_1}{n_2} \end{pmatrix}. \tag{3.91}$$

• Interfaccia sferica tra due mezzi

$$\mathbf{M} = \begin{pmatrix} 1 & 0 \\ \frac{n_1 - n_2}{n_2} \frac{1}{\rho} & \frac{n_1}{n_2} \end{pmatrix}. \tag{3.92}$$

• Specchio sferico

$$\mathbf{M} = \begin{pmatrix} 1 & 0 \\ \frac{-2}{\rho} & 1 \end{pmatrix}. \tag{3.93}$$

Un sistema ottico formato da più componenti in cascata è rappresentato da una matrice ottenuta facendo il prodotto delle matrici di tutti i componenti. È importante mantenere l'ordine delle matrici perché il prodotto non è commutativo. È interessante notare che il determinante della generica matrice $\mathbf{M}$ gode, per tutti i casi

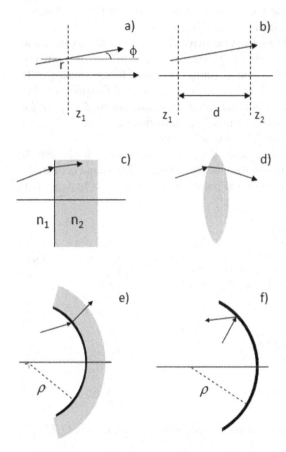

Fig. 3.15 Matrici ABCD: a) raggio; b) propagazione libera; c) interfaccia piana fra due mezzi; d) lente; e) interfaccia sferica fra due mezzi; f) specchio sferico

considerati in figura, della seguente proprietà:

$$AD - BC = n_u/n_i \qquad (3.94)$$

dove n_u (n_i) è l'indice di rifrazione del mezzo in uscita (ingresso). Se i due indici coincidono, il determinante della matrice risulta uguale a 1.

3.3 Ottica di Fourier

L'approssimazione di Fraunhofer è un'approssimazione di campo lontano, che vale per distanze z che sono di solito troppo grandi rispetto alle dimensioni tipiche di uno strumento ottico. L'interesse pratico dell'approssimazione di Fraunhofer è legato al fatto che la distribuzione di campo lontano può essere osservata a piccola distanza andando a lavorare nel piano focale di una lente convergente.

Si consideri un'onda elettromagnetica che arriva da sinistra su di una lente che ha distanza focale f. Ponendo l'origine dell'asse z sul piano della lente e supponendo che sia assegnata la distribuzione di campo sul piano focale sinistro della lente, $E_i(x_o, y_o, -f)$, l'obiettivo è di calcolare, utilizzando la diffrazione di Fresnel, la distribuzione prodotta dalla lente sul suo piano focale destro, $E_f(x_f, y_f, f)$. Tenendo conto della (2.57), si può calcolare la distribuzione di campo $E(x, y, 0)$ prodotta immediatamente a sinistra del piano della lente; successivamente, si scrive la distribuzione immediatamente a destra del piano della lente moltiplicando la $E(x, y, 0)$ per la trasmissione $\tau_f(x, y)$ della lente, data dalla (3.74). Infine la distribuzione ottenuta viene fatta propagare fino al piano focale destro della lente usando ancora la (2.57). Si ottiene:

$$
E(x, y, 0) = \frac{i \exp(ikf)}{\lambda f} \int_{-\infty}^{\infty} dx_o
$$
$$
\int_{-\infty}^{\infty} E_i(x_o, y_o, -f) \exp\left\{ \frac{ik}{2f}[(x - x_o)^2 + (y - y_o)^2] \right\} dy_o
$$

(3.95)

e:

$$
E_f(x_f, y_f, f) = \frac{i \exp(ikf)}{\lambda f} \int_{-\infty}^{\infty} dx
$$
$$
\int_{-\infty}^{\infty} E(x, y, 0) \tau_f(x, y) \exp\left\{ \frac{ik}{2f}[(x - x_f)^2 + (y - y_f)^2] \right\} dy.
$$

(3.96)

Per calcolare $E_f(x_f, y_f, f)$ si devono inserire nella (3.96) la (3.95) e la (3.74):

$$
E_f(x_f, y_f, f) = -\frac{\exp[2ikf + ik(n-1)\Delta_o]}{\lambda^2 f^2} \int_{-\infty}^{\infty} dx_o \int_{-\infty}^{\infty} dy_o E_i(x_o, y_o, -f) \int_{-\infty}^{\infty} dx
$$
$$
\int_{-\infty}^{\infty} dy \exp\left\{ \frac{ik}{2f}[(x - x_f)^2 + (y - y_f)^2 + (x - x_o)^2 + (y - y_o)^2 - x^2 - y^2] \right\}.
$$

(3.97)

L'integrale in $dxdy$ può essere calcolato facilmente se la funzione integranda è un esponenziale di un quadrato perfetto. Osservando che: $(x - x_f)^2 + (y - y_f)^2 + (x - x_o)^2 + (y - y_o)^2 - x^2 - y^2 = (x - x_o - x_f)^2 + (y - y_o - y_f)^2 - 2(x_o x_f + y_o y_f)$, si ottiene:

$$
E_f(x_f, y_f, f) = \frac{\exp[2ikf + ik(n-1)\Delta_o]}{\lambda f}
$$
$$
\int_{-\infty}^{\infty} dx_o \int_{-\infty}^{\infty} dy_o E_i(x_o, y_o, -f) \exp\left[\frac{ik}{f}(x_o x_f + y_o y_f) \right].
$$

(3.98)

La (3.98) mostra un risultato molto importante: la distribuzione di campo nel piano focale destro della lente è la trasformata di Fourier bidimensionale del segnale

presente sul piano focale sinistro della lente. Questo risultato si accorda perfettamente con la dimostrazione, svolta nella Sezione 3.3.9, che esiste una corrispondenza biunivoca tra la direzione dell'onda piana che incide sulla lente e il punto sul
piano focale. Infatti effettuare la trasformata di Fourier spaziale di una distribuzione
di campo equivale a farne una scomposizione in onde piane.

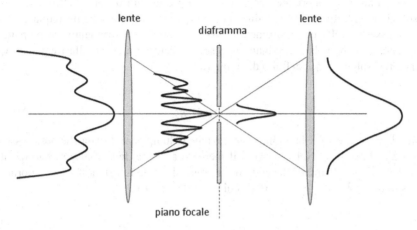

Fig. 3.16 Schema di filtraggio spaziale di un segnale ottico.

La (3.98) è alla base di molte tecniche di elaborazione di segnali ottici: è possibile infatti eseguire operazioni di filtraggio spaziale ponendo dei filtri con funzione di
trasmissione opportuna nel piano focale della lente, e ricostruendo successivamente
il segnale filtrato con un'altra lente. La (3.98) suggerisce, ad esempio, che il filtraggio spaziale di un segnale ottico può essere eseguito utilizzando una coppia di lenti
identiche che abbiano un piano focale in comune, ponendo un filtro su tale piano
focale, e osservando il segnale filtrato sul piano focale destro della seconda lente.
Lo schema mostrato nella Fig. 3.16 utilizza una apertura circolare come filtro passa-
basso, coiè filtro che trasmette solo basse frequenze spaziali. Il risultato è quello di
eliminare le rapide oscillazioni trasversali presenti sul fronte d'onda.

3.4 Misure di spettro

Il metodo usuale per misurare lo spettro di potenza di un segnale luminoso è quello di inviare il fascio di luce, preventivamente collimato, su di un sistema ottico
dispersivo che separa angolarmente le diverse componenti in frequenza. Il metodo
è stato introdotto da Newton che osservò la scomposizione della radiazione solare
mediante un prisma di vetro. Invece di usare la dispersione ottica del vetro, si può
ricorrere ad una struttura dispersiva costituita da un reticolo di diffrazione, cioè ad
una struttura che presenta un coefficiente di trasmissione che varia periodicamente

in una direzione perpendicolare a quella del fascio di luce incidente. Gli spettrometri commerciali sono quasi tutti basati su reticoli. Come si vedrà, esiste anche un altro metodo, concettualmente simile a quello usato per misurare lo spettro di potenza dei segnali elettrici, che consiste nel filtrare in frequenza il segnale in oggetto con un filtro a banda stretta la cui frequenza centrale sia accordabile. Nel caso ottico, il filtro è costituito da un interferometro di Fabry-Perot.

Un parametro importante per giudicare le prestazioni di uno spettrometro è la risoluzione in frequenza δv, definita come la minima separazione in frequenza che possa essere risolta dallo strumento. Assumendo che lo strumento sia preparato per analizzare segnali che abbiano uno spettro centrato attorno alla frequenza v_o, il potere risolvente P_r è definito dal rapporto:

$$P_r = \frac{v_o}{\delta v} = \frac{\lambda_o}{\delta \lambda} \tag{3.99}$$

dove $\lambda_o = c/v_o$ e $\delta \lambda$ è la minima separazione in lunghezza d'onda che possa essere risolta nella misura. Nello scrivere il membro a destra della (3.99) si è utilizzata l'ipotesi $\delta v \ll v_o$. Infatti, facendo il differenziale della relazione $v\lambda = c$ attorno a v_o, si ottiene: $\lambda_o dv - v_o d\lambda = 0$, da cui il terzo membro della (3.99).

3.4.1 Prisma dispersivo

Un fascio di luce parallelo che attraversa un prisma di vetro subisce una deflessione che dipende, oltre che da parametri geometrici, dall'indice di rifrazione n del vetro. Se c'è dispersione ottica, cioè se n dipende dalla lunghezza d'onda, il prisma separa angolarmente le diverse componenti in lunghezza d'onda.

Sia α l'angolo al vertice del prisma, e θ_i l'angolo di incidenza rispetto alla normale alla superficie, come mostrato nella Fig. 3.17. L'angolo di deflessione θ, formato dalla direzione del fascio uscente rispetto a quella del fascio entrante, calcolato utilizzando la legge di Snell (3.25), è dato da:

$$\theta = \theta_i - \alpha + \arcsin\left(\sin\alpha\sqrt{n^2 - \sin^2\theta_i} - \sin\theta_i\cos\alpha\right). \tag{3.100}$$

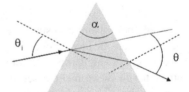

Fig. 3.17 Prisma dispersivo

Supponendo che il segnale di ingresso contenga due lunghezze d'onda molto vicine tra loro, ci si può chiedere sotto quali condizioni la misura con il prisma dispersivo permetta di separare le due lunghezze d'onda. Ogni lunghezza d'onda subisce una diversa deflessione angolare, perciò la capacità di separare diverse lunghezze d'onda dipende dalla risoluzione angolare. La teoria della diffrazione dice che l'angolo di incidenza θ_i è noto con una indeterminazione $\delta\theta_i$, dovuta al fatto che il fascio è delimitato trasversalmente. Se L è la dimensione minore fra diametro del fascio incidente e larghezza del prisma, e λ_o è la lunghezza d'onda centrale del fascio incidente, si ottiene $\delta\theta_i \approx \lambda_o/L$. Esiste quindi un allargamento strumentale, nel senso che un segnale di ingresso perfettamente monocromatico produce un segnale di uscita che ha comunque uno sparpagliamento angolare $\delta\theta_i$. L'indeterminazione nell'angolo di deflessione può essere interpretata come una indeterminazione in lunghezza d'onda. Conoscendo la dipendenza di n da λ, si può calcolare, facendo la derivata della (3.100), l'allargamento strumentale $\delta\lambda$:

$$\delta\lambda = \left(\frac{d\theta}{d\lambda}\right)^{-1} \delta\theta_i. \qquad (3.101)$$

Assumendo valori tipici per i diversi parametri che compaiono nella (3.100), $\alpha = \theta_i = \pi/4$, $n = 1.5$, si trova che $d\theta/d\lambda \approx dn/d\lambda$. Quindi, nel caso del prisma dispersivo, il potere risolvente è:

$$P_r = \frac{\lambda_o}{\delta\lambda} \approx L\frac{dn}{d\lambda}. \qquad (3.102)$$

Un valore tipico è: $dn/d\lambda = (10\,\mu m)^{-1}$. Se $L = 1\,cm$, $P_r = 10^3$.

3.4.2 Reticolo di trasmissione

Il reticolo di diffrazione è un componente ottico costituito da una sequenza di fenditure parallele equidistanti, come mostrato nella Fig. 3.18. La distanza d fra due fenditure adiacenti si chiama passo del reticolo. Le fenditure sono trasparenti, mentre la zona tra una fenditura e l'altra è opaca. La larghezza della singola fenditura è sempre inferiore alla lunghezza d'onda della luce che si vuole analizzare, in modo tale che ogni fenditura produca un fascio diffratto che si sparpaglia su di un'ampia apertura angolare.

Si scelga la terna di assi cartesiani in modo che il piano del reticolo coincida con il piano xy e le fenditure siano parallele all'asse y, e si supponga di illuminare il reticolo con un'onda piana il cui vettore d'onda giaccia nel piano yz e formi un angolo θ_i con la normale al piano del reticolo (asse z). La distribuzione spaziale del campo elettromagnetico al di là del reticolo è determinata dall'interferenza fra le onde diffratte da tutte le fenditure. Supponendo di osservare la diffrazione nel campo lontano, si considerano cammini paralleli a destra del reticolo. Si ricava che

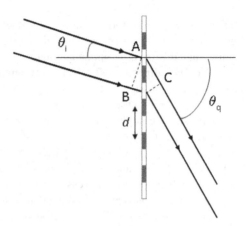

Fig. 3.18 Reticolo di trasmissione

le direzioni nelle quali c'è interferenza costruttiva sono tutte quelle per cui:

$$q\lambda = d(\sin\theta_q - \sin\theta_i) \tag{3.103}$$

dove $q = 0, \pm1, \pm2,\ldots$ Si noti in particolare che il fascio di luce corrispondente all'ordine $q = 0$ coincide con il fascio trasmesso: $\sin\theta_0 = \sin\theta_i$.

La proprietà importante del reticolo è che le direzioni dei diversi ordini di diffrazione (con l'eccezione dell'ordine 0) cambiano al cambiare della lunghezza d'onda. Il reticolo è quindi una struttura dispersiva, e può essere usato, come il prisma dispersivo, per analizzare lo spettro in frequenza di un fascio di luce.

Come discusso nel caso del prisma, la diffrazione pone un limite inferiore alla possibilità di misurare la separazione angolare di due fasci di luce, e quindi alla possibilità di riconoscere due lunghezze d'onda molto vicine. Utilizzando la trattazione della diffrazione di Fraunhofer svolta nel capitolo precedente, e considerando in particolare la (2.73), si vede che a distanza z nel campo lontano il picco di diffrazione corrispondente a $q = 1$ appare a distanza $\lambda z/d$ dall'asse z ed ha larghezza $\lambda z/L$. Perciò il potere risolvente del reticolo è dato da:

$$P_r = \frac{\lambda z/d}{\lambda z/L} = \frac{L}{d} = N \tag{3.104}$$

dove L è la dimensione del reticolo, e N è il numero di passi del reticolo. Si noti che quello che conta è il numero di passi illuminati, quindi N coincide con L/d solo se il fascio di luce illumina tutta l'area del reticolo. Se f_o è il numero di passi (fenditure) per millimetro, $N = f_o L$. Tipicamente, $f_o = 10^3$. Se $L = 1$ cm, il potere risolvente è uguale a 10^4. La risoluzione di un tipico reticolo è quindi migliore di quella del prisma dispersivo di almeno un ordine di grandezza.

Nel caso del fascio diffratto di generico ordine q, si nota dalla (3.103) che la separazione angolare fra due lunghezze d'onda adiacenti cresce al crescere di q. Si ricava che il potere risolvente diventa qN.

Volendo confrontare il reticolo con il prisma dispersivo, occorre notare che, se lo spettro della luce da analizzare è molto ampio, il segnale ottenuto con il reticolo potrebbe essere difficile da interpretare a causa della sovrapposizione degli ordini di diffrazione. Infatti, considerando la (3.103), si trova, ad esempio, che la diffrazione al primo ordine della lunghezza d'onda λ_1 ha direzione coincidente con la diffrazione al secondo ordine della lunghezza d'onda $\lambda_1/2$. Si può concludere che il prisma dispersivo è particolarmente adatto per l'analisi di segnali con spettro molto ampio, mentre il reticolo permette di analizzare in modo più dettagliato spettri che non siano eccessivamente estesi.

Come descritto nella Sezione 2.6.2, oltre al reticolo di ampiezza si può anche considerare il reticolo di fase: un reticolo di questo tipo può essere realizzato con una lamina di materiale trasparente che presenti una modulazione sinusoidale di indice di rifrazione, oppure una modulazione di spessore lungo una specifica direzione. Le considerazioni che abbiamo svolto per il reticolo di ampiezza si applicano in ugual modo al reticolo di fase.

La teoria basata sull'approssimazione di Fraunhofer dell'integrale di diffrazione permette anche di calcolare come si distribuisce la potenza incidente sui vari ordini di diffrazione, come mostrato nel Capitolo 2.

La discussione che è stata svolta implica che l'onda diffratta dal reticolo sia osservata nel campo lontano. Per un reticolo che abbia un buon potere risolvente, quindi dimensioni di qualche centimetro, il campo lontano può essere a distanza di alcuni chilometri. La soluzione adottata negli spettrometri è quella di sfruttare la proprietà della lente (o specchio sferico), descritta nella Sezione 3.3, che permette di trasportare il campo lontano nel piano focale della lente stessa.

3.4.3 Reticolo di riflessione

I reticoli di riflessione, sono costituiti da una alternanza di zone riflettenti e zone opache, come mostrato nella Fig. 3.19. Le direzioni nelle quali c'è interferenza costruttiva per il fascio riflesso sono date dalla condizione:

$$q\lambda = d(\sin\theta_i + \sin\theta_q) \qquad (3.105)$$

dove q vale $0, \pm 1, \pm 2, \ldots$ e θ_i è l'angolo di incidenza. In questo caso è utile fissare una convenzione di segno per gli angoli. Nella (3.105) sono presi come positivi gli angoli che stanno nel semipiano superiore rispetto alla normale al reticolo. Il fascio diffratto di ordine 0 si propaga all'angolo $\theta_0 = -\theta_i$, cioè nella direzione di riflessione speculare.

In un reticolo normale, il lobo di diffrazione associato ad un singolo tratto presenta il massimo nella direzione dell'ordine 0, e, di conseguenza, una parte considerevole della potenza trasmessa (o riflessa) va nell'ordine 0. Quando il reticolo viene usato come elemento dispersivo, la potenza luminosa che va nell'ordine 0 è inutilizzata, perché la direzione dell'ordine 0 non dipende dalla lunghezza d'onda

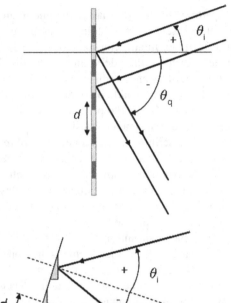

Fig. 3.19 Reticolo di riflessione

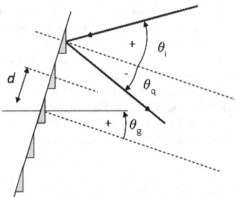

Fig. 3.20 Reticolo di riflessione "blazed"

della luce incidente. Per questo motivo sono stati inventati reticoli, detti "blazed", nei quali è possibile spostare il massimo della potenza riflessa su un ordine $q_0 \neq 0$.

Si consideri il reticolo in Fig. 3.20, in cui i tratti riflettenti sono inclinati di un angolo θ_g rispetto al piano del reticolo. La riflessione speculare dai tratti inclinati avviene ad un angolo θ_r, che, misurato rispetto alla normale al piano del reticolo, è dato da: $\theta_r = -(\theta_i - \theta_g) + \theta_g = (2\theta_g - \theta_i)$. È intuitivo che il lobo di diffrazione associato al singolo tratto abbia ora il massimo nella direzione di riflessione speculare relativa al singolo tratto. Se si vuole che tale direzione coincida con quella del fascio diffratto di ordine q_o, occorre che, nella direzione θ_r, i contributi di tutti i tratti siano in fase tra loro, cioè che tale direzione corrisponda ad un angolo θ_{q_o} che soddisfi la (3.105). Si deve quindi associare alla (3.105) la condizione $\theta_{q_o} = \theta_r$, che può essere scritta come:

$$\theta_g = \frac{\theta_i + \theta_{q_o}}{2}. \tag{3.106}$$

Si ottiene:

$$q_o\lambda = d[\sin\theta_i + \sin(2\theta_g - \theta_i)]. \tag{3.107}$$

Avendo fissato λ e θ_i, la (3.107) ci dice quale deve essere il valore di θ_g perché il reticolo rifletta il massimo di potenza sull'ordine di diffrazione q_o.

Ci sono due casi interessanti. Il primo è quello della configurazione di Littrow, nella quale la luce incidente arriva perpendicolarmente ai tratti inclinati ($\theta_i = \theta_g$), e la (3.107) si riduce a:

$$q_o\lambda = 2d\sin\theta_g. \tag{3.108}$$

In questo caso si ha $\theta_{q_o} = \theta_i$, il che significa che l'ordine q_o viene riflesso esattamente nella direzione del fascio incidente. Il reticolo si comporta quindi come uno specchio selettivo in λ perché retro-riflette efficacemente solo la lunghezza d'onda che soddisfa la (3.108). Si consideri, ad esempio, un reticolo con 1200 tratti per mm da usarsi nella configurazione di Littrow al primo ordine ($q_o = 1$) per $\lambda = 600$ nm. Si trova che θ_g deve essere all'incirca $21°$.

Nei laser accordabili in frequenza capita spesso che uno degli specchi sia costituito da un reticolo di riflessione nella configurazione di Littrow, ottenendo il risultato che la frequenza di lavoro del laser può essere variata ruotando leggermente il reticolo.

Il secondo caso interessante, che ha applicazione negli spettrometri ottici, è quello in cui la luce incidente arriva perpendicolarmente al piano del reticolo ($\theta_i = 0$, e quindi $\theta_g = -\theta_{q_o}/2$). In questo caso la condizione perché si abbia interferenza costruttiva è: $q_o\lambda = d\sin(2\theta_g)$.

3.4.4 Interferometro di Fabry-Perot

L'interferometro di Fabry-Perot è un filtro in frequenza, che viene utilizzato per misure spettrali. Esso è costituito da una coppia di superfici riflettenti parallele, come mostrato nella Fig. 3.21, con coefficienti di riflessione R_1 e R_2.

Considerando un'onda piana monocromatica che incida normalmente sulla coppia di specchi, lo scopo della trattazione è quello di calcolare il coefficiente di trasmissione T_{FP} dell'interferometro in funzione della lunghezza d'onda della radiazione incidente. Chiaramente, sarebbe errato affermare che T_{FP} è semplicemente il prodotto dei coefficienti di trasmissione dei due specchi, perché, a causa delle riflessioni multiple dell'onda che rimbalza tra i due specchi, il campo trasmesso de-

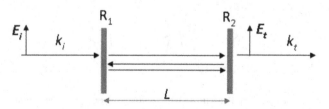

Fig. 3.21 Interferometro di Fabry-Perot

ve essere calcolato sommando un numero infinito di contributi ognuno con la fase appropriata.

Il calcolo presenta molte analogie con quello fatto per lo strato antiriflettente. Sia E_i il campo elettrico dell'onda incidente, e siano ρ e τ i coefficienti di riflessione e di trasmissione di campo degli specchi. Il campo elettrico E_t dell'onda trasmessa è espresso da una serie geometrica convergente:

$$E_t = E_i \tau_1 \tau_2 e^{i\Delta/2}[1 + \rho_1\rho_2 e^{i\Delta} + (\rho_1\rho_2 e^{i\Delta})^2 + \ldots] = E_i \frac{\tau_1 \tau_2 e^{i\Delta/2}}{1 - \rho_1\rho_2 e^{i\Delta}} \tag{3.109}$$

dove $\Delta = 4\pi n L/\lambda$ è lo sfasamento introdotto dalla propagazione avanti e indietro tra i due specchi posti a distanza L, λ è la lunghezza d'onda dell'onda incidente, e n è l'indice di rifrazione del materiale tra i due specchi. Ponendo $\rho_1 = \sqrt{R_1}e^{i\phi_1}$ e $\rho_2 = \sqrt{R_2}e^{i\phi_2}$, si ottiene:

$$T_{FP} = \frac{|E_t|^2}{|E_i|^2} = \frac{1 + R_1 R_2 - R_1 - R_2}{1 + R_1 R_2 - 2\sqrt{R_1 R_2}\cos\delta} \tag{3.110}$$

dove $\delta = \Delta + \phi_1 + \phi_2$. Il Fabry-Perot è solitamente costruito con due specchi identici. Ponendo $R_1 = R_2 = R$, la (3.110) diventa:

$$T_{FP} = \frac{(1-R)^2}{1 + R^2 - 2R\cos\delta}. \tag{3.111}$$

L'andamento di T_{FP} è riportato qualitativamente in Fig. 3.22. T_{FP} è una funzione periodica della fase δ, e assume il massimo valore, $T_{max} = 1$, quando $\cos\delta = 1$, cioè $\delta = 2q\pi$, con q intero positivo. T_{FP} è minimo quando $\cos\delta = -1$, cioè $\delta = (2q+1)\pi$, e assume il valore: $T_{min} = [(1-R)/(1+R)]^2$. Ad esempio, se $R = 0.99$, $T_{min} = 0.25 \times 10^{-4}$. Il rapporto fra T_{max} e T_{min} viene chiamato fattore di contrasto F:

$$F = \frac{T_{max}}{T_{min}} = 1 + \frac{4R}{(1-R)^2}. \tag{3.112}$$

Poiché δ è linearmente dipendente dalla frequenza ν dell'onda incidente, la scala delle ascisse in Fig 3.22 può essere vista come una scala di frequenze. Il Fabry-Perot è quindi un filtro periodico in frequenza. Le frequenze di risonanza ν_q, quelle per

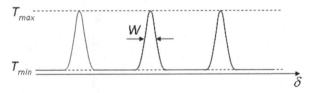

Fig. 3.22 Trasmissione del Fabry-Perot in funzione dello sfasamento δ che è funzione lineare della frequenza dell'onda incidente

cui $T_{FP} = T_{max}$, sono date da:

$$v_q = \frac{c}{2nL} \left(q - \frac{\phi_1 + \phi_2}{2\pi} \right). \tag{3.113}$$

La distanza fra un picco di trasmissione e il successivo, chiamata campo spettrale libero, vale:

$$\Delta v = v_{q+1} - v_q = \frac{c}{2nL}. \tag{3.114}$$

Un altro parametro importante per caratterizzare il comportamento del Fabry-Perot è la larghezza a metà altezza del picco di trasmissione, W, che si può calcolare dalla (3.111). Se R è abbastanza vicino a 1, si può utilizzare una semplice espressione approssimata: $W \simeq 4/\sqrt{F} \simeq 2(1 - R)$. La larghezza del picco δv, espressa in Hz, può essere calcolata osservando che: $\delta v / \Delta v = W/(2\pi)$. Si ottiene:

$$\delta v \approx \frac{1 - R}{\pi} \Delta v. \tag{3.115}$$

Ad esempio, se $R = 0.99$, δv è circa $1/300$ di Δv. Se $L = 1$ cm e $n = 1$, $\Delta v = 15$ GHz e $\delta v = 50$ MHz.

La (3.115) sembra indicare che, una volta fissato Δv, il potere risolvente possa essere reso grande a piacere scegliendo R molto vicino a 1. In realtà, invece della quantità $(1 - R)$ che rappresenta solo le perdite per trasmissione, dovrebbe comparire nella (3.115) tutta la perdita frazionale di potenza in un attraversamento della cavità; se $1 - R$ diventa abbastanza piccolo, non sono più trascurabili le altre cause di perdita (imperfetto allineamento, difetti degli specchi, diffrazione). In pratica, è difficile ottenere un rapporto $\Delta v / \delta v$ (questo rapporto viene di solito chiamato finesse del Fabry-Perot) superiore a 300. La minima risoluzione in frequenza può avere un valore dell'ordine di 1 MHz.

Può risultare a prima vista poco intuitivo il fatto che una coppia di superfici fortemente riflettenti e parallele possa permettere, quando $\cos \delta = 1$, una completa trasmissione del fascio di luce incidente. Occorre tener presente che il risultato calcolato è quello a regime. Ipotizzando che la frequenza della radiazione incidente coincida con un picco di trasmissione del Fabry-Perot, e che l'andamento temporale dell'intensità luminosa incidente sia una funzione del tempo che presenta un gradino all'istante $t = 0$, l'intensità trasmessa è inizialmente molto bassa, e tende al valore dell'intensità incidente solo asintoticamente. Il ritardo temporale è dovuto al fatto che bisogna attendere un numero abbastanza grande di riflessioni interne del fascio per accumulare sufficiente energia elettromagnetica all'interno del Fabry-Perot. Si pensi che, a regime, se la potenza incidente è 1 W e la potenza trasmessa è anch'essa pari ad 1 W, questo significa che, con $R = 0.99$, la potenza luminosa che viaggia tra i due specchi è di 100 W! È chiaro che, analogamente a quanto accade per i filtri di tipo elettronico, l'intervallo di tempo che l'interferometro impiega per andare a regime è inversamente proporzionale alla risoluzione in frequenza dello strumento.

Quando il Fabry-Perot è utilizzato come analizzatore di spettro, per evitare ambiguità lo spettro del segnale da analizzare deve essere più stretto del campo spettrale libero del Fabry-Perot.

È istruttivo calcolare di quanto dobbiamo variare la distanza L per operare una scansione uguale ad un campo spettrale libero. Si supponga che il segnale da analizzare abbia uno spettro in frequenza centrato sulla frequenza v_o e che tale frequenza coincida con la risonanza v_q del Fabry-Perot. Se L' è la variazione di L necessaria per spostare il picco di trasmissione da v_q a v_{q+1}, deve essere soddisfatta la condizione:

$$v_q = q\frac{c}{2L} = v'_{q+1} = (q+1)\frac{c}{2(L+L')}. \qquad (3.116)$$

Dalla (3.116) si ricava:

$$L' = \frac{L}{q} = \frac{c}{2v_o} = \frac{\lambda_o}{2} \qquad (3.117)$$

cioè, per operare una scansione uguale ad un campo spettrale libero, è sufficiente variare la distanza fra gli specchi di mezza lunghezza d'onda.

La scansione viene eseguita montando uno specchio su di una ceramica piezoelettrica e sottoponendo la ceramica ad una rampa lineare di tensione. La tensione applicata provoca una dilatazione (o contrazione) della ceramica, generando uno spostamento dello specchio che è lineare nel tempo. Variando L, si sposta la frequenza di picco, e si può quindi compiere una scansione dello spettro in frequenza del segnale da analizzare. Se la rampa di tensione comanda la base dei tempi di un oscilloscopio e, nello stesso tempo, il segnale del rivelatore che vede l'intensità trasmessa dal Fabry-Perot viene inviato in ordinata, si ottiene sullo schermo dell'oscilloscopio una presentazione diretta dello spettro in frequenza del segnale incidente sul Fabry-Perot. Naturalmente, la scansione deve essere abbastanza lenta da permettere allo strumento di andare a regime ad ogni frequenza.

Una tecnica alternativa all'uso della ceramica piezoelettrica è quella di riempire la cavità con un gas che viene sottoposto ad un ciclo di pressione: variando la pressione a temperatura costante varia proporzionalmente la densità e quindi l'indice di rifrazione del gas, si ottiene quindi un effetto equivalente ad una variazione della distanza geometrica tra gli specchi.

Per spaziature L maggiori di qualche centimetro, si usano di norma specchi sferici anziché piani. I vantaggi risiedono nella minore criticità dell'allineamento e nelle minori perdite per diffrazione.

In alcuni casi, quando si vuole rivelare una riga debole che è vicina ad una riga molto intensa, è importante aumentare il fattore di contrasto F. Questo può essere ottenuto con Fabry-Perot multipasso, in cui il segnale da analizzare attraversa più volte lo stesso strumento.

Lo spettro di un'onda elettromagnetica può anche essere ottenuto da un Fabry-Perot piano sostituendo alla scansione di L una scansione angolare. Se l'onda incide sul Fabry-Perot formando un angolo α con la normale alla superficie, le formule sopra ricavate valgono ancora purché si sostituisca a L la quantità $L\cos\alpha$, analogamente a quanto discusso nella parte finale della Sezione 3.2.3. Perciò, per ogni valore di α, lo strumento presenta il picco di trasmissione su una diversa sequenza di frequenze. In pratica, è sufficiente interporre tra il fascio incidente e il Fabry-

Perot una lente divergente che sparpaglia la potenza su tutto un intervallo di angoli; l'intervallo deve essere abbastanza ampio da coprire almeno un campo spettrale libero. Se l'onda incidente è monocromatica, in uscita si vedrà una serie di frange circolari relative ai vari ordini. Frequenze diverse daranno luogo a frange non sovrapposte perché ciascuna frequenza è trasmessa ad un angolo diverso. Utilizzato in questo modo, il Fabry-Perot trasmette quindi frequenze diverse in direzioni diverse, similmente a quanto avviene con un prisma o un reticolo.

3.5 Onde in mezzi anisotropi

I mezzi materiali costituiti da atomi (o molecole) disposti in posizione casuale e con orientazione casuale, quali tutti i mezzi gassosi, liquidi, e solidi amorfi (vetri) sono isotropi, nel senso che le loro proprietà non dipendono dall'orientazione. Al contrario, i mezzi cristallini, in cui gli atomi sono disposti in modo ordinato, possono essere anisotropi, e quindi hanno, in generale, proprietà ottiche che dipendono dalla direzione di propagazione e dalla direzione di polarizzazione dell'onda luminosa.

Nei materiali anisotropi la relazione tra campo e vettore spostamento elettrico è tensoriale:

$$D_i = \varepsilon_o \sum \varepsilon_{ij} E_j. \tag{3.118}$$

Gli indici i, j possono assumere i valori $1, 2, 3$ (corrispondenti, rispettivamente, agli assi x, y, z). La (3.118) indica che $\mathbf{D}$ e $\mathbf{E}$ non sono in generale paralleli fra loro in un mezzo anisotropo. A rigore, anche la permeabilità magnetica relativa μ_r dovrebbe essere descritta da un tensore quando si considera la propagazione in mezzi anisotropi. In quasi tutti i mezzi trasparenti, però, μ_r può essere considerata come una quantità scalare, con valore molto vicino a 1.

Si può dimostrare che il tensore ε_{ij} è simmetrico, cioè: $\varepsilon_{ij} = \varepsilon_{ji}$. È noto che una matrice simmetrica rispetto alla diagonale principale può essere diagonalizzata attraverso una opportuna rotazione della terna degli assi di riferimento. Per definizione, nella matrice diagonalizzata tutti gli elementi fuori diagonale sono nulli:

$$\begin{pmatrix} \varepsilon_{11} & 0 & 0 \\ 0 & \varepsilon_{22} & 0 \\ 0 & 0 & \varepsilon_{33} \end{pmatrix}. \tag{3.119}$$

La terna di assi cartesiani di riferimento nella quale il tensore ε_{ij} diventa diagonale si chiama terna degli assi dielettrici principali. In quanto segue si assumerà che la terna di assi di riferimento coincida con quella degli assi principali del mezzo.

Se $\mathbf{E}$ è diretto secondo uno degli assi principali, $\mathbf{D}$ è parallelo ad $\mathbf{E}$, ma la costante dielettrica relativa mostrata dal mezzo è diversa a seconda dell'asse scelto. Dal punto di vista ottico, questo significa che la velocità di propagazione dell'onda è diversa a seconda della direzione di propagazione e della polarizzazione.

Riguardo alla matrice (3.119) si possono distinguere tre casi:

- caso isotropo, $\varepsilon_{11} = \varepsilon_{22} = \varepsilon_{33}$, l'indice di rifrazione $n = \sqrt{\varepsilon_{11}}$ è una quantità scalare;
- caso uniassico, $\varepsilon_{11} = \varepsilon_{22} \neq \varepsilon_{33}$, si definisce un indice di rifrazione ordinario $n_o = \sqrt{\varepsilon_{11}} = \sqrt{\varepsilon_{22}}$ e un indice di rifrazione straordinario $n_e = \sqrt{\varepsilon_{33}}$;
- caso biassico, $\varepsilon_{11} \neq \varepsilon_{22} \neq \varepsilon_{33}$, il cristallo è caratterizzato da tre indici di rifrazione.

Si consideri la propagazione nel mezzo anisotropo di un'onda piana monocromatica con vettore d'onda $\mathbf{k}$. Utilizzando le equazioni di Maxwell, si dimostra che $\mathbf{D}$ e $\mathbf{H}$ sono entrambi perpendicolari a $\mathbf{k}$, mentre $\mathbf{E}$ è perpendicolare a $\mathbf{H}$ ma non a $\mathbf{k}$. Si noti che la direzione di polarizzazione di un'onda nel mezzo anisotropo è la direzione di $\mathbf{D}$ e non di $\mathbf{E}$.

Per comprendere le proprietà della propagazione in mezzi anisotropi, si esamini prima un caso semplice, quello in cui l'onda piana abbia $\mathbf{k}$ diretto lungo l'asse x, e, di conseguenza $\mathbf{D}$ giaccia nel piano yz. Se l'onda è polarizzata secondo y essa viaggia con velocità c/n_2, dove $n_2 = \sqrt{\varepsilon_{22}}$, conservando la sua polarizzazione lineare. Analogamente, se è polarizzata secondo z, viaggia con velocità c/n_3, dove $n_3 = \sqrt{\varepsilon_{33}}$, mantenendo invariata anche in questo caso la sua polarizzazione lineare. Come si tratta la propagazione se l'onda è polarizzata linearmente in una direzione arbitraria? Sfruttando la linearità delle equazioni di Maxwell, si può descrivere l'onda piana come una sovrapposizione di due onde piane, una polarizzata secondo y e l'altra secondo z. Poiché le due componenti viaggiano a velocità diversa, nella propagazione nasce uno sfasamento relativo, quindi l'onda risultante non è più polarizzata linearmente, bensì ellitticamente.

Passando ora al caso generale in cui $\mathbf{k}$ non sia diretto secondo un asse principale, si potrà ancora scomporre l'onda in due onde piane indipendenti, linearmente polarizzate, che si propaghino mantenendo invariata la loro polarizzazione? La risposta è positiva, anche se ora, contrariamente al caso discusso precedentemente, non è immediato trovare i due modi principali di propagazione, cioè scegliere la direzione dei due assi lungo cui scomporre il vettore $\mathbf{D}$ associato all'onda. Si dimostra che la scelta può essere fatta ricorrendo ad una costruzione geometrica basata sull'ellissoide degli indici, descritto dall'equazione:

$$\frac{x^2}{n_1{}^2} + \frac{y^2}{n_2{}^2} + \frac{z^2}{n_3{}^2} = 1. \tag{3.120}$$

L'intersezione dell'ellissoide con il piano perpendicolare a $\mathbf{k}$ che passa per l'origine degli assi è un ellisse. I due modi principali hanno direzioni di polarizzazione coincidenti con la direzione degli assi dell'ellisse; se n_a e n_b sono le lunghezze dei semiassi dell'ellisse, le velocità di propagazione dei due modi sono c/n_a e c/n_b.

Se il mezzo anisotropo è uniassico, l'asse di simmetria cristallina viene chiamato asse ottico. Assumendo che tale asse sia orientato secondo l'asse z, si pone: $n_1 =$

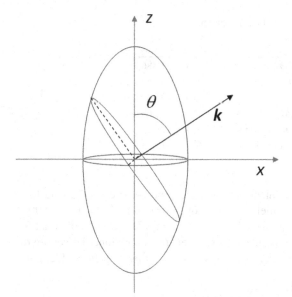

Fig. 3.23 Ellissoide degli indici

$n_2 = n_o$, e $n_3 = n_e$. La (3.120) diventa:

$$\frac{x^2 + y^2}{n_o^2} + \frac{z^2}{n_e^2} = 1.$$ (3.121)

Si supponga ora che **k** formi un angolo θ con l'asse z, come mostrato in Fig. 3.23. Senza ledere la generalità del discorso si può assumere che **k** giaccia nel piano zx. Il piano perpendicolare a **k** passante per l'origine contiene l'asse y ed ha equazione: $x\sin\theta + z\cos\theta = 0$. L'ellisse intersezione ha un asse principale coincidente con l'asse y, ed il corrispondente semiasse ha lunghezza n_o. La seconda direzione principale giace sul piano zx, formando un angolo θ con l'asse x. La lunghezza del corrispondente semiasse è: $n_e(\theta) = z_i / \sin\theta$, dove z_i si ricava ponendo $y = 0$ nella coppia di equazioni che definiscono l'ellisse. Si trova che $n_e(\theta)$ soddisfa l'equazione:

$$\frac{1}{n_e^2(\theta)} = \frac{\cos^2\theta}{n_o^2} + \frac{\sin^2\theta}{n_e^2}.$$ (3.122)

Nel caso $\theta = 0$ si ha: $n_e(\theta) = n_o$, cioè il materiale viene visto dall'onda come isotropo. Nel caso $\theta = 90°$, si ha: $n_e(\theta) = n_e$, e l'onda straordinaria è polarizzata nella direzione dell'asse z.

L'onda piana di polarizzazione generica che si propaga in direzione **k** può quindi essere descritta come una sovrapposizione di due modi di propagazione (aventi entrambi polarizzazione lineare), uno, detto onda ordinaria, polarizzato perpendicolarmente al piano che contiene **k** e l'asse z, l'altro, detto onda straordinaria, con direzione di polarizzazione che giace sul piano che contiene **k** e l'asse z. L'onda ordinaria vede l'indice di rifrazione n_o, e l'onda straordinaria l'indice $n_e(\theta)$. Per

Tabella 3.3 Birifrangenza di alcuni cristalli a $\lambda = 589$ nm

Cristallo	n_o	n_e
Calcite, $CaCO_3$	1.658	1.486
Quarzo, SiO_2	1.543	1.552
Rutilo, TiO_2	2.616	2.903
Corindone, Al_2O_3	1.768	1.760
Niobato di litio, $LiNbO_3$	2.304	2.212
Borato di bario, BaB_2O_4	1.678	1.553

l'onda ordinaria, **D** non ha componenti lungo l'asse z, perciò **D** è parallelo ad **E**, e quindi il vettore di Poynting è parallelo a **k**. Per l'onda straordinaria, se $0 < \theta < 90°$, **D** ha componenti nonnulle sia lungo z che lungo x, perciò **D** non è parallelo ad **E**. Di conseguenza, la direzione nella quale fluisce l'energia (direzione del vettore di Poynting) forma un angolo ψ nonnullo con la direzione di propagazione. L'angolo ψ (angolo di "walk-off") è dato da:

$$\tan \psi = \frac{\sin(2\theta)n_e^2(\theta)}{2} \left(\frac{1}{n_e^2} - \frac{1}{n_o^2} \right). \qquad (3.123)$$

Se l'onda che si propaga non è un'onda piana, ma, come succede in pratica, è un fascio di luce con dimensione trasversale finita, l'esistenza di un angolo di "walk-off" implica che l'onda ordinaria e l'onda straordinaria cessano di essere sovrapposte se il cammino nel cristallo anisotropo è abbastanza lungo. Per un tipico cristallo birifrangente, $\psi = 2°$ per $\theta = 45°$.

Si è visto come si tratta la propagazione all'interno del cristallo, ma che cosa succede quando l'onda entra nel cristallo proveniente da un mezzo isotropo (quale l'aria)? Anche in questo caso è meglio scegliere una geometria semplice per capire il fenomeno, considerando un cristallo uniassico con asse ottico che giaccia nel piano di incidenza (piano che contiene **k** e la normale all'interfaccia). È chiaro che, se l'onda incidente è polarizzata perpendicolarmente al piano di incidenza (caso σ), essa si propagherà nel cristallo come un'onda ordinaria, mentre nel caso π si propagherà come un'onda straordinaria. Poiché l'indice di rifrazione da utilizzare nella legge di Snell è diverso nei due casi, la direzione dell'onda ordinaria sarà diversa da quella dell'onda straordinaria: quindi, nel caso di polarizzazione generica, al di là del cristallo si vedrà uno sdoppiamento dell'immagine. Per questo motivo il cristallo otticamente anisotropo viene detto birifrangente.

Gli indici di rifrazione di alcuni tipici cristalli birifrangenti sono presentati nella Tabella 3.3. Si dice che la birifrangenza è positiva se $n_e > n_o$, come nel quarzo, negativa se $n_e < n_o$, come nella calcite. Il cristallo usato comunemente nei polarizzatori è quello di calcite, che presenta una birifrangenza elevata e può essere facilmente cresciuto con grandi dimensioni ed ottima qualità ottica.

3.5.1 Polarizzatori e lamine birifrangenti

Le sorgenti convenzionali producono luce che non ha uno stato definito di polarizzazione. Nel caso del laser è di solito possibile realizzare delle configurazioni della cavità che selezionino un particolare stato di polarizzazione, quindi il fascio di uscita del laser può essere polarizzato.

I polarizzatori sono componenti utilizzati per creare luce polarizzata o per modificare lo stato di polarizzazione di un fascio di luce. Quelli di tipo economico sono costituiti da materiali polimerici dicroici (Polaroid), cioè materiali che hanno un coefficiente di assorbimento molto elevato per fasci di luce polarizzati linearmente lungo l'asse ottico del sistema, e molto piccolo per polarizzazione perpendicolare all'asse.

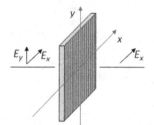

Fig. 3.24 Polarizzatore di tipo Polaroid

Il Polaroid è costituito da fibre polimeriche lineari che sono disposte parallelamente nel materiale (Fig. 3.24). L'asse ottico coincide con la direzione delle fibre. Il dicroismo è legato al fatto che il polimero si comporta come un conduttore se il campo elettrico è diretto lungo la catena e come un isolante se è diretto perpendicolarmente alla catena. Il Polaroid non ha una selettività in polarizzazione molto elevata, il rapporto tra l'intensità delle due componenti in polarizzazione all'uscita del Polaroid è tipicamente dell'ordine di $1/500$. Inoltre, poiché la componente che non è trasmessa viene assorbita, il materiale non è in grado di sopportare senza danneggiamento intensità elevate.

Polarizzatori con selettività molto elevata (con un fattore di estinzione dell'ordine di 10^5) si possono realizzare con coppie di prismi di cristalli birifrangenti, come quelli mostrati nelle Fig. 3.25 e 3.26. Questi tipi di polarizzatori sfruttano i fenomeni di riflessione e rifrazione selettiva in polarizzazione all'interfaccia fra i due prismi, ed hanno anche un'alta soglia di danneggiamento in quanto non c'è assorbimento di radiazione.

Il polarizzatore di Glan-Thompson (Fig. 3.25) è costituito da due prismi di calcite, aventi entrambi asse ottico in direzione perpendicolare al piano della figura, incollati assieme lungo la faccia inclinata utilizzando un collante trasparente che ha indice di rifrazione intermedio fra i due indici della calcite. Sfruttando la birifrangenza elevata della calcite, è possibile tagliare i prismi ad un angolo tale per cui la componente ordinaria incida all'interfaccia tra prisma e collante con un angolo maggiore dell'angolo limite e venga totalmente riflessa, mentre la componente straordinaria sia in gran parte trasmessa. La luce in uscita dal primo prisma risulta polarizzata linearmente in direzione verticale, e, grazie all'inserimento del secondo prisma, prosegue parallelamente alla direzione originaria di propagazione.

Il prisma di Rochon mostrato nella Fig. 3.26 si basa invece sul principio della rifrazione selettiva. Nel primo prisma la polarizzazione ordinaria e quella straordinaria si propagano collinearmente risentendo di un diverso indice di rifrazione, all'interfaccia fra i due prismi la componente con polarizzazione ordinaria non subisce una variazione d'indice e mantiene la medesima direzione di propagazione. La polarizzazione straordinaria viene rifratta ad angolo diverso. Di conseguenza le due polarizzazioni possono essere facilmente separate.

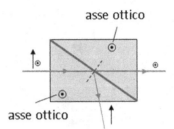

Fig. 3.25 Prisma di Glan-Thompson

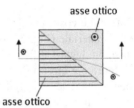

Fig. 3.26 Prisma di Rochon

Per cambiare lo stato di polarizzazione di un fascio di luce senza ridurne l'intensità, si utilizzano delle lamine di cristalli birifrangenti. Si consideri un fascio di luce che incida perpendicolarmente alle facce di una lamina di spessore d, tagliata in modo che le facce siano parallele al piano xz. Il fascio di luce viaggi nella direzione y e sia polarizzato linearmente a $45°$ con l'asse ottico (asse z). In queste condizioni, il raggio ordinario ed il raggio straordinario hanno la stessa ampiezza, ma viaggiano a velocità differenti. Lo sfasamento fra le due onde dopo aver attraversato la lamina è: $\Delta\phi = 2\pi(n_e - n_o)d/\lambda$. Quindi, in generale, la polarizzazione di uscita sarà ellittica. In particolare, se d è scelto in modo tale che $|\Delta\phi| = \pi/2$ (lamina a quarto d'onda), l'onda in uscita è polarizzata circolarmente. Se invece $|\Delta\phi| = \pi$ (lamina a mezz'onda), l'onda di uscita è polarizzata linearmente, ma con direzione di polarizzazione ruotata di $\pi/2$ rispetto a quella di ingresso.

Nel caso della lamina a mezz'onda, se il fascio entrante ha una direzione di polarizzazione lineare che forma un generico angolo α con l'asse ottico, il fascio uscen-

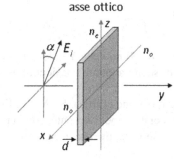

Fig. 3.27 Lamina birifrangente

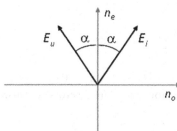

Fig. 3.28 Rotazione della direzione di polarizzazione in una lamina $\lambda/2$

te avrà una direzione di polarizzazione che forma un angolo $-\alpha$ con l'asse ottico, perciò la rotazione della direzione di polarizzazione risulta uguale a 2α.

3.5.2 Matrici di Jones

La descrizione della propagazione di luce polarizzata attraverso componenti ottici anisotropi risulta particolarmente agevole quando si faccia uso delle matrici di Jones. Il campo elettrico associato al fascio di luce polarizzato viene rappresentato mediante un vettore che ha due componenti complesse, e la trasformazione subita nel passaggio attraverso un componente ottico è descritta da una matrice di trasferimento 2×2.

Il campo elettrico associato ad un'onda piana che si propaga lungo l'asse z è, in generale, la somma di due componenti:

$$\mathbf{E}(z,t) = E_x \exp[-i(\omega t - kz + \delta_x)]\mathbf{x} + E_y \exp[-i(\omega t - kz + \delta_y)]\mathbf{y} \qquad (3.124)$$

dove $\mathbf{x}$ e $\mathbf{y}$ sono, rispettivamente, i versori diretti lungo gli assi x e y. Si può scrivere la (3.124) come:

$$\mathbf{E}(z,t) = E_o \exp[-i(\omega t - kz + \delta_x)]\mathbf{V} \qquad (3.125)$$

dove $E_o = \sqrt{E_x^2 + E_y^2}$ e $\mathbf{V}$ è il vettore di Jones rappresentato dalla matrice colonna:

$$\begin{pmatrix} \cos\alpha \\ \exp(i\delta)\sin\alpha \end{pmatrix} \qquad (3.126)$$

dove si è posto: $\alpha = \arctan(E_y/E_x)$ e $\delta = \delta_y - \delta_x$. Si noti che **V** è definito in modo tale che: $|V_x|^2 + |V_y|^2 = 1$. La convenzione di segno adottata considera positivi gli angoli misurati in senso anti-orario.

La (3.126) rappresenta una generica polarizzazione ellittica. Se $\delta = 0$, l'onda è polarizzata linearmente. I vettori di Jones associati, rispettivamente, con la polarizzazione lineare che forma un angolo α con l'asse x, oppure diretta secondo l'asse x, oppure diretta secondo l'asse y, sono:

$$\begin{pmatrix} \cos\alpha \\ \sin\alpha \end{pmatrix} \; ; \; \begin{pmatrix} 1 \\ 0 \end{pmatrix} \; ; \; \begin{pmatrix} 0 \\ 1 \end{pmatrix}. \qquad (3.127)$$

Per un'onda polarizzata circolarmente, $\alpha = \pi/4$ e $\delta = \pm\pi/2$. Perciò i vettori di Jones associati, rispettivamente, alla polarizzazione circolare destrorsa e sinistrorsa sono:

$$\frac{1}{\sqrt{2}} \begin{pmatrix} 1 \\ i \end{pmatrix} \; ; \; \frac{1}{\sqrt{2}} \begin{pmatrix} 1 \\ -i \end{pmatrix}. \qquad (3.128)$$

Due onde rappresentate da vettori V_1 e V_2 hanno stati di polarizzazione fra loro ortogonali se il prodotto scalare dei due vettori è nullo. Ad esempio, le due polarizzazioni lineari lungo x e y sono fra loro ortogonali. Uno stato arbitrario di polarizzazione può essere sempre descritto come sovrapposizione lineare di due stati di polarizzazione tra loro ortogonali.

Un componente che alteri lo stato di polarizzazione di un'onda può essere descritto con una matrice di trasferimento **T**. Se V_i è il vettore di Jones del campo entrante, il vettore V_u del campo uscente dal componente è dato da: $V_u = TV_i$. Se il fascio di luce attraversa una sequenza di n dispositivi descritti dalle matrici $T_1, \ldots, T_n$, l'onda uscente è data da: $V_u = T_n \ldots T_1 V_i$. Si noti che, in generale, le matrici **T** non commutano tra di loro, perciò è importante conservare l'ordine in cui compaiono le matrici stesse.

I polarizzatori che polarizzano linearmente lungo x e lungo y sono rappresentati, rispettivamente, dalle matrici T_{px} e T_{py}:

$$T_{px} = \begin{pmatrix} 1 & 0 \\ 0 & 0 \end{pmatrix} \; ; \; T_{py} = \begin{pmatrix} 0 & 0 \\ 0 & 1 \end{pmatrix}. \qquad (3.129)$$

Un altro caso importante è quello del ritardatore, il dispositivo che sfasa di $\Delta\phi$ la componente del campo lungo y rispetto a quella lungo x lasciando invariato il rapporto E_x/E_y:

$$T_r = \begin{pmatrix} 1 & 0 \\ 0 & \exp(i\Delta\phi) \end{pmatrix}. \qquad (3.130)$$

La (3.130) descrive l'attraversamento di una lamina di materiale birifrangente nel caso in cui x e y corrispondano alle due direzioni principali di polarizzazione per l'onda che si propaga lungo l'asse z. In particolare, x è la direzione dell'asse ottico del cristallo. L'espressione dello sfasamento è: $\Delta\phi = 2\pi(n_e - n_o)d/\lambda$, dove d è lo spessore della lamina. Il caso $\Delta\phi = \pi/2$ corrisponde alla lamina quarto d'onda, ed il caso $\Delta\phi = \pi$ corrisponde alla lamina mezz'onda.

La seguente matrice di rotazione:

$$\mathbf{R}(\theta) = \begin{pmatrix} \cos\theta & -\sin\theta \\ \sin\theta & \cos\theta \end{pmatrix} \tag{3.131}$$

rappresenta un dispositivo rotatore di polarizzazione che converte un'onda $\mathbf{V_1}$ polarizzata linearmente ad un angolo θ_1 in un'onda $\mathbf{V_2}$ polarizzata linearmente ad un angolo $\theta_2 = \theta_1 + \theta$.

Ovviamente i vettori e le matrici di Jones hanno un'espressione che dipende dalla scelta del sistema di coordinate. Sia $\mathbf{V}$ il vettore di Jones nel sistema di coordinate xy. Se ruotiamo di un angolo θ il sistema di coordinate, l'onda è ora descritta dal vettore $\mathbf{V}'$:

$$\mathbf{V}' = \mathbf{R}(-\theta)\mathbf{V}. \tag{3.132}$$

Un polarizzatore lineare che abbia un asse di trasmissione che formi un angolo θ con l'asse x è quindi rappresentato dalla matrice $\mathbf{T_{p\theta}}$:

$$\mathbf{T_{p\theta}} = \mathbf{R}(\theta)\mathbf{T_x}\mathbf{R}(-\theta) = \begin{pmatrix} \cos^2\theta & \sin\theta\cos\theta \\ \sin\theta\cos\theta & \sin^2\theta \end{pmatrix}. \tag{3.133}$$

Analogamente, si può generalizzare l'espressione di $\mathbf{T_r}$ al caso in cui l'asse ottico sia ruotato di un angolo θ rispetto all'asse x. Si ottiene:

$$\mathbf{T_{r\theta}} = \mathbf{R}(\theta)\mathbf{T_r}\mathbf{R}(-\theta)$$
$$= \begin{pmatrix} 1 + [\exp(i\Delta\phi) - 1]\sin^2\theta & [1 - \exp(i\Delta\phi)]\sin\theta\cos\theta \\ [1 - \exp(i\Delta\phi)]\sin\theta\cos\theta & \exp(i\Delta\phi) - [\exp(i\Delta\phi) - 1]\sin^2\theta \end{pmatrix}. \tag{3.134}$$

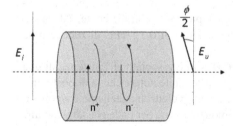

Fig. 3.29 Potere rotatorio

3.5.3 *Potere rotatorio*

Ci sono materiali che mostrano un effetto particolare di birifrangenza: i due modi fondamentali di propagazione sono polarizzati circolarmente anziché linearmente. Si hanno quindi due indici di rifrazione diversi (che chiamiamo n^+ e n^-) per polarizzazione circolare destrorsa e sinistrorsa. Questo effetto si chiama attività ottica o potere rotatorio, ed è caratteristico di materiali che hanno, a livello molecolare o cristallino, una struttura di tipo elicoidale. Tali materiali vengono detti materiali chirali.

La propagazione nel mezzo otticamente attivo di un fascio di luce polarizzato linearmente deve essere analizzata attraverso la scomposizione in due fasci di uguale ampiezza polarizzati circolarmente, l'uno destrorso l'altro sinistrorso. Utilizzando le matrici di Jones:

$$\begin{pmatrix} \cos\theta \\ \sin\theta \end{pmatrix} = \frac{1}{2}\exp(-i\theta)\begin{pmatrix} 1 \\ i \end{pmatrix} + \frac{1}{2}\exp(i\theta)\begin{pmatrix} 1 \\ -i \end{pmatrix}. \tag{3.135}$$

I due fasci acquistano uno sfasamento relativo nella propagazione su una distanza L, dato da: $\phi = 2\pi L(n^+ - n^-)/\lambda$. Ricombinando in uscita le due polarizzazioni circolari, si otterrà ancora una polarizzazione lineare, però ruotata di $\phi/2$ rispetto a quella di ingresso:

$$\begin{aligned} &\frac{1}{2}\exp(-i\theta)\begin{pmatrix} 1 \\ i \end{pmatrix} + \frac{1}{2}\exp[i(\theta-\phi)]\begin{pmatrix} 1 \\ -i \end{pmatrix} \\ &= \exp(-i\phi/2)\begin{pmatrix} \cos(\theta-\phi/2) \\ \sin(\theta-\phi/2) \end{pmatrix}. \end{aligned} \tag{3.136}$$

La rotazione per unità di lunghezza ρ, detta potere rotatorio, è quindi data da:

$$\rho = \frac{\phi}{2L} = \frac{\pi(n^+ - n^-)}{\lambda}. \tag{3.137}$$

Un esempio di cristallo otticamente attivo è il quarzo, che ha un potere rotatorio, se la direzione di propagazione coincide con quella dell'asse ottico, uguale a 4 rad/cm per $\lambda = 589$ nm. Anche un mezzo disordinato può presentare attività ottica, se contiene molecole che hanno proprietà chirali, come, ad esempio, le molecole di zucchero: una soluzione acquosa di 0.1 g/cm^3 di zucchero ha $\rho = 10^{-2}$ rad/cm.

Da un punto di vista formale, il potere rotatorio è associato all'esistenza di una componente antisimmetrica del tensore ε_{ij}. È importante notare che la dimostrazione di simmetria di ε_{ij} che si trova nei testi classici di elettromagnetismo è rigorosamente valida solo per campi spazialmente omogenei, cioè per onde che abbiano una lunghezza d'onda tendente all'infinito. Se λ è finita, il valore locale di **D** dipende, in generale, non solo da **E** ma anche dalle derivate spaziali di **E**. Si può quindi scrivere, al primo ordine:

$$D_i = \varepsilon_o \sum_{jm} \left(\varepsilon_{ij} E_j + i \gamma_{ijm} \frac{\partial E_j}{\partial x_m} \right). \tag{3.138}$$

Il tensore ε_{ij} che compare nella (3.138) è simmetrico, mentre γ_{ijm} è antisimmetrico rispetto alla coppia di indici ij: $\gamma_{ijm} = -\gamma_{jim}$. Se non c'è assorbimento, γ_{ijm} è reale. Nel caso di un'onda piana con vettore d'onda $\mathbf{k}$, si ha: $\partial E_j / \partial x_m = i E_j k_m$, e quindi:

$$D_i = \varepsilon_o \sum_{jm} (\varepsilon_{ij} E_j + i \gamma_{ijm} E_j k_m). \tag{3.139}$$

La situazione può essere descritta introducendo il nuovo tensore:

$$\varepsilon'_{ij} = \varepsilon_{ij} + i \sum_m \gamma_{ijm} k_m \tag{3.140}$$

che è costituito dalla somma di un termine simmetrico ed uno antisimmetrico. Il termine antisimmetrico si annulla se il modulo di $\mathbf{k}$ tende a 0, cioè se la frequenza dell'onda tende a 0.

Nel caso di un mezzo isotropo, la (3.139) diviene:

$$D_i = \varepsilon_o [\varepsilon_r E_i + i \gamma (\mathbf{E} \times \mathbf{k})_i] \tag{3.141}$$

dove $(\mathbf{E} \times \mathbf{k})_i$ denota la componente i-esima del prodotto vettore, e ε_r, γ sono ora delle quantità scalari tipiche del mezzo. Supponendo che $\mathbf{k}$ sia diretto lungo l'asse z, le componenti di $\mathbf{D}$ lungo x ed y si ricavano dalla (3.141) come:

$$D_x = \varepsilon_o [\varepsilon_r E_x + i \gamma k E_y] \tag{3.142}$$

$$D_y = \varepsilon_o [\varepsilon_r E_y - i \gamma k E_x]. \tag{3.143}$$

Queste due equazioni dicono che una polarizzazione lineare non può essere un modo di propagazione nel mezzo considerato, perché E_x genera anche una componente D_y, e viceversa. Tenendo presente che il campo elettrico associato ad una polarizzazione circolare destrorsa (sinistrorsa) può essere scritto come: $E^{\pm} = E_x \pm i E_y$, si possono scrivere le espressioni di $D^{\pm} = D_x \pm i D_y$ utilizzando le (3.142) e (3.143). Si ottiene:

$$D^+ = \varepsilon_o [\varepsilon_r + \gamma k] E^+ \tag{3.144}$$

$$D^- = \varepsilon_o [\varepsilon_r - \gamma k] E^-. \tag{3.145}$$

Le (3.144) e (3.145) mostrano che la polarizzazione circolare è effettivamente un modo di propagazione nel mezzo otticamente attivo. Il fatto che la costante di proporzionalità tra $\mathbf{E}$ e $\mathbf{D}$ sia diversa nei due casi indica che la velocità di propagazione dell'onda con polarizzazione destrorsa è diversa da quella dell'onda con polarizzazione sinistrorsa. I due indici di rifrazione sono: $n^{\pm} = \sqrt{\varepsilon_r \pm \gamma k}$. Supponendo che il secondo termine sotto radice sia piccolo rispetto al primo, tenendo conto che $k = n\omega/c$ e che $\varepsilon_r = n^2$, si ottiene: $n^{\pm} = n[1 \pm \gamma k/2]$, e, di conseguenza, $\rho = \pi \gamma k/(n\lambda)$.

3.5.4 Effetto Faraday

Le proprietà ottiche di un mezzo possono essere alterate da campi magnetici. Sono noti diversi effetti magneto-ottici. In questa sezione viene discusso l'effetto Faraday che consiste in una attività ottica indotta dal campo magnetico. L'effetto Faraday è longitudinale: se un'onda elettromagnetica linearmente polarizzata si propaga lungo z, e $\mathbf{B}$ è diretto anch'esso lungo z, dopo un percorso L l'onda è ancora polarizzata linearmente, ma la sua direzione di polarizzazione è ruotata. L'angolo di rotazione dovuto all'effetto Faraday è: $\theta = C_V B L$, dove C_V è detta costante di Verdet. Si può dimostrare che il segno di θ dipende dalla direzione di $\mathbf{B}$, ma non dalla direzione di propagazione del fascio di luce. Questo significa che, se il fascio viaggia avanti e indietro nel mezzo, la rotazione Faraday raddoppia. Il campo magnetico longitudinale è creato facendo passare corrente elettrica in un solenoide che avvolge il materiale nel quale si propaga il fascio di luce. Il segno di θ può essere invertito nvertendo il senso della corrente nel solenoide.

Si può scrivere per l'effetto Faraday un'equazione analoga alla (3.138) che descrive il potere rotatorio:

$$\mathbf{D} = \varepsilon_0 [\varepsilon_r \mathbf{E} + i\gamma_B (\mathbf{B} \times \mathbf{E})] \tag{3.146}$$

dove γ_B è il coefficiente di magneto-girazione. Il potere rotatorio è dato da:

$$\rho = C_V B = -\frac{\pi \gamma_B B}{n\lambda}. \tag{3.147}$$

Poiché il rotatore di Faraday ruota la direzione di polarizzazione sempre nello stesso senso, indipendentemente dalla direzione di attraversamento, esso è descritto dalla stessa matrice di Jones $\mathbf{R}(\theta)$, sia che venga attraversato da destra verso sinistra o da sinistra verso destra. Al contrario, un rotatore passivo (ad esempio, un cristallo di quarzo) che presenti una matrice $\mathbf{R}(\theta)$ se attraversato nella direzione dell'asse ottico, presenterà una matrice $\mathbf{R}(-\theta)$ se attraversato in direzione opposta, quindi la rotazione si cancella se il fascio riattraversa il mezzo viaggiando in direzione opposta.

L'effetto Faraday può essere utilizzato per realizzare modulatori di ampiezza e interruttori magneto-ottici, anche se, in pratica, i dispositivi elettro-ottici (descritti nel Capitolo 4) sono preferiti a quelli magneto-ottici. Un caso in cui l'effetto Faraday è molto usato è quello degli isolatori che sono descritti nella sezione seguente.

Presentano effetto Faraday diversi gas, liquidi e solidi. Poiché l'origine microscopica dell'effetto è legata all'effetto Zeeman, esso è più forte quando la frequenza della radiazione incidente è vicina a risonanze del materiale. I materiali comunemente usati per il controllo di fasci laser mediante effetto Faraday sono alcuni vetri drogati, e cristalli, quali YIG (yttrium iron garnet), TGG (terbium gallium garnet) e TbAlG (terbium aluminum garnet). Ad esempio, la costante di Verdet del TGG è: $C_V = -134\,\mathrm{rad}/(\mathrm{T}\cdot\mathrm{m})$ alla lunghezza d'onda di 633 nm, e scende al valore di $-40\,\mathrm{rad}/(\mathrm{T}\cdot\mathrm{m})$ alla lunghezza d'onda di 1064 nm.

Esistono anche materiali ferromagnetici (a base di Fe, Ni, Co) che presentano valori elevati della costante di Verdet. Poiché questi materiali assorbono fortemente la luce, l'effetto viene di solito osservato in riflessione. Una applicazione importante è quella alle memorie ottiche, di cui verrà fatto cenno nel Capitolo 7.

3.5.5 *Isolatori ottici*

Si chiama isolatore ottico un dispositivo che impedisce il ritorno del fascio di luce verso il laser che lo ha emesso. Nel caso di fasci laser intensi è molto importante evitare che la porzione di fascio retroriflessa dal bersaglio o da qualche elemento ottico rientri nella cavità del laser. Infatti il rientro nella cavità ne altera il funzionamento e può anche provocare dei danneggiamenti.

L'isolatore di Faraday è costituito da un polarizzatore più una cella di Faraday che ruota la direzione di polarizzazione di $\pi/4$ in un attraversamento. Il fascio retroriflesso, poiché attraversa due volte la cella di Faraday, arriva sul polarizzatore con una polarizzazione ruotata di $\pi/2$ rispetto all'asse del polarizzatore, e viene quindi bloccato.

Il funzionamento dell'isolatore può essere descritto con il formalismo delle matrici di Jones. Sia $\mathbf{V_i}$ il vettore di Jones dell'onda entrante e $\mathbf{V_u}$ quello dell'onda uscente, e siano $\mathbf{T_1}$, $\mathbf{T_2}$, $\mathbf{T_3}$, le matrici corrispondenti, rispettivamente, al polarizzatore di ingresso, alla cella di Faraday, ed al polarizzatore di uscita. È importante tenere presente che tutte le matrici e i vettori devono essere riferiti alla stessa coppia di assi xy. Supponendo che l'onda entrante sia linearmente polarizzata lungo x, che il polarizzatore $\mathbf{T_1}$ abbia l'asse coincidente con x, che $\mathbf{T_2}$ ruoti la polarizzazione di

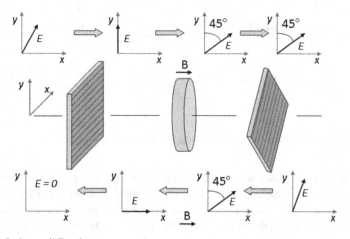

Fig. 3.30 Isolatore di Faraday

un angolo $\pi/4$, e che $\mathbf{T_3}$ abbia l'asse ad un angolo di $\pi/4$ con l'asse x, si ha:

$$\mathbf{V_u} = \mathbf{T_3 T_2 T_1 V_i} =$$
$$\begin{pmatrix} 1/2 \; 1/2 \\ 1/2 \; 1/2 \end{pmatrix} \begin{pmatrix} \sqrt{2}/2 \; -\sqrt{2}/2 \\ \sqrt{2}/2 \; \sqrt{2}/2 \end{pmatrix} \begin{pmatrix} 1 \; 0 \\ 0 \; 0 \end{pmatrix} \begin{pmatrix} 1 \\ 0 \end{pmatrix} = \begin{pmatrix} \sqrt{2}/2 \\ \sqrt{2}/2 \end{pmatrix}. \tag{3.148}$$

Il segnale $\mathbf{V_u}$ rappresenta un campo polarizzato linearmente con direzione di polarizzazione che forma un angolo $\pi/4$ con l'asse x. Se il fascio di uscita viene retroriflesso e attraversa la sequenza $\mathbf{T_1 T_2 T_3}$, in senso inverso, il segnale di ritorno è nullo, come dimostrato dalla seguente espressione:

$$\mathbf{V'_u} = \mathbf{T_1 T_2 T_3 V_u} = \begin{pmatrix} 0 \\ 0 \end{pmatrix}. \tag{3.149}$$

Si noti che il polarizzatore $\mathbf{T_3}$ non ha alcuna funzione nello schema proposto. Esso viene inserito perché, a seconda dell'origine fisica della retroriflessione, il fascio retroriflesso potrebbe presentare una polarizzazione diversa da quella di $\mathbf{V_u}$.

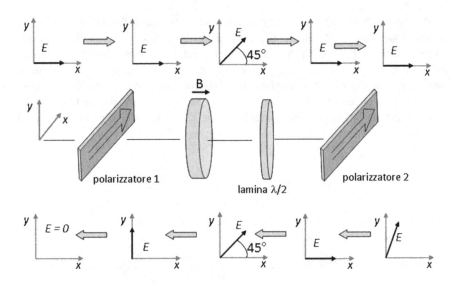

Fig. 3.31 Isolatore di Faraday comprendente una lamina a mezz'onda.

Celle di Faraday sono anche usate in cavità laser ad anello per eliminare una delle due onde contropropaganti. Si consideri ad esempio lo schema in Fig. 3.31: se si vuole eliminare l'onda che viaggia in senso antiorario, si inserisce nella cavità un polarizzatore e una cella di Faraday che ruota la polarizzazione di un angolo $\pi/4$ seguita da una lamina birifrangente che ruota la polarizzazione di un angolo $-\pi/4$ per l'onda che si propaga in senso orario. L'onda antioraria non può propagarsi perché subirebbe, attraversando la sequenza cella di Faraday più lamina birifrangente, una rotazione di $\pi/2$ della direzione di polarizzazione e sarebbe quindi soppressa dal polarizzatore.

3.6 Guide d'onda ottiche

Le guide d'onda ottiche sono strisce di materiale dielettrico di indice di rifrazione n_1 che sono inserite in un diverso materiale dielettrico avente indice di rifrazione inferiore, $n_2 < n_1$. Un fascio di luce si può propagare rimanendo confinato all'interno della guida, senza subire l'effetto di diffrazione tipico della propagazione libera. È essenziale ricorrere alla propagazione guidata quando il fascio di luce deve percorrere grandi distanze, come avviene nelle comunicazioni ottiche, o quando si vogliano realizzare circuiti e dispositivi ottici miniaturizzati.

Dal punto di vista dell'ottica geometrica la propagazione guidata può essere spiegata osservando che un raggio luminoso che viaggia nella guida in una direzione poco inclinata rispetto all'asse viene totalmente riflesso quando incontra la superfice di separazione fra i due mezzi dielettrici, purché l'angolo di incidenza sia maggiore dell'angolo limite. Il raggio rimane quindi intrappolato all'interno della guida, propagandosi idealmente senza perdite attraverso una sequenza di riflessioni totali.

Molti aspetti della propagazione in guida possono essere compresi studiando la guida dielettrica planare, che è costituita da una lastra piana di spessore d e indice di rifrazione n_1, inserita in un materiale di indice di rifrazione n_2, come mostrato in Fig. 3.32. La zona interna della guida è chiamata nucleo, e quella esterna mantello. Nella guida planare il confinamento del fascio di luce è limitato alla direzione perpendicolare al piano della guida, la direzione x nel caso della figura. Il raggio luminoso che giace nel piano xz e forma un angolo θ con l'asse z è totalmente riflesso se $cos\theta \geq n_2/n_1$.

La teoria elettromagnetica predice che esistono delle distribuzioni trasversali di campo, dette modi della guida, che rimangono invariate nella propagazione. La descrizione è qui limitata alle onde polarizzate linearmente lungo x, cioè ai modi cosiddetti TE (transverse-electric). Le proprietà di propagazione di tali modi sono ricavate scrivendo l'equazione di Helmholtz nei due mezzi ,

$$(\nabla^2 + (n_1 k_o)^2)\mathbf{E}(\mathbf{r}) = 0 \qquad (3.150)$$

$$(\nabla^2 + (n_2 k_o)^2)\mathbf{E}(\mathbf{r}) = 0, \qquad (3.151)$$

e imponendo le condizioni al contorno.

Assumendo che l'onda si propaghi lungo z con costante di propagazione β, il suo campo elettrico può essere scritto come:

$$E(x,z,t) = A(x)exp[i(\beta z - \omega t)]. \qquad (3.152)$$

Inserendo la (3.152) nella (3.150), l'equazione relativa al nucleo della guida diventa:

$$\frac{d^2A}{dx^2} + [(n_1 k_o)^2 - \beta^2]A(x) = 0. \tag{3.153}$$

In modo simile si ottiene l'equazione relativa al mantello:

$$\frac{d^2A}{dx^2} + [(n_2 k_o)^2 - \beta^2]A(x) = 0 \tag{3.154}$$

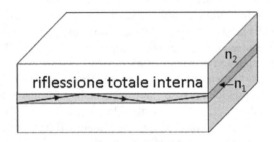

Fig. 3.32 Schema di una guida d'onda planare.

Si ponga l'origine degli assi di riferimento al centro della guida. Poiché il valore di β deve essere necessariamente intermedio tra $n_2 k_o$ e $n_1 k_o$, la soluzione della (3.153) è una funzione periodica, $A_1 \cos(\gamma_1 x)$, e quella della (3.154) è un esponenziale, $A_2 exp(-\gamma_2 x)$. Le quantità reali γ_1 e γ_2 sono date, rispettivamente, da:

$$\gamma_1 = \sqrt{n_1^2 k_o^2 - \beta^2}, \tag{3.155}$$

e

$$\gamma_2 = \sqrt{\beta^2 - n_2^2 k_o^2}. \tag{3.156}$$

Imponendo la continuità del campo e della sua derivata prima al contorno, cioè per $x = d/2$, si trova:

$$A_1 \cos(\gamma_1 d/2) = A_2 \exp(-\gamma_2 d/2), \tag{3.157}$$

e

$$A_1 \gamma_1 \sin(\gamma_1 d/2) = A_2 \gamma_2 \exp(-\gamma_2 d/2). \tag{3.158}$$

Analizzando congiuntamente la (3.157) e la (3.158), si vede che valori nonnulli delle ampiezze A_1 e A_2 possono esistere solo se è soddisfatta la condizione:

$$\tan(\gamma_1 d/2) = \frac{\gamma_2}{\gamma_1}. \tag{3.159}$$

La (3.159) è una equazione trascendente nella variabile β. Può essere risolta graficamente tracciandone separatamente come funzioni di β il membro destro ed il membro sinistro. La costante di propagazione ottenuta con questo approccio è solo quella del modo fondamentale. Si può però dimostrare che esiste una sequenza discreta di modi della guida d'onda, con costanti di propagazione ottenute generalizzando la (3.159) come segue:

$$\tan(\gamma_1 d/2 - m\pi/2) = \frac{\gamma_2}{\gamma_1}, \tag{3.160}$$

dove $m = 0, 1, \dots$.

Mentre esiste sempre un valore della costante di propagazione per il modo fondamentale ($m = 0$), un valore β_1 per il modo $m = 1$ che soddisfi la condizione $n_2 k_o \leq \beta_1 \leq n_1 k_o$ si trova solo se la frequenza ν di tale modo è maggiore della frequenza di taglio ν_c:

$$\nu_c = \frac{c}{2d\sqrt{n_1{}^2 - n_2{}^2}}, \tag{3.161}$$

Qualitativamente, si vede che la guida sarà più facilmente monomodale se è sottile (d non troppo grande rispetto a λ) e se il contrasto di indice $n_1 - n_2$ è piccolo. La teoria mostra che, al crescere di m, cresce anche la relativa frequenza di taglio, cioè, al crescere della frequenza, la guida accetta un numero sempre maggiore di modi.

Per quanto riguarda la distribuzione spaziale del campo elettrico lungo la coordinata x, il modo fondamentale ha ampiezza massima nel centro della guida e code esponenziali (onde evanescenti) che si estendono nel mantello. Aumentando l'indice m, la distribuzione di campo si estende maggiormente nel mantello. Di conseguenza β_m decresce con m.

L'accoppiamento di un fascio di luce in una guida planare può avvenire attraverso un prisma a riflessione totale sfruttando l'onda evanescente, come mostrato in Fig. 3.33.

guida
substrato

Fig. 3.33 Accoppiamento in guida planare tramite prisma

Molte delle considerazioni sviluppate per le guide planari si applicano anche alle guide a canale, nelle quali il fascio è confinato in entrambe le dimensioni trasversali. Un esempio molto importante di guida a canale è la fibra ottica (vedi la Fig. 3.34a), che verrà trattata in dettaglio nel Cap. 6. Le figure 3.34b, 3.34c, and 3.34d illustrano la geometria di alcune guide fabbricate su substrato planare, che sono utilizzate in diversi dispositivi ottici integrati, quali modulatori ottici (vedi i Cap. 4 e 5), e laser a semiconduttore (Cap. 5). Uno sviluppo recente, che verrà brevemente discusso nella Sez. . 7.1.3, è quello riguardante circuiti in silicio depositati su di un substrato di ossido di silicio (silicon on insulator, SOI), nei quali diverse funzioni ottiche ed elettroniche sono integrate sullo stesso microcircuito ("chip"). Le guide SOI possono avere dimensioni trasversali inferiori al micrometro. L'alto contrasto di indice

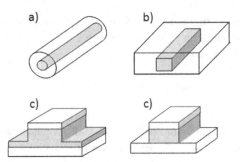

Fig. 3.34 Le geometrie più utilizzate per le guide d'onda ottiche: (a) fibra ottica, (b) guida sepolta, (c) guida "rib", (d) guida "ridge". Le zone scure rappresentano il nucleo della guida.

di rifrazione tra nucleo e mantello permette piccoli raggi di curvatura delle guide, rendendo possibile la fabbricazione di reti complesse in spazi molto ridotti.

Esercizi

3.1. Se la lunghezza d'onda di un segnale luminoso nel vuoto vale 600 nm, che valore assume λ se l'onda viaggia in un vetro avente $n = 1.50$?

3.2. Un blocco di vetro con indice di rifrazione 1.55 viene ricoperto con uno strato di fluoruro di magnesio con indice di rifrazione 1.32. Quale è l'angolo di riflessione totale per un raggio di luce che viaggia nel vetro verso l'interfaccia vetro/fluoruro?

3.3. Un fascio di luce gialla proveniente da una lampada al sodio ($\lambda = 589$ nm) attraversa un recipiente riempito di benzene (indice di rifrazione 1.50). lungo 30 m, in un tempo τ_1, mentre τ_2 è il tempo impiegato dal fascio di luce ad attraversare il recipiente se riempito di solfuro di carbonio (indice di rifrazione 1.63). Calcolare la differenza $\tau_2 - \tau_1$.

3.4. Un fascio di luce avente lunghezza d'onda 600 nm, che viaggia in un vetro ($n = 1.48$), incide a $45°$ sull'interfaccia vetro-aria, ed è totalmente riflesso. Determinare quale è la distanza in aria dall'interfaccia alla quale il campo elettrico dell'onda evanescente si è ridotto di 1/e rispetto al valore all'interfaccia.

3.5. Un fascio di luce che viaggia in aria incide su di un materiale dielettrico con indice di rifrazione 1.5 ad un angolo $\theta_i = 40°$. La luce incidente ha componenti del campo elettrico rispettivamente parallela e perpendicolare al piano di incidenza di 10 V/m e 20 V/m. Determinare le corrispondenti componenti del campo riflesso.

3.6. L'indice di rifrazione complesso dell'argento a $\lambda = 532$ nm è $n' + in'' = 0.14 - 3.05i$. Calcolare: (a) la riflettività di potenza R di una superficie aria-argento per incidenza normale; (b) la frazione di potenza trasmessa T da uno spessore di argento di 100 μm.

3.7. Un'onda sferica gaussiana con $\lambda = 0.63$ μm con raggio minimo $w_o = 0.5$ mm viene focalizzata ad un raggio focale di 30 μm da una lente posta ad una distanza di 0.5 m dal piano in cui l'onda ha raggio minimo. Determinare la distanza focale della lente.

3.8. Un'onda sferica gaussiana con $\lambda = 800$ nm e $w_o = 0.1$ mm a $z = 0$ si propaga lungo l'asse z. Una lente piano-convessa, costituita da una calotta sferica di raggio di curvatura $\rho = 4$ cm, è posta a $z_1 = 20$ cm. L'indice di rifrazione del vetro di cui è costituita la lente è $n = 1.8$. Determinare: a) a che coordinata z_2 il fascio viene focalizzato; b) il raggio w_f del fascio a z_2; c) il diametro richiesto alla lente perché venga raccolto il 99% della potenza incidente.

3.9. Un reticolo di riflessione "blazed" con passo $d = 1200$ nm ed angolo di inclinazione $\theta_g = 20°$ viene utilizzato nella confgurazione di Littrow. Determinare quale è la lunghezza d'onda incidente che viene retro-diffratta al secondo ordine.

3.10. Un interferometro di Fabry-Perot fatto di due specchi identici posti a distanza $d = 1$ mm è illuminato da un fascio di luce costituito da due lunghezze d'onda, $\lambda_1 = 1064$ nm e $\lambda_2 = \lambda_1 + \Delta\lambda$, dove $\Delta\lambda = 0.05$ nm. Determinare quale sarebbe la minima riflettività R dei due specchi necessaria per avere un potere risolvente $P_r \geq \lambda_1/\Delta\lambda$.

3.11. Si consideri un fascio di luce a $\lambda = 589$ nm che viaggia lungo l'asse z ed è polarizzato linearmente lungo x. Il fascio attraversa in successione una lamina a quarto d'onda ed un polarizzatore. L'asse ottico della lamina giace nel piano xy, formando un angolo $\pi/4$ con l'asse x. L'asse ottico del polarizzatore è parallelo all'asse y. Scrivere la matrice di Jones della lamina nel sistema di riferimento xy, e calcolare la frazione di potenza trasmessa dal polarizzatore.

3.12. Si consideri la sequenza di componenti formata da un polarizzatore P_1, un rotatore di Faraday che ruota di 45° in senso antiorario la direzione di polarizzazione lineare del fascio incidente, una lamina mezz'onda in calcite, ed un secondo polarizzatore P_2. Si assuma che il fascio incidente viaggi lungo y e sia polarizzato linearmente lungo x, che gli assi ottici dei due polarizzatori siano entrambi paralleli ad x, e che l'asse ottico della lamina giaccia nel piano xz. Determinare: a) l'angolo che deve essere formato dall'asse ottico della lamina con l'asse x per assicurare una trasmissione unitaria; b) la matrice di Jones della lamina nel sistema di riferimento xz.

4

Modulazione

Sommario In questo capitolo vengono descritte le tecniche di modulazione di segnali luminosi. Modulare un'onda elettromagnetica significa introdurre una variazione di ampiezza (o di fase o di stato di polarizzazione) che segua l'andamento di un campo esterno. Ad esempio, nel caso delle comunicazioni ottiche, il campo esterno è una sequenza temporale di impulsi elettrici che contengono l'informazione da trasmettere. Il processo di modulazione trasferisce l'informazione sul fascio di luce. Le tecniche di modulazione che hanno più importanza nelle applicazioni sono quelle basate su campi elettrici, ma è anche possibile utilizzare campi magnetici (come visto nel Capitolo 3) o onde acustiche. L'effetto diretto del campo elettrico esterno è quello di cambiare l'indice di rifrazione del mezzo in cui si propaga l'onda, e quindi di introdurre una variazione della fase del fascio di luce che attraversa il mezzo. È poi possibile convertire la variazione di fase in una variazione di ampiezza o di polarizzazione. Nel capitolo vengono trattati l'effetto Pockels e l'effetto Kerr, e viene anche fatto cenno ai dispositivi elettro-ottici basati su cristalli liquidi, che hanno una applicazione molto importante nella proiezione di immagini su schermi. La parte finale del capitolo è dedicata all'effetto acusto-ottico, che è utilizzato nei modulatori di ampiezza e nei deflettori.

4.1 Effetto elettro-ottico lineare

Si chiama effetto elettro-ottico la modificazione dell'indice di rifrazione di un materiale sotto l'azione di un campo elettrico esterno. Nei casi in cui la variazione dell'indice di rifrazione Δn è proporzionale al campo elettrico applicato, E', l'effetto elettro-ottico prende il nome di effetto Pockels. Se Δn risulta proporzionale al quadrato di E', l'effetto elettro-ottico prende il nome di effetto Kerr. L'effetto Pockels può verificarsi solo in materiali di tipo cristallino, mentre è assente in materiali amorfi, come i vetri ed i materiali fluidi. L'effetto Kerr può essere invece presente in ogni tipo di materiale. In questo capitolo viene trattato principalmente l'effetto Pockels, che ha un'applicazione molto importante nei modulatori di luce utilizzati nei sistemi di comunicazioni ottiche.

Come si è visto nel Cap. 3, i cristalli sono mezzi intrinsecamente anisotropi, nei quali la relazione che lega **D** ad **E** è tensoriale. Analogamente, anche la relazione tra

© Springer-Verlag Italia Srl. 2016
V. Degiorgio and I. Cristiani, *Note di fotonica*, UNITEXT for Physics,
DOI 10.1007/978-88-470-5788-3_4

P ed **E** è tensoriale:

$$P_i(\omega) = \varepsilon_o \sum_{j=1}^{3} \chi_{ij} E_j(\omega) \tag{4.1}$$

dove gli indici i, j possono assumere i valori 1,2,3. Il tensore suscettività elettrica χ_{ij} è legato al tensore costante dielettrica relativa ε_{ij} dalla relazione $\boldsymbol{\varepsilon} = 1 + \boldsymbol{\chi}$, la quale implica che $\varepsilon_{ii} = 1 + \chi_{ii}$, e, per $i \neq j$, che $\varepsilon_{ij} = \chi_{ij}$. I due tensori ε_{ij} e χ_{ij} sono diagonali nello stesso sistema cartesiano di riferimento.

L'effetto elettro-ottico modifica l'espressione che lega **P** ad **E**, introducendo dei termini aggiuntivi che dipendono da un campo **E**′ applicato esternamente. Nel caso dell'effetto Pockels i termini aggiuntivi sono proporzionali al campo esterno:

$$P_i(\omega) = \varepsilon_o \sum_{j,k=1}^{3} (\chi_{ij} + \chi_{ijk} E'_k) E_j(\omega). \tag{4.2}$$

In un mezzo centrosimmetrico, tutte le componenti del tensore χ_{ijk} sono nulle. Infatti, si può notare che l'esistenza di componenti nonnulle implicherebbe la presenza, nell'espressione della densità di energia elettromagnetica, di termini cubici nel campo elettrico: questo significa che ci sarebbero termini che cambiano segno quando il campo elettrico cambia segno, cosa possibile solo se il materiale è privo di centro di simmetria.

Il tensore χ_{ijk} ha $3^3 = 27$ componenti, ma, siccome è simmetrico rispetto allo scambio degli indici ij, presenta solo 18 componenti indipendenti. Assegnata la classe cristallina, considerazioni di simmetria permettono di prevedere immediatamente quali delle 18 componenti sono diverse da 0.

Nella letteratura si definisce di solito come tensore elettro-ottico il tensore r_{ijk}, che è legato a χ_{ijk} dalla relazione:

$$\chi_{ijk} = -(1 + \chi_{ii})(1 + \chi_{jj}) r_{ijk}. \tag{4.3}$$

È invalso l'uso di utilizzare per r_{ijk} una notazione contratta su due indici: invece di r_{ijk} si usa r_{nk}, dove n sostituisce la coppia ij con la seguente convenzione: $n = 1,2,3,4,5,6$ corrisponde, rispettivamente, a $ij = 11,22,33,23,13,12$. Ad esempio, in notazione contratta, r_{123} diventa r_{63} e r_{333} diventa r_{33}. I valori dei coefficienti elettro-ottici r_{nk} di alcuni cristalli sono riportati in Tabella 4.1.

I cristalli che esibiscono l'effetto Pockels sono anche piezoelettrici, cioè si dilatano (o contraggono) sotto l'azione di un campo elettrico. Gli effetti piezoelettrici sono di solito trascurabili se la frequenza del campo applicato **E**′ è maggiore di qualche MHz. Fino a frequenze dell'ordine di 1 THz, la polarizzazione indotta contiene contributi associati a spostamenti sia dei nuclei che degli elettroni. Sopra a 1 THz, rimangono solo i contributi elettronici ed i coefficienti elettro-ottici diventano più piccoli. I valori riportati in Tabella 4.1 sono relativi all'intervallo di frequenze di modulazione compreso tra 1 MHz e 1 THz.

La (4.2) mostra che l'effetto elettro-ottico genera nel mezzo, in presenza del campo esterno, una suscettività effettiva (e quindi un indice di rifrazione) che dipende,

Tabella 4.1 Proprietà di alcuni cristalli elettro-ottici alla lunghezza d'onda $\lambda = 633$ nm: niobato di litio ($LiNbO_3$), niobato di potassio ($KNbO_3$), tantalato di litio ($LiTaO_3$), fosfato di-idrogenato di potassio (KH_2PO_4, di solito indicato con la sigla KDP), fosfato di-idrogenato di ammonio ($NH_4H_2PO_4$, di solito indicato con la sigla ADP)

Cristallo	Classe	Indici di rifrazione	$r(10^{-12}\, m/V)$
$LiNbO_3$	$3m$	$n_o = 2.272,\ n_e = 2.187$	$r_{33} = 30.8,\ r_{13} = 8.6$
			$r_{22} = 3.4,\ r_{51} = 28$
$KNbO_3$	$mm2$	$n_1 = 2.279,\ n_2 = 2.329$	$r_{33} = 25,\ r_{13} = 10$
		$n_3 = 2.167$	
$LiTaO_3$	$3m$	$n_o = 2.175,\ n_e = 2.180$	$r_{33} = 33,\ r_{13} = 8$
KDP	$\bar{4}2m$	$n_o = 1.51,\ n_e = 1.47$	$r_{41} = r_{52} = 8.6,\ r_{63} = 10.6$
ADP	$\bar{4}2m$	$n_o = 1.52,\ n_e = 1.48$	$r_{41} = r_{52} = 28,\ r_{63} = 8.5$

oltre che dall'ampiezza del campo applicato, dal valore delle componenti del tensore di terzo ordine χ_{ijk}.

Da un punto di vista generale, la propagazione di un'onda elettromagnetica nel cristallo sottoposto al campo $\mathbf{E}'$ può essere trattata inserendo la (4.2) nell'equazione delle onde (3.7). Si dimostra che l'effetto Pockels modifica l'ellissoide degli indici (introdotto nella Sezione 3.5), cambiando sia la direzione degli assi dielettrici che la lunghezza dei semiassi. La (3.120) acquista dei nuovi termini, e assume la seguente forma:

$$
\left(\frac{1}{n_1{}^2} + a_1 \right) x^2 + \left(\frac{1}{n_2{}^2} + a_2 \right) y^2 + \left(\frac{1}{n_3{}^2} + a_3 \right) z^2
$$
$$
+ 2a_4 yz + 2a_5 xz + 2a_6 xy = 1 \tag{4.4}
$$

dove i coefficienti a_n sono definiti come:

$$
a_n = \sum_{k=1}^{3} r_{nk} E_k'. \tag{4.5}
$$

Considerando, a titolo di esempio, il cristallo di KDP, nel quale il tensore r_{nk} ha solo tre componenti nonnulle, la (4.4) diventa:

$$
\frac{x^2}{n_o{}^2} + \frac{y^2}{n_o{}^2} + \frac{z^2}{n_e{}^2} + 2r_{41}E_1'yz + 2r_{52}E_2'xz + 2r_{63}E_3'yz = 1. \tag{4.6}
$$

Conoscendo direzione e lunghezza dei semiassi del nuovo ellissoide degli indici, si può trattare qualunque problema di propagazione nel mezzo. I casi di interesse pratico che verranno discussi nelle sezioni seguenti sono relativamente semplici, perché riguardano situazioni nelle quali $\mathbf{E}'$ è diretto lungo l'asse ottico z e la direzione di propagazione del fascio di luce coincide con uno degli assi principali del cristallo.

4.1.1 Modulazione di fase

L'effetto Pockels può essere utilizzato per modulare la fase di un segnale luminoso. Per questo tipo di applicazione l'onda luminosa che si propaga nel cristallo deve essere polarizzata linearmente lungo una direzione principale del cristallo sottoposto al campo esterno, in modo tale che il suo stato di polarizzazione non cambi durante la propagazione. E' utile svolgere la trattazione considerando due situazioni specifiche, relative a due tipi diversi di cristallo elettro-ottico.

Modulazione basata sul coefficiente r_{33}. Il cristallo che si utilizza normalmente è quello di niobato di litio, che presenta un elevato coefficiente r_{33}, come si vede dalla Tabella 4.1. Il campo elettrico $\mathbf{E}'$ viene applicato al cristallo nella direzione dell'asse ottico (asse z). Il fascio di luce si propaga nella direzione dell'asse x (o, equivalentemente, dell'asse y), ed è polarizzato linearmente lungo l'asse z. In assenza di campo esterno, il fascio di luce vede l'indice di rifrazione straordinario $n_e = \sqrt{1 + \chi_{33}}$. Si ricordi che la terna di assi di riferimento non è scelta arbitrariamente, ma è quella che diagonalizza ε_{ij}.

L'unica componente nonnulla di $\mathbf{P}$ è quella lungo z:

$$P_3 = \varepsilon_o(\chi_{33} + \chi_{333}E_3')E_3 = \varepsilon_o(\chi_{33} - n_e^4 r_{33}E_3')E_3. \tag{4.7}$$

Si vede che, in seguito all'applicazione di E_3', compare un termine aggiuntivo nella suscettività elettrica. Il nuovo indice di rifrazione straordinario, n_e', è:

$$n_e' = \sqrt{1 + \chi_{33} - n_e^4 r_{33}E_3'} \approx n_e - \frac{r_{33}n_e^3 E_3'}{2} \tag{4.8}$$

dove, poiché $n_e^4 r_{33}E_3'$ è normalmente molto piccolo rispetto a $1 + \chi_{33}$, l'espressione approssimata è stata ottenuta estraendo n_e, sviluppando in serie la radice e troncando lo sviluppo al primo ordine.

Assumendo che il cristallo abbia lunghezza L, lo sfasamento addizionale che nasce a causa dell'effetto Pockels è dato da:

$$\Delta\phi = 2\pi(n_e' - n_e)\frac{L}{\lambda} = -2\pi\frac{r_{33}n_e^3 E_3'}{2}\frac{L}{\lambda}. \tag{4.9}$$

Si noti che, se L è dell'ordine dei centimetri e λ dei micrometri, il rapporto L/λ è dell'ordine di 10^4. È perciò sufficiente generare una variazione di indice di rifrazione di 10^{-4} per ottenere sfasamenti $\Delta\phi$ dell'ordine di 1 radiante.

Il modulatore di fase usa un cristallo di niobato di litio a forma di parallelepipedo, con gli spigoli paralleli agli assi principali. Una differenza di potenziale V applicata lungo z induce un campo elettrico $E' = V/d$, dove d è lo spessore del cristallo. Chiamando $E_o cos(\omega_o t)$ il campo elettrico dell'onda incidente e assumendo, per semplicità, che la tensione applicata oscilli alla frequenza angolare ω_m, $V(t) = V_o sin(\omega_m t)$, il campo elettrico dell'onda che ha viaggiato per un cammino L nel cristallo è dato da:

$$E(t) = E_o cos\left\{\omega_o t - \frac{2\pi}{\lambda}\left[n_e - \frac{r_{33}n_e^3}{2d}V_o sin(\omega_m t)\right]L\right\}. \tag{4.10}$$

La (4.10) descrive un'onda con frequenza angolare ω_o, modulata in fase alla frequenza angolare ω_m.

Modulazione basata sul coefficiente r_{63}. Per allargare la casistica sulle tecniche di modulazione elettro-ottica, si discute qui il caso in cui il coefficiente elettro-ottico utilizzato r_{nk} abbia due indici diversi, $n \neq k$, come avviene, ad esempio, con il cristallo di KDP. Considerando un cristallo KDP a cui venga applicato un campo esterno diretto lungo l'asse ottico z, le componenti di **P** che si ricavano dalla (4.2), ricordando che $\chi_{123} = \chi_{213}$, sono le seguenti:

$$P_1 = \varepsilon_o(\chi_{11}E_1 + \chi_{123}E_3'E_2)$$
$$P_2 = \varepsilon_o(\chi_{11}E_2 + \chi_{123}E_3'E_1) \tag{4.11}$$
$$P_3 = \varepsilon_o\chi_{33}E_3.$$

La suscettività elettrica effettiva è quindi descritta dalla matrice:

$$\begin{pmatrix} \chi_{11} & \chi_{123}E_3' & 0 \\ \chi_{123}E_3' & \chi_{11} & 0 \\ 0 & 0 & \chi_{33} \end{pmatrix}. \tag{4.12}$$

La presenza di E_3' fa nascere, nel tensore suscettività elettrica, dei termini fuori diagonale che accoppiano P_1 con E_2 e P_2 con E_1. Per descrivere la propagazione di onde nel mezzo in presenza di E_3', bisogna diagonalizzare la matrice (4.12). Si troverà una nuova terna di assi principali x', y', z', ed una nuova terna di termini diagonali $\chi_{11}', \chi_{22}', \chi_{33}'$. Nel caso specifico considerato la diagonalizzazione è molto semplice. Si nota anzitutto dalle (4.11) che la relazione tra P_3 e E_3 non è modificata dalla presenza di E_3'. Ne consegue che z' coincide con z, il piano $x'y'$ coincide con il piano xy, e $\chi_{33}' = \chi_{33}$. Il fatto che le espressioni di P_1 e P_2 siano simmetriche rispetto allo scambio di E_1 con E_2, implica che l'angolo tra gli assi x' e x sia 45°. Il risultato della diagonalizzazione è:

$$\chi_{11}' = \chi_{11} - \chi_{123}E_3'$$
$$\chi_{22}' = \chi_{11} + \chi_{123}E_3'. \tag{4.13}$$

Le (4.13) mostrano che il mezzo ha perso la simmetria di rotazione attorno all'asse z, perché $\chi'_{11} \neq \chi'_{22}$. I nuovi indici di rifrazione sono:

$$n'_1 = \sqrt{1 + \chi'_{11}} \approx n_o \left(1 + \frac{n_o^2 r_{63} E'_3}{2} \right)$$

$$n'_2 = \sqrt{1 + \chi'_{22}} \approx n_o \left(1 - \frac{n_o^2 r_{63} E'_3}{2} \right) \tag{4.14}$$

dove si è posto $\chi_{123} = -n_o^4 r_{63}$, e si è assunto che $\chi_{123} E'_3 \ll 1 + \chi_{11}$.

Uno schema di modulatore che sfrutta l'effetto elettro-ottico nel KDP è mostrato nella Fig. 4.1. Il cristallo di KDP è un parallelepipedo con lati diretti secondo x',y',z. Il campo esterno $\mathbf{E'}$ è diretto lungo l'asse ottico (asse z), e l'onda che si vuole modulare si propaga nella direzione z ed è polarizzata linearmente lungo x'. Il campo elettrico dell'onda incidente è: $E_{x'} = E_o \cos(\omega_o t - kz)$. L'onda coincide con un modo di propagazione nel cristallo, e perciò si propaga mantenendo invariata la sua polarizzazione. Assumendo che $E'_3 = E'_o \sin(\omega_m t)$, e ponendo l'origine dell'asse z all'ingresso nel cristallo, il campo elettrico dell'onda uscente è:

$$E_{x'} = E_o \cos \left\{ \omega_o t - \frac{2\pi}{\lambda} \left[n_o + \frac{n_o^3}{2} r_{63} E'_o \sin(\omega_m t) \right] L \right\}. \tag{4.15}$$

La (4.15) ha la stessa forma della (4.10), perciò i due schemi sono concettualmente equivalenti. In pratica il primo schema può funzionare con tensioni applicate molto più basse sfruttando valori piccoli del rapporto d/L. Si noti anche che la modulazione longitudinale richiede degli elettrodi trasparenti perché essi devono essere attraversati dal fascio di luce: occorre quindi depositare con tecniche di evaporazione uno strato sottile di materiale semiconduttore, che non assorba l'onda elettromagnetica.

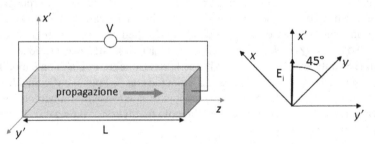

Fig. 4.1 Modulatore di fase basato su di un cristallo KDP e schema della polarizzazione dell'onda elettromagnetica che si propaga nel cristallo

4.1.2 Modulazione di ampiezza

La modulazione di fase può essere convertita in modulazione di ampiezza utilizzando uno schema interferometrico oppure una variazione di birifrangenza.

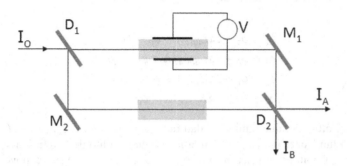

Fig. 4.2 Modulatore basato sull'interferometro di Mach-Zehnder

Modulatore di tipo interferometrico. Si consideri l'interferometro di Mach-Zehnder mostrato in Fig. 4.2, che presenta nei due rami cristalli identici di niobato di litio aventi lunghezza L. M_1 e M_2 sono due specchi totalmente riflettenti, D_1 e D_2 sono due divisori di fascio 50/50. Il fascio laser viene diviso in due parti uguali, che vengono fatte interferire dopo che una delle due ha subito lo sfasamento dovuto all'effetto Pockels. Se i cammini ottici corrispondenti ai due bracci dell'interferometro sono identici, i due contributi che compaiono all'uscita A sono in fase e quindi si sommano ricostituendo il segnale di ingresso, mentre i due contributi che compaiono all'uscita B sono in opposizione di fase, e quindi si annullano. La situazione si inverte se viene applicato ad uno dei cristalli di niobato di litio (si è supposto che sia quello del ramo superiore dell'interferometro) un campo elettrico che genera, per effetto Pockels, uno sfasamento addizionale pari a π: ora la potenza uscente da A si annulla, mentre quella uscente da B diventa coincidente con la potenza di ingresso dell'interferometro (a meno di eventuali perdite).

Il calcolo dell'andamento delle intensità di uscita I_A e I_B in funzione di E_3' deve essere svolto tenendo conto del fatto che il campo elettrico dell'onda presente all'uscita A (o B) è la somma di due contributi che hanno fatto percorsi diversi. Sia $E_o cos(\omega_o t)$ il campo elettrico dell'onda incidente su D_1. Siano, rispettivamente, ϕ_τ e ϕ_ρ gli sfasamenti introdotti da D_1 e D_2 in trasmissione ed in riflessione, e ϕ_M lo sfasamento dovuto alla riflessione su M_1 e M_2. Il campo associato alle onde che si presentano, rispettivamente, alle uscite A e B è dato da:

$$E_A = \frac{E_o}{2}[cos(\omega_o t - \phi_1) + cos(\omega_o t - \phi_2)]$$

$$E_B = \frac{E_o}{2}[cos(\omega_o t - \phi_3) + cos(\omega_o t - \phi_4)]$$

(4.16)

Gli sfasamenti che compaiono nelle (4.16) sono dati da:

$$\phi_1 = \phi_\tau + 2\pi L_{up}/\lambda + \phi_\rho + \phi_M$$
$$\phi_2 = \phi_\rho + 2\pi L_{down}/\lambda + \phi_\tau + \phi_M$$
$$\phi_3 = \phi_\tau + 2\pi L_{up}/\lambda + \phi_\tau + \phi_M$$
$$\phi_4 = \phi_\rho + 2\pi L_{down}/\lambda + \phi_\rho + \phi_M.$$

(4.17)

I cammini ottici dei due rami sono dati da: $L_{up} = n'_e L + L_o$, $L_{down} = n_e L + L_o$, dove L_o è la lunghezza del cammino in aria. Tenendo conto della relazione (3.56) dimostrata nel Capitolo 3, si ricava: $\phi_1 - \phi_2 = \Delta\phi$, e $\phi_3 - \phi_4 = \Delta\phi - \pi$, dove $\Delta\phi$ è dato dalla (4.9).

L'intensità I_A (I_B) presente all'uscita A (B) è proporzionale al quadrato di E_A (E_B). Ricordando che:

$$cos\alpha + cos\beta = 2cos\left(\frac{\alpha+\beta}{2}\right)cos\left(\frac{\alpha-\beta}{2}\right)$$

si trova:

$$I_A = I_o cos^2\left(\frac{\phi_1 - \phi_2}{2}\right) = I_o cos^2\left(\frac{\Delta\phi}{2}\right),$$

(4.18)

e

$$I_B = I_o cos^2\left(\frac{\phi_3 - \phi_4}{2}\right) = I_o sin^2\left(\frac{\Delta\phi}{2}\right).$$

(4.19)

Quindi, se $\Delta\phi = 0$, tutta l'intensità entrante I_o esce da A, se $\Delta\phi = \pm\pi$, l'intensità viene tutta trasferita sull'uscita B. Se d è lo spessore del cristallo nella direzione z, e $V = E'_3 d$ la tensione applicata al cristallo, utilizzando la (4.9) si ricava che la tensione occorrente per produrre uno sfasamento uguale a π è:

$$V_\pi = \frac{\lambda d}{r_{33} L n_e^3}.$$

(4.20)

Disponendo di un generatore di tensione commutabile tra 0 e V_π, si può quindi realizzare un interruttore elettro-ottico, cioè un dispositivo che lascia o non lascia passare il fascio di luce a seconda del valore del segnale elettrico di comando.

Se la tensione applicata varia invece in modo continuo, ad esempio sinusoidale, $V = V_m sin(\omega_m t)$, il dispositivo si comporta come un classico modulatore di ampiezza, che però presenta un segnale di uscita I_B che non è linearmente dipendente dalla tensione di modulazione. Per ovviare a questo inconveniente si può aggiungere una tensione costante, detta tensione di polarizzazione, che sposta il punto di lavoro del dispositivo nella zona lineare (almeno per piccoli segnali modulanti) corrispondente al punto di flesso della funzione I_B, come mostrato in Fig. 4.3. La tensione applicata è, in quest'ultima situazione, $V = V_{\pi/2} + V_m \sin(\omega_m t)$, dove $V_{\pi/2} = V_\pi/2$. Utilizzando la (4.19), il rapporto I_B/I_o diventa:

$$\frac{I_B}{I_o} = \sin^2 \left[\frac{\pi}{4} + \frac{\pi V_m \sin(\omega_m t)}{2V_\pi} \right]. \tag{4.21}$$

Se $\pi V_m/V_\pi \ll 1$, la (4.21) può essere approssimata come:

$$\frac{I_B}{I_o} = \frac{1}{2} \left\{ 1 + 2\sin \left[\frac{\pi V_m \sin(\omega_m t)}{2V_\pi} \right] \right\} \approx \frac{1}{2} \left[1 + \frac{\pi V_m \sin(\omega_m t)}{V_\pi} \right]. \tag{4.22}$$

La (4.22) è una relazione lineare tra la tensione applicata e l'intensità di uscita. La modulazione digitale utilizzata nelle comunicazioni ottiche opera proprio attorno al punto di flesso della curva che descrive l'andamento di I_B in funzione di V. In questo caso al posto del segnale sinusoidale si applica una sequenza di impulsi che corrisponde al segnale binario che si vuole trasmettere.

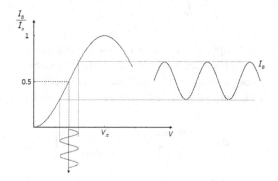

Fig. 4.3 Schema di modulazione basato sull'interferometro di Mach-Zehnder

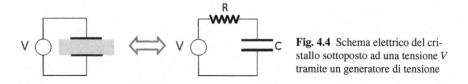

Fig. 4.4 Schema elettrico del cristallo sottoposto ad una tensione V tramite un generatore di tensione

L'effetto Pockels può avere un tempo di risposta intrinseco inferiore a 10^{-11} s. Ciò che limita la rapidità del dispositivo sono gli aspetti di tipo elettrico, come schematizzato nella Fig. 4.4: il cristallo si comporta come un condensatore di capacità

$C = \varepsilon_o \varepsilon_r A / d$, dove A è l'area della faccia su cui si applica la tensione. Se R è la resistenza elettrica attraverso cui il condensatore si carica (o si scarica) e ω_m è la frequenza di modulazione, è evidente che, se $R \gg (\omega_m C)^{-1}$, la maggior parte della tensione di modulazione cade su R e non sul cristallo. Quindi il dispositivo presenta una frequenza di taglio che è dell'ordine di $(RC)^{-1}$. Vedendo la situazione nel dominio del tempo, questo vuol dire che il tempo di risposta è $\tau = RC$, cioè non possiamo creare impulsi di tensione più corti di τ. In pratica, si può avere $\tau \geq 1$ ns.

Per migliorare la velocità di risposta del modulatore si aggiunge, in parallelo al cristallo, un'induttanza L_o e una resistenza di carico R_c tali che: $\omega_m^2 = (L_o C)^{-1}$ e $R_c \gg R$. In condizioni di risonanza, la resistenza del parallelo $R_c L_o C$ vale semplicemente R_c, e quindi la tensione applicata cade quasi tutta sul cristallo. Bisogna però ricordare che il circuito risonante ha una larghezza di banda finita, cioè la sua impedenza rimane alta su un limitato intervallo di frequenza $\Delta v = (2\pi R_c C)^{-1}$ centrato attorno a v_m.

Un'altra causa di limitazione della velocità di risposta del modulatore nasce dal requisito che il tempo impiegato dall'onda elettromagnetica ad attraversare il cristallo sia piccolo rispetto al periodo di modulazione $T_m = 2\pi / \omega_m$. Infatti la (4.9) dovrebbe essere scritta più in generale come:

$$\Delta\phi = -\frac{2\pi r_{33} n_e^3}{2\lambda} \int_0^L E_3' dz = -\frac{\omega r_{33} n_e^2}{2} \int_t^{t+\tau_d} E_3'(t') dt' \qquad (4.23)$$

dove $\tau_d = L n_e / c$ è il tempo di transito attraverso il cristallo, e $E_3'(t')$ è il valore istantaneo del campo elettrico applicato. Nel secondo integrale si è sostituita all'integrazione spaziale quella temporale, utilizzando la considerazione che l'onda che entra nel cristallo all'istante t ne esce all'istante $t + \tau_d$. Ponendo $E_3' = E_o' \sin(\omega_m t)$, si ricava:

$$\Delta\phi = -\frac{\omega r_{33} n_e^2 \tau_d E_o'}{2} \left[\frac{\sin(\omega_m \tau_d)}{\omega_m \tau_d} \right]. \qquad (4.24)$$

Nel limite $\omega_m \tau_d \to 0$, la (4.24) coincide con la (4.9). Se si definisce come massima frequenza di modulazione utilizzabile, v_{max}, quella per cui $\omega_m \tau_d = \pi/2$, si ottiene: $v_{max} = c/(4 L n_e)$. Usando un cristallo di niobato di litio di lunghezza $L = 1$ cm, si ottiene: $v_{max} = 3$ GHz.

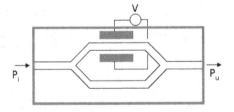

Fig. 4.5 Modulatore Mach-Zehnder a guida d'onda

I modulatori a niobato di litio attualmente utilizzati nei sistemi di comunicazioni ottiche sono dei dispositivi integrati nei quali i fasci di luce si propagano in guida d'onda, come mostrato nella Fig. 4.5. Nel niobato di litio le guide vengono realizzate drogando il materiale in modo tale da aumentare lievemente il valore di n_e rispetto a quello del cristallo puro. La dimensione trasversale della guida è molto piccola, tipicamente $d = 5$ μm, il che permette di pilotare il modulatore con tensioni V_π dell'ordine di 1 V, come si può calcolare dalla (4.20) assumendo che la guida abbia lunghezza di qualche centimetro. La tensione viene applicata utilizzando elettrodi a onda viaggiante che si comportano come una linea di trasmissione a microonde, appositamente progettata in modo che la velocità di propagazione dell'onda ottica e quella del campo elettrico modulante siano uguali. In questo caso, non esistendo più alcuna limitazione associata al tempo di transito, si possono ottenere frequenze di modulazione di parecchie diecine di GHz.

Modulazione basata sulla variazione di birifrangenza. Per realizzare una modulazione di ampiezza basata sul coefficiente r_{63}, $\mathbf{E}'$ è diretto lungo l'asse ottico z, e l'onda che si propaga lungo l'asse z deve essere polarizzata linearmente lungo x (Fig. 4.6). Per trattare la propagazione nel cristallo in presenza di E_3' l'onda viene scomposta in due componenti polarizzate, rispettivamente, lungo x' e y', Le due componenti viaggiano a velocità diverse, e, dopo aver attraversato il cristallo, presentano uno sfasamento relativo

$$\Delta\phi = \phi_{x'} - \phi_{y'} = \frac{2\pi n_o^3 r_{63} V}{\lambda} \tag{4.25}$$

dove $V = LE_3'$ è la differenza di potenziale applicata al cristallo. Il campo in uscita, risultante dalla sovrapposizione delle due componenti, ha quindi una polarizzazione ellittica: se V dipende dal tempo, è stato realizzato un modulatore di polarizzazione. Questo fatto è interessante perché, con l'aggiunta di un polarizzatore posto dopo il cristallo, il modulatore di polarizzazione può essere trasformato facilmente in un modulatore di ampiezza, come mostrato in Fig. 4.6. Se l'onda incidente sul cristallo è descritta da: $E_x = E_o \cos(\omega_o t - kz)$, all'uscita dal cristallo si ha:

$$E_{x'} = \frac{E_o}{\sqrt{2}} \cos(\omega_o t - \phi_{x'}) \; ; \quad E_{y'} = \frac{E_o}{\sqrt{2}} \cos(\omega_o t - \phi_{y'}). \tag{4.26}$$

Se il polarizzatore in uscita è incrociato con la polarizzazione entrante, cioè se lascia passare la polarizzazione lineare diretta secondo y, è chiaro che esiste un fascio trasmesso solo se il campo esterno è nonnullo. Per calcolare il campo elettrico del fascio trasmesso in presenza del polarizzatore occorre sommare le proiezioni di $E_{x'}$ e $E_{y'}$ sull'asse y:

$$\begin{aligned} E_y &= (E_o/2)[\cos(\omega_o t - \phi_{y'}) - \cos(\omega_o t - \phi_{x'})] \\ &= E_o \sin(\omega_o t - \phi_o)\sin(\Delta\phi/2) \end{aligned} \tag{4.27}$$

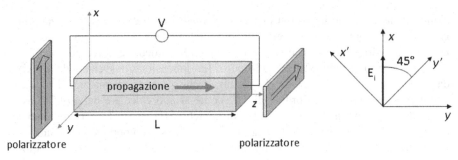

Fig. 4.6 Modulatore di ampiezza in KDP

dove $\phi_o = (\phi_{x'} + \phi_{y'})/2$. Il rapporto fra l'intensità uscente e quella entrante è:

$$\frac{I_u}{I_o} = \sin^2\left(\frac{\Delta\phi}{2}\right) = \sin^2\left(\frac{\pi V}{2V_\pi}\right) \tag{4.28}$$

dove

$$V_\pi = \frac{\lambda}{2r_{63}n_o{}^3} \tag{4.29}$$

è la differenza di potenziale che produce uno sfasamento relativo $\Delta\phi = \pi$.

La (4.28) è identica alla (4.19), quindi i due tipi di modulatore sono concettualmente equivalenti. Se però si paragona la (4.29) con la (4.20), si vede che c'è una differenza molto importante tra le due formule. Nel caso in cui $\mathbf{E}'$ è applicato trasversalmente, V_π è proporzionale al rapporto d/L. Per il modulatore a Mach-Zehnder in guida d'onda, tale rapporto è dell'ordine di 10^{-4}, quindi, se la tensione di pilotaggio è dell'ordine di 1 V per il modulatore di Fig. 4.5, il modulatore di Fig. 4.6 richiede tensioni dell'ordine di 10 kV.

È istruttivo discutere il modulatore di Fig. 4.6 utilizzando il formalismo delle matrici di Jones. Se $\mathbf{V_i}$ è il vettore di Jones dell'onda entrante e $\mathbf{V_u}$ quello dell'onda uscente, se $\mathbf{T_1}, \mathbf{T_2}, \mathbf{T_3}$, sono le matrici corrispondenti, rispettivamente, al polarizzatore di ingresso, al cristallo elettro-ottico ed al polarizzatore di uscita, il vettore di Jones del segnale di uscita è dato da:

$$\begin{aligned}
\mathbf{V_u} &= \mathbf{T_3 T_2 T_1 V_i} \\
&= \begin{pmatrix} 0 & 0 \\ 0 & 1 \end{pmatrix} \begin{pmatrix} (\exp(-i\Delta\phi)+1)/2 & (\exp(-i\Delta\phi)-1)/2 \\ (\exp(-i\Delta\phi)-1)/2 & (\exp(-i\Delta\phi)+1)/2 \end{pmatrix} \begin{pmatrix} 1 & 0 \\ 0 & 0 \end{pmatrix} \begin{pmatrix} 1 \\ 0 \end{pmatrix} \\
&= \begin{pmatrix} 0 \\ (\exp(-i\Delta\phi)-1)/2 \end{pmatrix}.
\end{aligned} \tag{4.30}$$

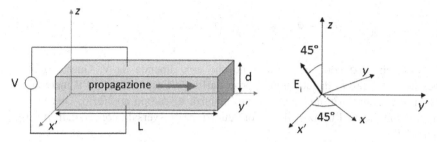

Fig. 4.7 Modulatore trasversale in KDP

Per il rapporto I_u/I_o si ottiene quindi l'espressione:

$$\frac{I_u}{I_o} = \left| \frac{\exp(-i\Delta\phi) - 1}{2} \right|^2 = \frac{1 - \cos(\Delta\phi)}{2} = \sin^2\left(\frac{\Delta\phi}{2}\right) \qquad (4.31)$$

in accordo con la (4.28).

Si consideri ora l'inserimento, dopo il cristallo elettro-ottico, di una lamina quarto d'onda avente come assi principali x' e y'. La matrice che descrive tale lamina è la seguente:

$$\mathbf{T}_2' = \begin{pmatrix} (\exp(-i\pi/2) + 1)/2 & (\exp(-i\pi/2) - 1)/2 \\ (\exp(-i\pi/2) - 1)/2 & (\exp(-i\pi/2) + 1)/2 \end{pmatrix}. \qquad (4.32)$$

Il segnale di uscita è espresso da:

$$\mathbf{V_u} = \mathbf{T_3 T_2' T_2 T_1 V_i} = \begin{pmatrix} 0 \\ (\exp(-i(\Delta\phi + \pi/2) - 1)/2 \end{pmatrix} \qquad (4.33)$$

ed il rapporto I_u/I_o è dato ora da:

$$\frac{I_u}{I_o} = \frac{1 - \cos(\Delta\phi + \pi/2)}{2} = \sin^2\left(\frac{\Delta\phi}{2} + \frac{\pi}{4}\right). \qquad (4.34)$$

Si vede che l'effetto della lamina quarto d'onda è quello di spostare il punto di lavoro del modulatore sul flesso della curva che descrive la potenza di uscita in funzione della tensione applicata. L'inserimento della lamina ha quindi un effetto equivalente a quello della tensione di polarizzazione $V_{\pi/2}$ discusso in relazione alla Fig. 4.3.

Anche nel caso del modulatore a variazione di birifrangenza si può pensare di usare una configurazione trasversa, in cui $\mathbf{E}'$ sia perpendicolare alla direzione di propagazione dell'onda luminosa (Fig. 4.7).

Considerando $\mathbf{E}'$ diretto lungo z, ed un fascio di luce che si propaga lungo y' con una polarizzazione lineare che forma un angolo di 45° con l'asse z, chiamando d lo spessore lungo z, lo sfasamento $\Delta\phi$ fra la componente polarizzata lungo x' e quella polarizzata lungo z è:

$$\Delta\phi = \phi_{x'} - \phi_z = \frac{2\pi L}{\lambda}\left(n_o - n_e + \frac{n_o{}^3 r_{63} V}{2d}\right). \tag{4.35}$$

Si vede che $\Delta\phi$ contiene un termine che non dipende da V. Questo è ovvio perché ora il fascio di luce non si propaga lungo l'asse ottico, ed il materiale si comporta come birifrangente anche in assenza di campo applicato. Questo fatto rende complicato l'utilizzo della configurazione trasversale con cristalli del tipo del *KDP*.

4.2 Effetto elettro-ottico quadratico

Nel caso dei materiali centrosimmetrici, quali cristalli cubici, solidi amorfi, liquidi e gas, l'effetto elettro-ottico, che prende il nome di effetto Kerr, produce una variazione di indice di rifrazione proporzionale al quadrato del campo applicato:

$$\Delta n = n_K E'^2, \tag{4.36}$$

dove n_K è la costante di Kerr. È utile ricordare che molti autori definiscono diversamente la costante di Kerr, introducendo la relazione $\Delta n = \lambda n'_K E'^2$, dove λ è la lunghezza d'onda del fascio di luce, e la costante n'_K ha dimensione m/V^2. In termini generali, la relazione tra **P** ed **E** assume la forma seguente:

$$P_i = \varepsilon_o\left(\sum_j \chi_{ij} E_j + \sum_{j,k,l} \chi_{ijkl} E'_k E'_l E_j\right) \tag{4.37}$$

dove il tensore χ_{ijkl} possiede $3^4 = 81$ componenti.

In presenza di effetto Kerr un materiale isotropo diventa uniassico, con asse ottico coincidente con la direzione del campo esterno **E'**. Siano χ la suscettività elettrica e $n = \sqrt{1+\chi}$ l'indice di rifrazione del materiale. Scegliendo la direzione dell'asse z coincidente con la direzione di **E'**, l'onda incidente che viaggia lungo l'asse y ed è polarizzata linearmente lungo z vede un indice di rifrazione straordinario n_e dato da:

$$n_e = n + n_K^e E'^2 \tag{4.38}$$

dove n_K^e è proporzionale a χ_{3333}. L'onda che viaggia lungo y, ma è polarizzata lungo x, vede invece l'indice di rifrazione:

$$n_o = n + n_K^o E'^2 \tag{4.39}$$

dove n_K^o è proporzionale a χ_{1133}. Le (4.38) e (4.39) mostrano che l'effetto Kerr è generalmente diverso per le due polarizzazioni.

Si possono distinguere due tipi principali di effetto Kerr, uno dovuto solo allo spostamento delle nuvole elettroniche, l'altro, presente solo in mezzi fluidi, dovuto all'orientamento di molecole anisotrope. Al primo tipo di effetto Kerr è di solito associata una piccola costante di Kerr, ma l'aspetto interessante è che i tempi di risposta sono molto brevi. Il secondo tipo di effetto Kerr può presentare costanti di Kerr molto grandi, ma i tempi di risposta sono lunghi.

In un liquido composto di molecole anisotrope, in assenza di campo elettrico le molecole sono orientate in modo completamente casuale ed il fluido è isotropo, mentre in presenza di $\mathbf{E}'$ le molecole tendono ad orientarsi parallelamente al campo, ed il fluido diviene un sistema uniassico con asse ottico coincidente con la direzione di $\mathbf{E}'$. In questo caso si trova che n_K^o ha segno opposto a n_K^e, ed ha un valore assoluto che è la metà di quello di n_K^e. L'allineamento delle molecole è tanto più forte quanto maggiore è $\mathbf{E}'$. Quando tutte le molecole sono parallele a $\mathbf{E}'$, si raggiunge un valore Δn di saturazione. Questo ragionamento mostra che la dipendenza di Δn da E' è quadratica solo al primo ordine. Ad esempio, nel caso dei cristalli liquidi si può arrivare facilmente a saturazione con campi applicati non particolarmente elevati.

Dal punto di vista dell'utilizzo in modulatori o interruttori elettro-ottici, è chiaro che molti degli schemi discussi per l'effetto Pockels possono essere applicati anche per l'effetto Kerr. I dispositivi a effetto Kerr non sono però competitivi con quelli a effetto Pockels, se si richiedono allo stesso tempo basse tensioni di pilotaggio e tempi di risposta dell'ordine del nanosecondo.

Un aspetto interessante è che, essendo l'effetto Kerr quadratico in E', esso persiste anche quando E' oscilla a frequenze ottiche. Questo è il cosiddetto effetto Kerr ottico, che può essere indotto da intensi impulsi di luce laser. In linea di principio, l'effetto Kerr ottico permetterebbe di costruire dei circuiti logici puramente ottici, con tempi di commutazione inferiori al picosecondo.

4.2.1 Modulatori a cristalli liquidi

I modulatori a cristalli liquidi sono una classe particolare di modulatori elettro-ottici che sfrutta effetti di orientamento di molecole di forma elongata.

Normalmente un materiale solido quando viene riscaldato alla temperatura di fusione diventa liquido, cioè passa da uno stato ordinato ad uno stato completamente disordinato. Esistono però particolari composti che presentano una stato intermedio fra il solido ed il liquido, detto stato liquido-cristallino, in cui le molecole possono avere un ordine orientazionale senza possedere un completo ordine traslazionale. Lo stato liquido-cristallino è fluido, anche se a viscosità elevata.

I cristalli liquidi possono presentarsi in tre diverse fasi: nematica, smettica e colesterica (Fig. 4.8). La fase nematica è costituita da molecole parallele, ma con posizione completamente casuale. Quindi le molecole possono essere allineate parallelamente (come in un cristallo), ma i loro baricentri sono in posizioni non ordinate (come in un liquido). Nella fase smettica le molecole sono parallele, e sono disposte in strati monomolecolari all'interno dei quali le posizioni dei baricentri sono disordinate: in questa fase c'è quindi ordine traslazionale in una sola dimensione, quella corrispondente alla direzione dell'asse delle molecole. La fase colesterica è una distorsione della fase nematica in cui l'orientazione delle molecole non è più uniforme lungo il campione, ma presenta una rotazione elicoidale lungo un asse.

I cristalli liquidi sono anisotropi otticamente: le fasi nematica e smettica sono birifrangenti, e la fase colesterica ha un potere rotatorio. In presenza di un campo elettrico le molecole sono sottoposte ad un momento torcente che tende ad allinearle parallelamente al campo stesso. Se si considera, ad esempio, una cella di cristallo liquido nematico di spessore d nella direzione y, con asse ottico diretto lungo z, un fascio di luce che si propaga lungo y ed è polarizzato lungo z subisce, attraversando la cella, uno sfasamento $2\pi n_e d/\lambda$. Se si applica un campo elettrico che costringe le molecole ad allinearsi lungo y, il fascio di luce diventa un'onda ordinaria, e subisce quindi uno sfasamento $2\pi n_o d/\lambda$. Ponendo $n_e - n_o = 0.1$, si vede che basta uno spessore di cristallo liquido $d = 5\lambda$ per ottenere una variazione di fase $\Delta\phi = 2\pi d(n_e - n_o)/\lambda = \pi$. È quindi possibile costruire, in analogia con la discussione delle sezioni precedenti, un modulatore a cristalli liquidi che sfrutta l'effetto di orientazione delle molecole da parte del campo elettrico.

Se uno strato di nematico viene depositato su di una lamina di vetro, le molecole

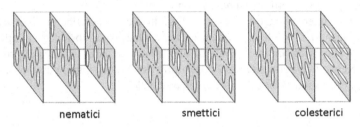

nematici   smettici   colesterici

Fig. 4.8 Cristalli liquidi

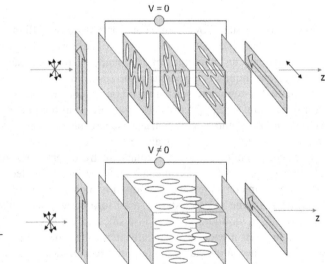

Fig. 4.9 Interruttore on-off basato su cristalli liquidi

del cristallo liquido si orientano in una direzione che giace sul piano della lamina. Lavorando opportunamente la faccia della lamina a contatto con il nematico, si può determinare esattamente la direzione lungo la quale si allineano le molecole. I modulatori comunemente usati negli schermi a cristallo liquido utilizzano una fase nematica distorta ("twisted nematic liquid crystal"). Se lo strato di nematico è racchiuso fra due lamine piane e parallele e se le due facce hanno direzioni preferenziali fra loro ortogonali, lo strato di nematico si dispone in modo da presentare una rotazione graduale dell'asse delle molecole da 0° a 90° quando ci si sposta da una lamina all'altra attraverso la cella, come mostrato nella Fig. 4.9. La fase nematica distorta così ottenuta ha lo stesso potere rotatorio di una fase colesterica. Si scelga come asse x la direzione di allineamento delle molecole sulla faccia di ingresso e come asse z la direzione perpendicolare alle facce. Se viene inviato perpendicolarmente alle facce un fascio di luce polarizzato linearmente lungo x, lo strato di cristallo liquido si comporta come un rotatore: il fascio di luce all'uscita è ancora polarizzato linearmente, ma in direzione dell'asse y. Applicando un campo elettrico abbastanza intenso nella direzione dell'asse z (naturalmente si devono usare elettrodi trasparenti!), si costringono le molecole ad orientarsi lungo l'asse z, eliminando l'effetto di rotazione della direzione di polarizzazione. Se dopo lo strato di cristallo liquido si pone un polarizzatore orientato lungo y, si ottiene un interruttore elettro-ottico (vedi la Fig. 4.9): in assenza di campo elettrico applicato il fascio di luce polarizzato lungo x viene convertito in un fascio polarizzato lungo y e viene quindi trasmesso dal polarizzatore, in presenza di campo elettrico si conserva la polarizzazione del fascio di luce che attraversa lo strato di cristallo liquido ed il fascio non viene trasmesso dal polarizzatore.

Si tratta, in generale, di modulatori pilotabili con basse tensioni, ma che hanno tempi di risposta piuttosto lunghi. Nel Capitolo 7 verrà descritta brevemente la più importante applicazione dell'effetto elettro-ottico nei cristalli liquidi, che è quella alla visualizzazione di immagini e dati sugli schermi di televisori, di telefoni cellulari, di calcolatori, e, in genere, di strumenti di misura.

4.3 Effetto acusto-ottico

In questa sezione viene discusso un metodo di modulazione basato sull'interazione fra onda elettromagnetica e onda acustica. Si chiama effetto acusto-ottico il cambiamento di indice di rifrazione che avviene in un mezzo a causa delle deformazioni meccaniche associate al passaggio di un'onda acustica. Si consideri un mezzo nel quale si propaghi un'onda elettromagnetica piana con frequenza ν_i e vettore d'onda $\mathbf{k_i}$, e si supponga che nel mezzo sia presente un'onda acustica piana con frequenza ν_s e vettore d'onda $\mathbf{k_s}$. Un'onda acustica è un'onda di pressione che genera nel mezzo una variazione periodica dell'indice di rifrazione, oscillante anch'essa a frequenza ν_s.

Qualitativamente l'effetto acusto-ottico si può descrivere nel modo seguente: l'onda acustica genera nel mezzo un reticolo di fase con passo uguale alla lun-

ghezza d'onda dell'onda acustica, come mostrato nella Fig. 4.10. Il reticolo crea un
fascio diffratto (Fig. 4.11). La lunghezza d'onda acustica è $\lambda_s = u_s/v_s$, dove u_s è la
velocità del suono nel mezzo considerato. Si assuma che $\mathbf{k_s}$ sia parallelo all'asse z,
e che $\mathbf{k_i}$ giaccia nel piano yz, formando un angolo θ con l'asse y, come mostrato in
Fig. 4.11. Trattando i fronti d'onda acustici come superfici parzialmente riflettenti,
si vede che è possibile generare un fascio diffratto solo nella direzione in cui ci sia
interferenza costruttiva fra le riflessione provenienti da tutte le superfici riflettenti.
Il ragionamento è simile a quello svolto nel caso dello specchio a strati dielettrici
multipli discusso nella Sezione 3.2.4. Chiaramente questo approccio intuitivo pre-
scrive che il fascio diffratto, se esistente, abbia un vettore d'onda $\mathbf{k_d}$ che formi un
angolo θ con l'asse y.

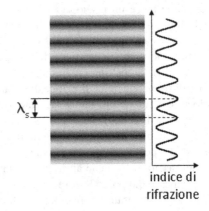

Fig. 4.10 Propagazione di un'onda
acustica

indice di
rifrazione

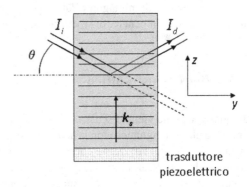

Fig. 4.11 Diffrazione acusto-ottica

trasduttore
piezoelettrico

La condizione di interferenza costruttiva è:

$$sin\theta = \frac{k_s}{2k_i} = \frac{\lambda_i}{2n\lambda_s},$$ (4.40)

dove n è l'indice di rifrazione del mezzo in cui l'onda acustica si propaga. Una volta fissati λ_i e $\mathbf{k_s}$, esisterà un fascio diffratto solo nel caso in cui la direzione del fascio di luce incidente soddisfi la (4.40).

In pratica l'sngolo di diffrazione è piccolo, come mostrato da questo esempio. Si consideri un fascio di luce a $\lambda_i = 600$ nm, ed un'onda acustica di frequenza $v_s = 100$ MHz. Ponendo $u_s = 3 \times 10^3$ m/s, si trova $\lambda_s = u_s/v_s = 30\,\mu$m. Se $n = 1.5$, dalla (4.40) si ricava $\theta = 0.4°$. Il fascio diffratto forma quindi un angolo $\alpha = 2\theta = 0.8°$ con il fascio incidente.

Poiché l'onda acustica è viaggiante, essa genera un reticolo viaggiante, quindi il fascio diffratto è spostato in frequenza rispetto al fascio incidente per effetto Doppler:

$$\Delta v_D = \frac{(\mathbf{k_d} - \mathbf{k_i}) \cdot \mathbf{u_s}}{2\pi} = v_s. \tag{4.41}$$

La descrizione matematica dell'interazione tra onda luminosa e onda acustica è affrontata in modo sintetico nella sezione seguente. Un risultato importante è che la frequenza v_d ed il vettore d'onda $\mathbf{k_d}$ del fascio diffratto soddisfano le seguenti condizioni:

$$v_d = v_i \pm v_s, \tag{4.42}$$

e

$$\mathbf{k_d} = \mathbf{k_i} \pm \mathbf{k_s}. \tag{4.43}$$

La (4.42) è essenzialmente una conferma della (4.41). La (4.43) è espressa graficamente dai triangoli nella Fig. 4.12. Le due equazioni possono essere interpretate come la descrizione dell'urto tra due quasi-particelle, il fotone incidente, con energia hv_i e quantità di moto $(h/2\pi)\mathbf{k_i}$, e il quanto di energia acustica, chiamato "fonone", con energia hv_s e quantità di moto $(h/2\pi)\mathbf{k_s}$. La scelta del segno nelle (4.42) e (4.43) dipende dalla direzione dello scambio di energia e quantità di moto. Il segno $+$ indica che un fonone viene assorbito, il segno $-$ indica che un fonone viene generato. Nella situazione ilustrata in Fig. 4.11, l'onda acustica cede energia e quantità di moto all'onda luminosa, quindi il fotone dell'onda diffratta ha energia maggiore del fotone dell'onda incidente. Se l'onda acustica è un'onda stazionaria i due fenomeni sono presenti allo stesso tempo. Nel seguito della trattazione si assumerà che valga il segno $+$.

Poiché la frequenza dell'onda acustica è inferiore di molti ordini di grandezza a quella ottica, v_d è quasi uguale a v_i. Quindi il modulo di $\mathbf{k_d}$ può essere considerato, con buona approssimazione, uguale a quello di $\mathbf{k_i}$. Di conseguenza i triangoli della Fig. 4.12 possono essere presi come isosceli, ottenendo la relazione $\sin\theta = k_s/(2k_i)$, che coincide con la (4.40).

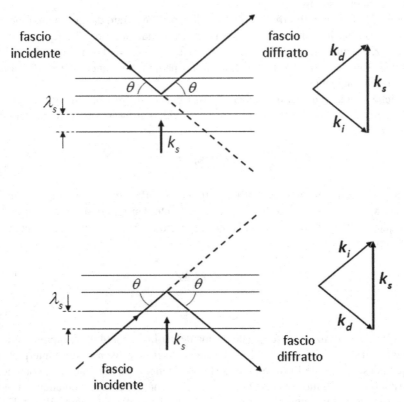

Fig. 4.12 Conservazione dei vettori d'onda in due casi. Parte superiore: il fonone è assorbito. Parte inferiore: il fonone è generato.

4.3.1 Modulazione acusto-ottica

La trattazione dell'interazione acusto-ottica si svolge in modo simile a quella dell'effetto elettro-ottico. In questa sezione si presenta l'impostazione del problema, e si mostra il risultato finale senza esporre i dettagli del calcolo.

L'onda acustica modifica la relazione tra **E** e **P** introducendo un termine che dipende dalla deformazione. La propagazione dell'onda luminosa è trattata inserendo la nuova relazione tra **E** e **P** nell'equazione delle onde, e assumendo che ci sia un solo fascio diffratto, come mostrato nella Fig. 4.11.

Il campo elettrico dell'onda piana incidente è:

$$E_i = (E_{io}/2)exp[-i(\omega_i t - \mathbf{k_i} \cdot \mathbf{r})] + c.c.$$

Anche il fascio diffratto è descritto come un'onda piana monocromatica. Il suo campo elettrico è:

$$E_d = (E_{do}/2)exp[-i(\omega_d t - \mathbf{k_d} \cdot \mathbf{r})] + c.c.$$

La definizione generale della componente S_{kl} del tensore deformazione è:

$$S_{kl} = \frac{1}{2}\left(\frac{\partial u_k}{\partial x_l} + \frac{\partial u_l}{\partial x_k}\right),$$

dove $u_k(\mathbf{r})$ ($k = 1,2,3$) è la componente cartesiana dello spostamento $\mathbf{u}(\mathbf{r})$ del punto $\mathbf{r}$ nel mezzo. L'onda acustica genera un'onda di deformazione:

$$S_{kl}(\mathbf{r},t) = \frac{1}{2}S_{kl}^o exp[-i(\omega_s t - k_s \cdot \mathbf{r})] + c.c. \tag{4.44}$$

In presenza dell'onda di deformazione la relazione tra campo elettrico e polarizzazione elettrica diventa la seguente:

$$P_i = \varepsilon_o \sum_{jkl=1}^{3} \left(\chi_{ij} + f_{ijkl}S_{kl}\right) E_j, \tag{4.45}$$

dove f_{ijkl} è il tensore acusto-ottico. È anche utile introdurre il tensore fotoelastico, p_{ijkl}, che è legato a f_{ijkl} dalla:

$$f_{ijkl} = -(1 + \chi_{ii})(1 + \chi_{jj})p_{ijkl}.$$

Limitando la discussione ai mezzi isotropi. i tensori diventano delle quantità scalari, la relazione tra parametro acusto-ottico e parametro fotoacustico diventa semplicemente: $f = -n^4 p$. Di conseguenza, invece della (4.45), si usa l'espressione:

$$\mathbf{P} = \varepsilon_o[\chi - n^4 pS(\mathbf{r},t)]\mathbf{E}, \tag{4.46}$$

dove $S(\mathbf{r},t) = S_o exp[-i(\omega_s t - k_s \cdot \mathbf{r})]$ è l'onda di deformazione. La trattazione viene svolta in regime stazionario, perciò E_{io} e E_{do} sono indipendenti dal tempo. L'ampiezza dell'onda incidente decresce durante la propagazione perché parte della sua energia è trasferita all'onda diffratta, mentre l'ampiezza E_{do} aumenta durante la propagazione. In linea di principio anche l'ampiezza dell'onda acustica è modificata dall'interazione. In tutti i casi di interesse pratico la variazione di potenza acustica può essere però trascurata.

Dopo aver imposto le condizioni iniziali $E_{io}(0) = E_o$ e $E_{do}(0) = 0$, si ottengono dalla trattazione i seguenti andamenti in funzione di y:

$$\begin{aligned}E_{io}(y) &= E_o cos(hycos\theta)\\E_{do}(y) &= iE_o sin(hycos\theta),\end{aligned} \tag{4.47}$$

dove:

$$h = \frac{\pi p n^3}{2\lambda_i} S_o. \tag{4.48}$$

Chiamando L la lunghezza del cammino nel mezzo, il risultato finale è che il rapporto tra intensità diffratta e intensità incidente è dato da:

$$\frac{I_d}{I_o} = sin^2 \left(\frac{\pi n^3 p S_o L}{2\lambda_i} \right) \tag{4.49}$$

Il comportamento oscillante dell'intensità diffratta in funzione di L ha la seguente spiegazione. L'onda incidente trasferisce potenza all'onda diffratta finché è completamente estinta. Ma l'onda diffratta, a sua volta, genera un'onda diffratta secondaria che ha esattamente le stesse caratteristiche dell'onda incidente. Il risultato è che durante la propagazione c'è un continuo scambio di potenza tra le due onde, mentre la somma delle due potenze rimane costante.

Usando S_o come segnale modulante, si può quindi ottenere una modulazione acusto-ottica di ampiezza. Siccome il parametro che si può controllare sperimentalmente è l'intensità I_s dell'onda acustica, è meglio far comparire I_s nell'espressione dell'intensità diffratta. Ricordando che:

$$S_o = \sqrt{\frac{2I_s}{\rho_m u_s^3}}, \tag{4.50}$$

dove ρ_m è la densità del mezzo, e definendo una figura di merito, M, che riassume tutte le proprietà del mezzo:

$$M = \frac{n^6 p^2}{\rho_m u_s^3}, \tag{4.51}$$

la (4.49) diventa:

$$\frac{I_d}{I_o} = sin^2 \left(\frac{\pi L}{\sqrt{2}\,\lambda_i} \sqrt{M I_s} \right) \tag{4.52}$$

Si consideri un esempio numerico: usando l'acqua come materiale acusto-ottico, si ha $n = 1.33$, $p = 0.31$, $u_s = 1500$ m/s, $\rho_m = 1000$ kg/m^3. Si ottiene il valore: $M = 1.58 \times 10^{-13}$,m^2/W. Se la potenza acustica è 1 W e incide su una sezione di 1 mm $\times$ 1 mm, $L = 1$ mm e $\lambda_i = 0.6$ µm, si trova: $I_d/I_i = 0.97$. Questo esempio mostra che si possono ottenere effetti molto grandi usando potenze acustiche modeste.

Uno dei materiali acusto-ottici più utilizzati nei modulatori disponibili commercialmente è il biossido di tellurio TeO_2, che è trasparente in un ampio intervallo di lunghezze d'onda ($400 - 4000$ nm) ed ha una figura di merito $M = 34 \times 10^{-15}$ m^2/W.

Per avere la possibilità di separare facilmente il fascio diffratto dal fascio incidente l'angolo di diffrazione θ non deve essere troppo piccolo. In ogni caso, deve essere molto maggiore dell'angolo di divergenza θ_o del fascio di luce incidente. Sic-

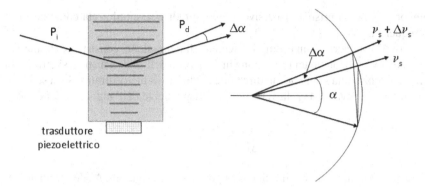

Fig. 4.13 Deflessione acusto-ottica

come θ cresce con la frequenza dell'onda acustica, come mostrato dalla (4.40), il criterio $\theta \gg \theta_o$ impone un limite inferiore alla frequenza dell'onda acustica.

Una cella acusto-ottica può funzionare come interruttore ottico per l'operazione di Q-switching. In presenza dell'onda acustica una frazione significativa della potenza luminosa viene diffratta fuori dalla cavità, aumentando le perdite e mantenendo quindi il laser sotto soglia. Azzerando istantaneamente la tensione ai capi del trasduttore piezoelettrico, l'onda acustica scompare, e può partire l'azione laser generando l'impulso di Q-switching. L'inserimento in cavità di una cella acusto-ottica nella quale sia presente un'onda acustica stazionaria può produrre il funzionamento di mode-locking. Infatti se l'ampiezza dell'onda stazionaria oscilla alla frequenza $\Delta v = c/(2L')$, la cella si comporta come un modulatore di ampiezza che forza il laser ad operare in regime di mode-locking.

4.3.2 Deflessione acusto-ottica

L'effetto acusto-ottico può essere utilizzato per deflettere un fascio luminoso. Le deflessione è richiesta nelle operazioni di scrittura e di lettura con fasci laser, come nel caso delle memorie ottiche o della lettura dei codici a barre. Naturalmente, se non sono necessarie velocità di scansione elevate, si può ricorrere ad un movimento meccanico, deflettendo il fascio laser con uno specchio ruotante o traslando la memoria da leggere. Se però occorrono tempi di accesso e di lettura rapidi, bisogna evitare sistemi con parti in movimento, ed utilizzare effetti quali l'effetto acusto-ottico.

Come visto nella sezione precedente, l'angolo tra fascio incidente e fascio diffratto è $\alpha = 2\theta$, dove θ è ricavato dalla (4.40). Per piccoli valori di θ si può confondere $\sin\theta$ con θ, ottenendo:

$$\alpha = 2\theta \approx \frac{\lambda_i}{n\lambda_s} = \frac{\lambda_i}{nu_s}v_s. \tag{4.53}$$

Si noti, incidentalmente, che, poiché α dipende da λ_i, la cella acusto-ottica si comporta come un prisma dispersivo, e può quindi essere utilizzata come un filtro in frequenza.

La (4.53) suggerisce una semplice tecnica di deflessione, consistente in una variazione di v_s. Operando una scansione in frequenza dell'onda acustica, si ottiene, in corrispondenza, una scansione in direzione del fascio di luce diffratto. Se la scansione copre un intervallo Δv_s, la variazione corrispondente dell'angolo di deflessione è:

$$\Delta \alpha = \frac{\lambda_i}{nu_s} \Delta v_s. \tag{4.54}$$

La quantità importante è il numero di posizioni distinguibili, N, determinato dal rapporto tra $\Delta \alpha$ e l'angolo di divergenza. $\theta_o = \lambda_i/(\pi w)$, dove w è il raggio del fascio Gaussiano. Si ottiene:

$$N = \frac{\Delta \alpha}{\theta_o} = \Delta v_s \tau, \tag{4.55}$$

dove $\tau = w/u_s$ è il tempo impiegato dall'onda acustica per attraversare il fascio di luce. Ad esempio, se $u_s = 1500 \; m/s$ (acqua), $w = 5 \; mm$, v_s varia da 80 a 125 MHz ($\Delta v_s = 45 \; MHz$), si trova: $N = 150$.

C'è un aspetto concettuale che utile discutere. Si è visto che, quando $\mathbf{k_i}$ e la direzione di $\mathbf{k_s}$ sono fissati, la relazione (4.43), che corrisponde alla chiusura dei triangoli di Fig. 4.12, non permette alcun grado di libertà: c'è una sola frequenza acustica che può generare un fascio diffratto. Questo vorrebbe dire che non ci sarà diffrazione durante la scansione della frequenza acustica, se non nell'istante in cui la (4.43) è soddisfatta. Come si può superare questa contraddizione? Occorre che nell'esperimento di deflessione l'onda acustica non possa essere considerata come un'onda piana, ma contenga uno sparpagliamento di direzione del vettore d'onda $\mathbf{k_s}$, come mostrato in Fig. 4.13. In questo caso, mentre v_s cambia, rimane sempre possibile chiudere il triangolo dei vettori d'onda sfruttando diverse componenti dell'onda acustica.

Esercizi

4.1. Si consideri il modulatore di ampiezza di Fig. 4.2. Si assuma che il cristallo elettro-ottico sia niobato di litio, abbia lunghezza $L = 6$ cm, e spessore $d = 40$ μm, Si assuma anche che il segnale da modulare abbia lunghezza d'onda $\lambda = 1530$ nm, e che I_B sia nulla quando non ci sia tensione applicata al cristallo del ramo superiore. Calcolare: a) la tensione V_π necessaria per avere trasmissione del 100% sull'uscita B; b) la massima frequenza di modulazione permessa dalla condizione che il tempo di transito del fascio di luce attraverso il cristallo sia un quinto del periodo di modulazione.

4.2. Si consideri il modulatore elettro-ottico di Fig.4.2, in cui il cristallo sia di tantalato di litio, abbia lunghezza $L = 4$ cm e spessore $d = 40$ μm, e la lunghezza d'onda di operazione sia $\lambda = 1550$ nm. Assumendo che la tensione applicata al cristallo sia la somma di una tensione statica V_o e di una tensione modulante V_1, calcolare: a) il valore di V_o necessario per portare il modulatore in regime lineare; b) il valore massimo che V_1 può assumere senza infrangere la condizione che I_B rimanga inferiore al 75% dell'intensità di ingresso nell'interferometro.

4.3. Un fascio di luce a $\lambda = 1550$ *nm*, linearmente polarizzato lungo x, si propaga lungo l'asse ottico (asse z) di un cristallo *KDP*. Una tensione V è applicata al cristallo lungo z. Dopo aver attraversato il cristallo il fascio di luce incontra in sequenza una lamina quarto d'onda, con asse ottico che giace nel piano xz formando un angolo di 45° con l'asse x, e un polarizzatore con asse ottico lungo y. Calcolare il valore di V necessario per una trasmissione del 100% attraverso la sequenza cristallo-lamina-polarizzatore.

4.4. Un modulatore di ampiezza basato sull'effetto Kerr viene realizzato ponendo la cella di Kerr tra due polarizzatori incrociati, come in Figura 4.6. Il campo elettrico esterno E' è applicato trasversalmente in una direzione che forma un angolo di 45° con la direzione di polarizzazione lineare del fascio di luce da modulare. Calcolare la tensione $V_{\pi/2}$ assumendo che la luce abbia $\lambda = 600$ nm, la lunghezza del cammino all'interno della cella di Kerr sia 5 cm, la distanza fra le due armature del condensatore sia 2 mm, ed il materiale elettro-ottico sia il liquido nitrobenzene ($n_K^e - n_K^o = 2.6 \times 10^{-18}$ m^2/V^2).

4.5. Un fascio di luce con $\lambda = 1500$ nm attraversa una cella acusto-ottica fatta con vetro flint ($u_s = 3$ km/s, $n = 1.95$) nella quale si propaga un'onda acustica a 200 MHz. Calcolare: a) la differenza in lunghezza d'onda tra onda diffratta e onda incidente; b) l'angolo di deflessione dell'onda diffratta.

4.6. Un fascio di luce con $\lambda = 650$ nm attraversa una cella acusto-ottica fatta di acqua ($n = 1.33$, $p = 0.31$, $u_s = 1500$ m/s, $\rho = 1000$ kg/m^3) con una sezione quadrata. Calcolare: a) la frequenza dell'onda acustica che è richiesta per produrre un angolo di deflessione di 2°; b) la potenza acustica necessaria per trasferire al fascio diffratto tutta la potenza entrante.

5

Dispositivi a semiconduttore

Sommario Questo capitolo descrive il funzionamento dei principali dispositivi optoelettronici basati su materiali semiconduttori, tra cui in particolare i diodi laser. Condizione necessaria perché si possa avere amplificazione ottica è che il semiconduttore presenti una ricombinazione elettrone-lacuna che sia radiativa, cioè che generi un quanto di radiazione (fotone). Godono di questa proprietà diversi semiconduttori costituiti da una combinazione di un elemento trivalente con uno pentavalente, come, ad esempio, l'arseniuro di gallio. I laser a semiconduttore sono fabbricati con le stesse tecniche di crescita epitassiale sviluppate per la microelettronica in silicio. Dopo aver trattato i laser a semiconduttore, l'attenzione viene rivolta agli amplificatori a semiconduttore, ai diodi emettitori di luce, e ai fotorivelatori. Infine vengono descritti brevemente i modulatori ad elettro-assorbimento.

5.1 Proprietà ottiche dei semiconduttori

I laser descritti nel Capitolo 1 utilizzano transizioni tra livelli energetici di un singolo atomo (o ione o molecola). Nel caso del laser a semiconduttore, la situazione è completamente diversa perché i livelli di energia da considerare appartengono a tutto il cristallo e non al singolo atomo. A causa delle interazioni tra gli atomi, i livelli sono raggruppati in bande di energia.

In questa sezione vengono esposte in modo qualitativo le proprietà ottiche dei semiconduttori. Da un punto di vista fenomenologico i semiconduttori sono materiali che hanno una conducibilità elettrica che ha valori intermedi tra quelli dei metalli e quelli degli isolanti.

Il cristallo di semiconduttore nello stato fondamentale presenta una banda di stati energetici completamente occupata, detta banda di valenza, ed una banda ad energia maggiore, detta banda di conduzione, che è vuota. Il salto di energia E_g ("energy gap") tra il livello superiore della banda di valenza ed il livello inferiore della banda di conduzione ha valori dell'ordine di 1 eV, come indicato nella Tabella 5.1. Gli elettroni in banda di valenza non possono muoversi all'interno del cristallo, quindi la conducibilità elettrica del cristallo ideale è nulla. Un elettrone che venga eccitato in banda di conduzione si comporta invece come un portatore di carica libero. Anzi,

© Springer-Verlag Italia Srl. 2016

V. Degiorgio and I. Cristiani, *Note di fotonica*, UNITEXT for Physics,
DOI 10.1007/978-88-470-5788-3_5

lo spostamento dell'elettrone produce due portatori di carica, perché anche la lacuna che si crea in banda di valenza è mobile all'interno del cristallo.

Lo stato dell'elettrone (e della lacuna) è caratterizzato, oltre che dal valore dell'energia, anche da quello della quantità di moto. Nel caso dell'arseniuro di gallio, *GaAs*, e di molti altri semiconduttori ottenuti combinando un atomo trivalente con uno pentavalente, il massimo della banda di valenza ed il minimo della banda di conduzione corrispondono allo stesso valore della quantità di moto ("direct gap semiconductors"), mentre per altri semiconduttori, quali, ad esempio, il *Si* ed il *Ge*, questo non avviene ("indirect gap semiconductors"), come indicato nella Tabella 5.1.

Gli elettroni possono compiere transizioni dalla banda di valenza alla banda di conduzione attraverso l'assorbimento di un quanto di energia elettromagnetica, purché sia soddisfatta la condizione $h\nu \geq E_g$ o, in termini di lunghezza d'onda, $\lambda \leq \lambda_g$, dove:

$$\lambda_g = \frac{hc}{E_g}. \tag{5.1}$$

I valori di λ_g per alcuni semiconduttori sono riportati nella Tabella 5.1.

Per analogia con quanto avviene in un atomo, ci si potrebbe aspettare che l'elettrone eccitato decada spontaneamente sulla banda di valenza emettendo radiazione elettromagnetica. Nel caso del semiconduttore l'elettrone eccitato, se non si trova già sul minimo della banda di conduzione, ha una rapida transizione interna alla banda di conduzione che lo porta sul minimo, attraverso uno scambio di energia e quantità di moto con il reticolo cristallino, come illustrato nella Fig. 5.1. Analogamente la lacuna si porta sul livello più elevato della banda di valenza. Il decadimento dell'elettrone da banda di conduzione a banda di valenza può svolgersi con emissione di energia elettromagnetica (decadimento radiativo) solo se il fotone emesso, oltre ad avere una energia pari a E_g, abbia una quantità di moto pari alla differenza di quantità di moto fra stato iniziale e stato finale dell'elettrone. Ma la quantità di moto di un fotone che abbia energia dell'ordine di E_g è così piccola da rendere possibile il decadimento radiativo solo se il semiconduttore è a gap diretto. Questo fatto esclude il silicio ed il germanio come possibili candidati per la realizzazione di un laser a semiconduttore.

A temperatura ambiente un semiconduttore intrinseco con $E_g \approx 1\,\text{eV}$ presenta un numero piccolo di elettroni in banda di conduzione. Per popolare apprezzabilmente la banda di conduzione occorre drogare il semiconduttore con atomi donatori di elettroni, cioè atomi che si inseriscano nel reticolo cristallino liberando un elettrone che va in banda di conduzione. Il semiconduttore drogato con donatori si chiama semiconduttore di tipo *n*. Ad esempio, il silicio, che è un elemento tetravalente, diventa un semiconduttore di tipo *n* quando viene drogato con atomi pentavalenti, come il fosforo (*P*) o l'arsenico (*As*). L'atomo *P* (o *As*) ha cinque elettroni sulla sua orbita più esterna, quattro di questi formano un legame chimico con gli atomi di silicio, mentre il quinto rimane solo debolmente legato e può facilmente spostarsi nella banda di conduzione per eccitazione termica. In modo simile, si può preparare arseniuro di gallio (*GaAs*) di tipo *n* drogando il cristallo con un elemento della sesta colonna della tavola periodica degli elementi, come il selenio (*Se*) che sostituisce un atomo *As* nel reticolo. Analogamente si può costruire un semiconduttore di tipo *p*, che contiene lacune nella banda di valenza, drogando il cristallo con atomi accettori di elettroni.

Il processo di decadimento dell'elettrone da banda di conduzione a banda di valenza può anche essere descritto come un processo di ricombinazione elettrone-lacuna. Un semiconduttore a gap diretto drogato *n* (o drogato *p*) è un debole emettitore di luce perché gli elettroni (lacune) liberi che sono presenti trovano poche lacune (elettroni) con cui ricombinarsi. Affinché il semiconduttore diventi un forte emettitore di luce, occorre creare una situazione nella quale siano presenti contemporaneamente, nella stessa zona spaziale, molti elettroni e molte lacune.

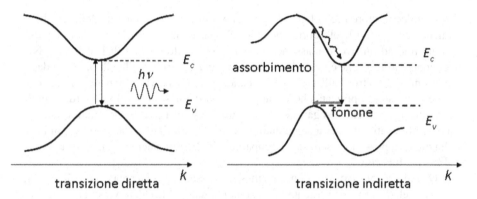

Fig. 5.1 Transizioni elettroniche in semiconduttori a gap diretto e indiretto

Tabella 5.1 Parametri caratteristici di alcuni semiconduttori. Nella quarta colonna I e D indicano rispettivamente gap indiretto e gap diretto

Semiconduttore	E_g (eV)	λ_g (μm)	Tipo di gap
Ge	0.66	1.88	I
Si	1.11	1.15	I
AlP	2.45	0.52	I
AlAs	2.16	0.57	I
AlSb	1.58	0.75	I
GaP	2.26	0.55	I
GaAs	1.45	0.85	D
GaSb	0.73	1.70	D
GaN	3.45	0.36	D
InN	2.00	0.62	D
InP	1.35	0.92	D
InAs	0.36	3.50	D
InSb	0.17	7.30	D

5.2 Laser a semiconduttore

La presenza nella stessa regione spaziale di un gran numero di entrambi i portatori di carica può essere ottenuta facendo passare corrente elettrica in una giunzione tra un semiconduttore di tipo *p* ed uno di tipo *n*. Questa è la struttura del dispositivo elettronico chiamato diodo. Per questo motivo il laser a semiconduttore viene anche chiamato diodo laser.

5.2.1 Laser a omogiunzione

Nel semiconduttore *n* gli elettroni occupano tutti i livelli di energia della banda di valenza ed anche i livelli corrispondenti alla parte inferiore della banda di conduzione, fino ad un livello massimo che viene chiamato energia di Fermi E_{Fn}. Nel semiconduttore *p*, che è ricco di lacune, l'energia massima dei livelli occupati dagli elettroni, E_{Fp}, si trova all'interno della banda di valenza. È bene tenere presente che la descrizione semplificata che viene presentata in questo capitolo riguarda i semiconduttori fortemente drogati (semiconduttori degeneri), che sono quelli effettivamente utilizzati nei laser a semiconduttore, e trascura l'agitazione termica, in base alla quale ci possono essere stati occupati dagli elettroni anche ad energie superiori al livello di Fermi.

Quando la zona *n* e la zona *p* sono messe a contatto, cioè si crea la giunzione *p-n*, il gas di elettroni liberi presente nella zona *n* tende a diffondere verso la zona *p*, e, nello stesso tempo, il gas di lacune presente nella zona *p* tende a diffondere verso la zona *n*. Di conseguenza, la zona *n* si carica positivamente e la zona *p* negativamente. Nella zona vicina all'interfaccia *p-n*, detta zona di svuotamento ("depletion layer"), si crea un doppio strato, costituito nella zona *p* da ioni di accettori che hanno carica elettrica negativa e nella zona *n* da ioni di donatori che hanno carica positiva. Si forma quindi una barriera di potenziale che arresta la diffusione dei portatori di carica, e crea un forte campo elettrico che non permette la presenza di portatori liberi. La si-

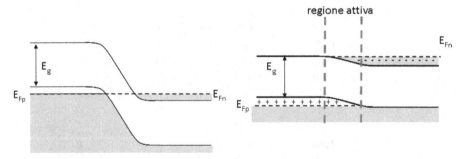

Fig. 5.2 Energia potenziale degli elettroni in una giunzione p-n non polarizzata (a sinistra) e polarizzata direttamente (a destra)

tuazione di equilibrio è quella nella quale le due energie di Fermi coincidono, come mostrato in Fig. 5.2, in modo simile a quanto avviene nel caso dei vasi comunicanti in statica dei liquidi.

Polarizzando direttamente la giunzione, cioè applicando una differenza di potenziale V positiva tra la zona p e la zona n, si verifica un passaggio di corrente i. La caratteristica tensione-corrente è espressa da:

$$i = i_s \left[exp \left(\frac{V}{V_o} \right) - 1 \right],$$ (5.2)

dove $V_o = k_B T / e$. La corrente i_s, detta corrente inversa, è dovuta ai portatori di carica minoritari (lacune nella zona n ed elettroni nella zona p) che sono sempre presenti a temperatura nonnulla. La giunzione p-n rappresenta un diodo a semiconduttore. I diodi sono dispositivi unidirezionali utilizzati in elettronica per processi di rettificazione, per circuiti logici, ed altre applicazioni.

La tensione positiva genera un flusso di elettroni da n verso p, ed un flusso di lacune da p verso n. Nella zona di svuotamento il passaggio di corrente comporta la presenza contemporanea dei due tipi di portatori di carica, come mostrato in Fig. 5.2, quindi, se il semiconduttore è a gap diretto, possono avvenire ricombinazioni radiative. Se la concentrazione di portatori è particolarmente elevata, diventano probabili processi di ricombinazione stimolata ed è quindi possibile avere amplificazione ottica.

Come mostrato in Fig. 5.2, la polarizzazione diretta della giunzione rende disuguali i due livelli di Fermi, E_{Fn} diventa maggiore di E_{Fp}. La differenza $\Delta E_F(J) = E_{Fn} - E_{Fp}$ è una funzione crescente della densità di corrente J che fluisce attraverso la giunzione. C'è guadagno ottico se $\Delta E_F(J)$ è maggiore di E_g. L'emissione di luce avviene nell'intervallo di frequenza definito da:

$$\Delta E_F(J) \geq h\nu \geq E_g.$$ (5.3)

La struttura del laser è mostrata in Fig. 5.3. L'asse della cavità del laser a semiconduttore è fissato dal fatto che due facce opposte del dispositivo, che devono essere perfettamente lisce e parallele, fanno da specchi semi-riflettenti. L'azione laser è innescata da un fotone emesso per ricombinazione spontanea di una coppia elettrone-lacuna. Tipicamente, la lunghezza della zona attiva del laser a omogiunzione è $0.2 - 0.5$ mm e la larghezza (direzione y) 0.2 mm. Lo spessore della zona attiva è molto piccolo, attorno a 0.1μm. La corrente elettrica di pompa fluisce nella direzione x attraverso contatti metallici posti sulle due facce opposte rispetto alla zona di giunzione. Poiché il semiconduttore ha un indice di rifrazione abbastanza alto, la riflettività dell'interfaccia semiconduttore-aria ha un valore sufficiente per portare il laser sopra soglia, dato l'elevato guadagno del semiconduttore. Ad esempio, nel caso del $GaAs$ si ha $n = 3.6$ alla lunghezza d'onda λ_g, per cui la riflettività dell'interfaccia, calcolata utilizzando la (3.31), ha un valore $R \approx 30\%$.

I primi laser a semiconduttore (detti anche diodi laser a omogiunzione) costruiti nel 1962 utilizzavano $GaAs$, emettendo alla lunghezza d'onda $\lambda_g = 0.85 \mu$m, che si colloca nell'infrarosso vicino. Il termine laser a omogiunzione significa che la giun-

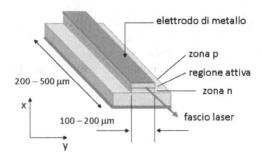

Fig. 5.3 Struttura del laser a omogiunzione

zione *p-n* è fra due materiali identici, in contrapposizione al termine eterogiunzione, che indica una giunzione fra due diversi semiconduttori. I laser a omogiunzione funzionano in continua solo alla temperatura dell'azoto liquido (T = 77 K), con densità di corrente di soglia J_s dell'ordine di 1 kA/cm². Aumentando T si ha un maggiore sparpagliamento in energia degli elettroni (e delle lacune), e di conseguenza ci sono meno coppie disponibili per la ricombinazione radiativa ad una specifica lunghezza d'onda. Il risultato è che J_s cresce esponenzialmente con la temperatura assoluta T secondo la legge:

$$J_s(T) = J_s(T_o) \exp\left(\frac{T}{T_o} - 1\right). \tag{5.4}$$

A temperatura ambiente la densità di corrente di soglia di questi laser è dell'ordine di 100 kA/cm², troppo alta per permettere un funzionamento in continua e tale comunque da provocare un rapido danneggiamento del dispositivo.

Il laser a omogiunzione presenta perdite elevate per due motivi concomitanti: a) i portatori di carica iniettati nella zona di giunzione attraversano rapidamente la zona attiva e vengono quindi utilizzati solo in parte per la ricombinazione stimolata; b) il fascio di luce laser in cavità ha una dimensione trasversale maggiore della dimensione trasversale della zona attiva, e quindi parte del fascio si propaga in zone che assorbono la radiazione a lunghezza d'onda λ_g anziché amplificarla.

5.2.2 Diodi laser a doppia eterogiunzione

Un passo importante è stato fatto attorno al 1970 con l'invenzione dei diodi laser a doppia eterogiunzione da parte di Alferov e Kroemer, che nel 2000 ricevettero per questo il premio Nobel della Fisica. Come mostrato in Fig. 5.4, la zona *p-GaAs*, che rappresenta la zona attiva del laser, è racchiusa fra una zona *p-Ga₁₋ₓAlₓAs* e una zona *n-Ga₁₋ₓAlₓAs*, dove *x* rappresenta la frazione di atomi di alluminio ed ha un valore attorno a 0.3. Questo tipo di struttura permette di aumentare il tempo di permanenza dei portatori di carica nella zona attiva perché il valore di E_g è più piccolo nella zona attiva rispetto alle due zone confinanti ($E_g = 1.8$ eV nel $Ga_{0.7}Al_{0.3}As$). Come si vede dalla Fig. 5.5, gli elettroni provenienti dalla zona *n-Ga₁₋ₓAlₓAs* che sono iniettati nella zona attiva trovano una barriera di potenziale che ne rallenta la diffusione verso la zona $p\text{-}Ga_{1-x}Al_xAs$. È utile ricordare che, nei semiconduttori, a valori crescenti di E_g corrispondono valori decrescenti dell'indice di rifrazione. Questo comporta che la doppia eterogiunzione fornisca anche un confinamento ottico: l'indice di rifrazione del $Ga_{0.7}Al_{0.3}As$ è $n = 3.4$, più piccolo di quello del $GaAs$, perciò lo strato di $GaAs$ funziona come una guida d'onda. Bisogna anche notare che, in ogni caso, la radiazione a lunghezza d'onda di 0.85 μm non verrebbe assorbita dal $Ga_{0.7}Al_{0.3}As$ perché questo materiale ha un valore del gap di energia maggiore dell'energia del fotone a 0.85 μm.

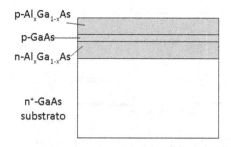

Fig. 5.4 Struttura a doppia eterogiunzione in GaAs

L'uso della doppia eterogiunzione permette di abbassare di due ordini di grandezza la densità di corrente di soglia del laser a temperatura ambiente: in questo laser è possibile un funzionamento in continua con $J_s \approx 0.5\,\text{kA}/\text{cm}^2$.

Una caratteristica importante che deve possedere l'eterogiunzione è che i diversi strati cristallini abbiano costanti reticolari simili: se questa condizione non è soddisfatta si formano sulle interfacce dei difetti reticolari (dislocazioni) che aumentano molto le perdite del laser. Ad esempio, nel caso del laser $Ga_{1-x}Al_xAs$, poiché l'atomo di alluminio ha la stessa dimensione di quello di gallio, la costante reticolare è indipendente dalla frazione x di alluminio, come si vede dalla Fig. 5.7. Questo significa che si possono realizzare laser su di un ampio intervallo di valori di x.

Stripe geometry. Si può ulteriormente ridurre la corrente di soglia introducendo un confinamento dei portatori di carica e della radiazione luminosa anche nella direzione dell'asse y (Fig. 5.6) utilizzando la cosiddetta "stripe geometry". Il confina-

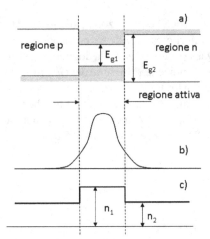

Fig. 5.5 Doppia eterogiunzione: a) andamento delle bande di energia; b) profilo trasversale del fascio laser; c) profilo d'indice di rifrazione

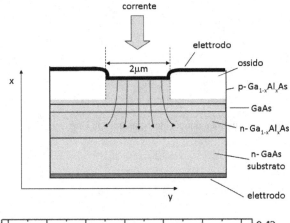

Fig. 5.6 Struttura di laser a doppia eterogiunzione

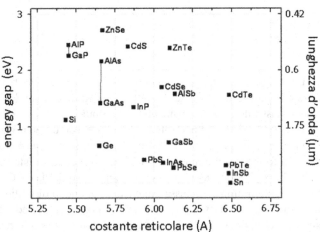

Fig. 5.7 Costante reticolare per diversi semiconduttori (da Opensource Handbook of Nanoscience and Nanotechnology)

mento è ottenuto inserendo delle zone di isolante (ossido di silicio) che restringono il passaggio di corrente e quindi la sezione in cui c'è guadagno ottico ("oxide stripe laser"), oppure creando una vera e propria guida d'onda attraverso un profilo di indice di rifrazione ("channeled substrate laser", "buried heterostructure laser"). La dimensione della zona attiva nella direzione dell'asse y può ridursi a pochi μm, con correnti di soglia poco superiori ai 10 mA e tensione di polarizzazione di 1.5-2 V. La maggior parte dei laser commerciali attualmente prodotti usano una "stripe geometry".

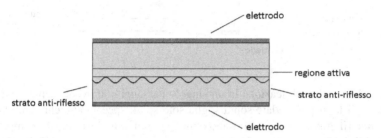

Fig. 5.8 Schema di laser DFB

Laser DFB. In diverse applicazioni è utile disporre di laser funzionanti su un solo modo, cioè su di una sola lunghezza d'onda. Questo si può ottenere con varie tecniche, di cui la più interessante è quella che utilizza una struttura a retroazione distribuita ("Distributed FeedBack", DFB). L'idea, come mostrato in Fig. 5.8, è quella di introdurre in corrispondenza di una delle due eterogiunzioni una corrugazione periodica nella direzione di propagazione del fascio di luce laser. Tale corrugazione può generare una retro-riflessione dell'onda che si propaga, ma il processo è selettivo perché avviene solo alla lunghezza d'onda λ_o che soddisfa la relazione:

$$\lambda_o = 2n_{eff}\Lambda, \tag{5.5}$$

dove Λ è il passo della corrugazione periodica e n_{eff} è un indice di rifrazione effettivo il cui valore preciso dipende da come è fatta la struttura. Poiché in questo tipo di cavità laser la retroazione è fornita dalla corrugazione periodica, è necessario annullare le riflessioni sulle superfici semiconduttore-aria ponendo degli strati antiriflettenti. La fabbricazione di una corrugazione periodica di elevata precisione è piuttosto impegnativa, perché la periodicità richiesta è piccola. Ad esempio, nel caso di un laser *InGaAsP* a 1550-nm con $n_{eff} = 3.4$, è richiesto un valore $\Lambda = 0.23$ μm.

Laser ad emissione verticale. Il settore dei laser a semiconduttore è in continua evoluzione. Un tipo di struttura che sta assumendo un'importanza crescente è rappresentato dai laser a emissione verticale ("Vertical-cavity surface-emitting laser", VCSEL), nei quali la direzione dell'asse ottico coincide con quella del passaggio di corrente, come mostrato nella Fig. 5.9. In questo tipo di laser lo spessore della zona attiva è molto piccolo perché coincide con quello della zona di giunzione, mentre l'area della zona attiva è molto più grande di quella dei normali laser a semicon-

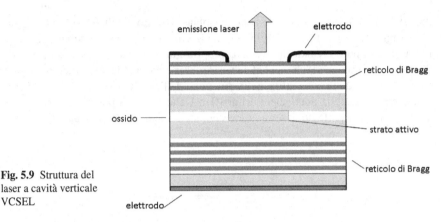

emissione laser   elettrodo

reticolo di Bragg

ossido

strato attivo

reticolo di Bragg

Fig. 5.9 Struttura del
laser a cavità verticale
VCSEL   elettrodo

duttore. Poiché l'amplificazione in un singolo passaggio attraverso il mezzo attivo
è piccola, il laser può andare sopra soglia solo se gli specchi che chiudono la cavità hanno riflettività elevata. Si usano quindi specchi a multistrato, come mostrato
in Fig. 5.9, fabbricati alternando due diversi semiconduttori. I laser VCSEL hanno
correnti di soglia molto basse, dell'ordine di 1-3 mA.

Laser a buca quantica. Una direzione di sviluppo particolarmente interessante è
quella dei laser a buca quantica ("quantum well"). In questi dispositivi lo spessore
della zona attiva (in direzione x) è ridotto al valore di 5-10 nm. In tale situazione,
si osservano transizioni tra stati energetici discreti anziché continui. Laser di questo
tipo hanno una lunghezza d'onda di emissione che può essere fissata con molta
precisione scegliendo lo spessore della zona attiva, e possono presentare corrente di
soglia molto bassa ed elevata efficienza.

5.2.3 Proprietà di emissione

Seguendo lo schema del laser ad arseniuro di gallio, sono stati sviluppati diversi altri
laser che utilizzano semiconduttori del gruppo III-V. L'elemento trivalente è gallio o
alluminio o indio, e l'elemento pentavalente è arsenico o fosforo o antimonio o azoto. Usando combinazioni di due trivalenti e/o due pentavalenti la lunghezza d'onda
di emissione può essere scelta con continuità su di un ampio intervallo spettrale.
Questa possibilità di scegliere in fase di progetto la lunghezza d'onda di emissione
è distintiva dei laser a semiconduttore, mentre i laser descritti nel Cap. 1 hanno lunghezze d'onda di emissione che sono fissate dai livelli energetici degli atomi o ioni
considerati.

Nella Tabella 5.2 sono elencati gli intervalli spettrali su cui sono disponibili commercialmente laser a semiconduttore. L'intervallo $0.62 - 0.85$ μm è coperto da dispositivi che utilizzano $Ga_{1-x}Al_xAs$. Per il pompaggio di laser Nd-YAG, si utilizzano laser $Ga_{1-x}Al_xAs$ che emettono a 0.81 μm. Per la lettura di videodischi, dischi

Tabella 5.2 Lunghezza d'onda di funzionamento di alcuni laser a semiconduttore

Composto	$\lambda\,(\mu m)$	Composto	$\lambda\,(\mu m)$
$In_xGa_{1-x}N$	0.37-0.50	$Ga_{0.42}In_{0.58}As_{0.9}P_{0.1}$	1.55
$Ga_{1-x}Al_xAs$	0.62-0.85	$InGaAsSb$	1.7-4.4
$Ga_{0.5}In_{0.5}P$	0.67	$PbCdS$	2-4
$Ga_{0.8}In_{0.2}As$	0.98	$PbSSe$	4.2-8
$Ga_{1-x}In_xAs_{1-y}P_y$	1.10-1.65	$PbSnSe$	8-32
$Ga_{0.27}In_{0.73}As_{0.58}P_{0.42}$	1.31	Cascata quantica	2-70

compatti (CD), e memorie ottiche in genere, si utilizzano laser a semiconduttore che emettono nell'infrarosso vicino, nel rosso, ed anche nel blu. Per le applicazioni alle comunicazioni ottiche, occorrono sorgenti emittenti a 1.31 e 1.55 μm che sono le lunghezze d'onda di minima perdita per le fibre ottiche. Tali sorgenti vengono realizzate con eterogiunzioni di miscele quaternarie $Ga_{1-x}In_xAs_{1-y}P_y$ cresciute su supporto di fosfuro di indio (*InP*). Variando le frazioni *x* e *y* nella miscela, si può coprire un ampio intervallo di energie di gap, 0.4 eV $<$ E_g $<$ 2.2 eV. Poiché le dimensioni atomiche del gallio sono molto diverse da quelle dell'indio, e quelle dell'arsenico molto diverse da quelle del fosforo, è però possibile ottenere il funzionamento laser solo nell'intervallo da 1.1 a 1.65 μm. Per il pompaggio degli amplificatori ottici in fibra drogata con erbio, che sono descritti nel Capitolo 6, si utilizza un laser $Ga_{0.8}In_{0.2}As$ che emette a 0.98 μm. A partire dagli anni 90, utilizzando semiconduttori III-V che hanno come elemento pentavalente l'azoto, sono stati sviluppati laser che emettono nella regione blu e violetta dello spettro visibile. In particolare l'intervallo 0.37 − 0.50 μm è coperto dai laser $In_xGa_{1-x}N$ che stanno acquistando grande importanza per la scrittura e lettura delle memorie ottiche.

Utilizzando materiali semiconduttori di tipo II-VI, si possono fabbricare laser funzionanti in diverse zone del medio e lontano infrarosso, come indicato nella Tabella 5.2, ma si tratta di laser che operano alla temperatura dell'azoto liquido. C'è però da notare che nella regione spettrale coperta da questi laser, sono ora disponibili laser a semiconduttore a cascata quantica, che utilizzano transizioni elettroniche interne alla banda di conduzione di strutture "quantum well" in arseniuro di gallio drogato *n*. I laser a cascata quantica funzionano a temperatura ambiente, ad una lunghezza d'onda che dipende dalla struttura, e non dal materiale, e possono emettere una potenza elevata.

Il laser a doppia eterogiunzione presenta un'efficienza interna, espressa come il rapporto fra numero di ricombinazioni radiative e numero di coppie elettrone-lacuna iniettate nella zona attiva, che può raggiungere il 100%. L'efficienza complessiva del laser, intesa come il rapporto tra la potenza ottica in uscita e la potenza elettrica fornita al dispositivo, è notevole: si può avere, a temperatura ambiente, un valore superiore al 50%. Un andamento tipico della potenza di uscita al variare della corrente di pompa per tre diverse temperature di funzionamento è mostrato in Fig. 5.10, dove si vede che il gomito corrispondente alla zona di soglia si sposta al variare della temperatura, come previsto dalla (5.4). I dati sono consistenti con il

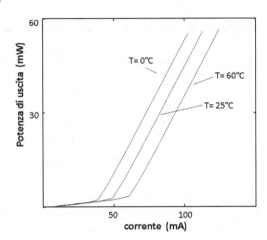

Fig. 5.10 Potenza di uscita di un laser a semiconduttore in funzione della corrente di alimentazione per tre diverse temperature

valore $T_o \approx 160\ K$.

Poiché la zona attiva ha dimensioni trasversali molto piccole, il fascio emesso dal laser a semiconduttore presenta un notevole sparpagliamento angolare dovuto alla diffrazione. Ad esempio, se per un laser *GaAs* il fascio osservato in campo vicino (near-field), cioè sulla faccia di uscita, ha diametro di 0.5 μm nella direzione x e 5 μm nella direzione y, l'apertura angolare in campo lontano è di circa 50° nella direzione x e circa 5° nella direzione y. È possibile collimare il fascio fino ad ottenere una sezione circolare con divergenza di pochi milliradianti, utilizzando una lente con due diverse distanze focali nelle direzioni x e y.

Lo spettro in frequenza emesso dal laser a semiconduttore dipende in generale dalla temperatura e dalla potenza di uscita. Poiché E_g diminuisce all'aumentare della temperatura, la lunghezza d'onda λ_p corrispondente al picco della curva di guadagno aumenta con T. Alcuni valori tipici della derivata $d\lambda_p/dT$ sono riportati in Tabella 5.3. Come si può notare, il controllo accurato della temperatura di lavoro è fondamentale per rendere stabile la lunghezza d'onda emessa dal laser.

La curva di guadagno può avere una larghezza a metà altezza dell'ordine di qualche centesimo della frequenza di picco. Alcuni valori indicativi sono riportati in Tabella 5.3. Tipicamente il laser emette su diversi modi longitudinali, che hanno frequenza $\nu_q = qc/(2nL)$, dove q è un intero positivo, L è la lunghezza della cavità, ed n è l'indice di rifrazione del semiconduttore. La distanza in lunghezza d'onda fra due modi longitudinali successivi è: $\delta\lambda = \lambda_q - \lambda_{q-1} \approx \lambda_p^2/(2nL)$. Come in tutti i laser, il numero di modi longitudinali funzionanti (e quindi la larghezza di banda complessiva dell'emissione laser) dipende dalla corrente di pompa: tanto maggiore è la corrente, tanto maggiore è la potenza di uscita ed anche la larghezza spettrale del segnale di uscita. Bisogna anche notare che l'indice di rifrazione n cresce con T: questo genera un aumento di λ_q con T, la cui entità è mostrata nell'ultima riga della Tabella 5.3.

La potenza continua di uscita ottenibile da un singolo laser a doppia eterogiunzione può andare normalmente da alcuni mW, fino a centinaia di mW. Si possono però

Tabella 5.3 Proprietà spettrali di tre laser a semiconduttore funzionanti a diverse lunghezze d'onda

λ(nm)	850	1300	1550
Larghezza di banda in nm	2.0	5.0	7.0
Distanza fra i modi in nm	0.27	0.6	0.9
$d\lambda_p/dT$ in nm/°C		0.22	0.5	0.73
$d\lambda_q/dT$ in nm/°C		0.06	0.12	0.18

fabbricare su di un unico substrato schiere ("arrays") di laser che possono produrre una potenza complessiva di uscita di alcuni Watt.

La vita media dei laser a semiconduttore è notevolmente lunga: prove condotte su laser a *GaAlAs* funzionanti a 70°C con potenza di uscita di 5 mW hanno mostrato una vita media di 30000 ore (3.5 anni di funzionamento ininterrotto). Nel caso dei laser a *GaInAsP* la vita media è ancora più lunga.

Il laser a semiconduttore è interessante per molte applicazioni (incluse le comunicazioni ottiche) perché può essere modulato in intensità agendo direttamente sulla corrente di pompa: il segnale modulante (tipicamente $40 - 60$ mA picco a picco) viene sommato ad una corrente continua che corrisponde ad un valore sopra soglia. La massima frequenza di modulazione del laser dipende dalla massima velocità con cui si riesce a variare la densità dei portatori di carica nella regione attiva ed è dell'ordine di qualche GHz. Utilizzando dispositivi speciali si possono ottenere frequenze di modulazione fino a 20 GHz. Impulsando la corrente di pompa il laser emette brevi impulsi di luce, utilizzati, ad esempio, nel radar ottico.

I diodi laser possono anche generare impulsi ultracorti, operando in regime di mode-locking attivo o passivo. Si possono ottenere tipicamente impulsi di durata compresa fra 0.5 e 5 ps con frequenza di ripetizione tra 1 and 100 GHz. Per frequenze di ripetizione inferiori a ≈ 10 *GHz*, occorre una cavità laser che abbia uno specchio esterno. A questo scopo sono particolarmente interessanti i laser a cavità verticale con uno specchio ad alta riflettività posto esternamente alla struttura (vertical-external-cavity surface-emitting lasers, VECSELs), in cui la lunghezza della cavità può variare da qualche millimetro fino a diecine di centimetri. La sezione di amplificazione ottica presenta di solito nella parte inferiore uno specchio che ha alta riflettività sia per la luce laser che per quella di pompa, e nella parte superiore uno strato anti-riflettente. Facendoli lavorare in regime di mode-locking passivo i VECSELs possono generare impulsi ultracorti con energia molto più alta di quella fornita dai diodi laser ad emissione laterale.

Una tendenza che assumerà importanza crescente nel prossimo futuro è quella di procedere, in analogia con quanto è avvenuto nel passaggio dall'elettronica tradizionale alla microelettronica, dall'ottica a elementi discreti all'ottica integrata (micro-ottica). Date le loro piccole dimensioni i dispositivi a semiconduttore sono quelli più adatti ad essere inseriti in sistemi micro-ottici.

5.3 Amplificatori a semiconduttore

L'amplificatore ottico a semiconduttore (spesso indicato con la sigla SOA, "semiconductor optical amplifier") si ottiene partendo dalla struttura del laser a semiconduttore ed eliminando la retroazione, cioè ponendo sulle due superfici aria-semiconduttore degli strati antiriflettenti progettati come descritto nel Capitolo 3. Per quanto riguarda la lunghezza d'onda su cui l'amplificatore può funzionare, valgono naturalmente le stesse considerazioni fatte per le sorgenti laser, si può quindi fare riferimento alla Tabella 5.2. Indicativamente, a $\lambda = 1.55\,\mu$m, il coefficiente di guadagno g è dell'ordine di $10^5\,\text{m}^{-1}$ e la banda di guadagno è dell'ordine di $10\,\text{THz}$.

Gli amplificatori a semiconduttore presentano guadagni elevati, sono pompati con segnali elettrici a bassa tensione, hanno dimensioni dell'ordine delle centinaia di micrometri, e possono essere facilmente integrati in microstrutture contenenti diverse funzionalità optoelettroniche. Poiché il coefficiente di guadagno dipende dalla direzione di polarizzazione lineare della luce incidente, il fascio amplificato ha, in generale, una polarizzazione diversa da quella del fascio di ingresso. Questo può essere un problema in alcune applicazioni, ma è possibile ricorrere a schemi che rendono l'amplificazione indipendente dalla polarizzazione. Un altro aspetto da tenere presente è che il guadagno dell'amplificatore tende facilmente a saturare, il che vuol dire che si perde la relazione lineare tra uscita ed ingresso e si possono verificare fenomeni di distorsione del segnale amplificato. Infine, la piccola dimensione della zona attiva crea problemi di accoppiamento, nel senso che è difficile convogliare tutta la potenza del fascio da amplificare sulla faccia di ingresso del SOA.

L'applicazione più importante degli amplificatori a semiconduttore è quella nei sistemi di comunicazioni ottiche, dove in alcuni casi possono essere utilizzati al posto degli amplificatori in fibra. Il confronto fra questi due tipi di amplificatore sarà discusso nel Capitolo 7.

5.4 Diodi emettitori di luce

Quando sono attraversate da una corrente elettrica, le giunzioni di semiconduttori a gap diretto diventano delle sorgenti di luce, anche in assenza dei meccanismi di retroazione che generano il funzionamento laser. Nei diodi emettitori di luce, che sono nati come prodotto secondario della ricerca sui laser a semiconduttore, la luce viene emessa principalmente attraverso processi di ricombinazione spontanea elettrone-lacuna, e non ha quindi la direzionalità tipica del fascio laser. Il diodo emettitore di luce ("light emitting diode", LED) è una sorgente di luce incoerente. Successivamente all'invenzione del LED, la ricerca sui materiali elettroluminescenti, cioè che emettono luce quando attraversati da una corrente elettrica, si è estesa anche a materiali organici, producendo sorgenti denominate OLED (organic light emitting diode).

5.4.1 LED

La lunghezza d'onda della luce emessa dal LED è determinata dall'energia di gap del semiconduttore utilizzato, $\lambda_g = hc/E_g$, con una larghezza di banda $\Delta\lambda$ data dalla formula:

$$\Delta\lambda = \frac{2k_B T \lambda_g^2}{hc}. \tag{5.6}$$

Ad esempio, per un LED che emette a 500 nm alla temperatura di 300 K, la formula fornisce una larghezza di banda di circa 10 nm.

Il primo LED nel visibile è stato dimostrato da Holonyak nel 1962 utilizzando un semiconduttore *GaAsP*. Dopo questa realizzazione sono stati esplorati LED basati su diversi semiconduttori *III-V*. Un passo importante è stato fatto nel 1994 con l'invenzione del LED blu utilizzando un semiconduttore III-V in cui l'elemento pentavalente era l'azoto. Per questa invenzione Akasaki, Amano, and Nakamura hanno ricevuto il premio Nobel in Fisica nel 2014. I LED attualmente disponibili commercialmente coprono tutto l'intervallo spettrale dal vicino ultravioletto al vicino infrarosso, con lunghezze d'onda comprese tra circa 370 nm a 1.65 μm. Come mostrato nella Fig. 5.11, quelli che emettono luce di colore rosso-arancio sono basati tipicamente su semiconduttori *AlGaInP*, e quelli di tipo verde-blu utilizzano *GaInN*.

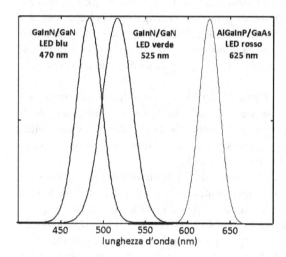

Fig. 5.11 Spettro della luce emessa da LED fabbricati con diversi semiconduttori

La struttura tipica di un LED è mostrata nella Fig. 5.12. Solo una frazione della luce emessa nei processi di ricombinazione riesce ad uscire dalla struttura. Infatti i fotoni emessi verso l'interno (verso il basso nella figura) vengono riassorbiti. Inoltre non tutti i fotoni emessi verso l'alto possono uscire dalla struttura perché l'angolo limite per la riflessione totale interna è piuttosto piccolo (circa 17°), a causa del valore elevato dell'indice di rifrazione del semiconduttore. A quest'ultimo problema si

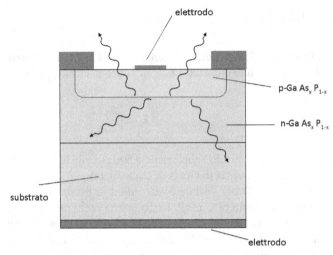

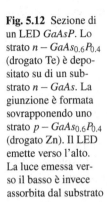

Fig. 5.12 Sezione di un LED $GaAsP$. Lo strato $n - GaAs_{0.6}P_{0.4}$ (drogato Te) è depositato su di un substrato $n - GaAs$. La giunzione è formata sovrapponendo uno strato $p - GaAs_{0.6}P_{0.4}$ (drogato Zn). Il LED emette verso l'alto. La luce emessa verso il basso è invece assorbita dal substrato

può ovviare depositando sulla superficie di uscita uno strato antiriflettente, costituito da un materiale con indice di rifrazione intermedio tra semiconduttore e aria.

Un parametro importante per una sorgente di luce è il rapporto R_e tra la potenza luminosa emessa e la corrente elettrica iniettata. Tipicamente, per i LED nel visibile, R_e è dell'ordine di 0.5 W/A. L'efficienza complessiva del LED, η, definita come il rapporto tra la potenza luminosa emessa e la potenza elettrica utilizzata, può essere superiore al 20%. Come termine di paragone, si tenga presente che, per una lampadina a filamento, η è dell'ordine dell'1%. Efficienza elevata vuole dire anche minore dissipazione di calore: questo rappresenta un grande vantaggio in molti casi. Un ulteriore pregio dei LED è anche una elevata vita media, che può arrivare a 50000 ore di funzionamento.

Come verrà discusso anche nel Capitolo 7, i LED sono utilizzati in una grande varietà di applicazioni. Tra le più importanti segnaliamo: la retro-illuminazione degli schermi a cristalli liquidi con LED dei tre colori fondamentali (red, green, blue, codice RGB), telecomandi a raggi infrarossi, sorgenti di luce per visione robotica, impianti semaforici, segnalatori luminosi su veicoli.

Un settore di importanza crescente è quello dell'illuminazione di ambienti di vario tipo: questa applicazione richiede luce bianca. In linea di principio luce bianca può essere ottenuta mescolando la luce di tre LED (blu, verde, rosso), ma, in pratica, è più conveniente ricorrere ad un unico LED che emette nel blu (450-470 nm) e viene incapsulato in un involucro trasparente su cui è depositata una vernice che contiene molecole fosforescenti di diversi colori. La vernice illuminata da luce blu emette un ampio spettro di lunghezze d'onda centrato attorno a 560 nm. I LED a luce bianca attualmente disponibili hanno una efficienza nettamente superiore a quella delle lampade ad incandescenza ed anche migliore di quella delle lampade a fluorescenza. La tecnologia LED inoltre presenta ancora margini di miglioramento.

5.4.2 OLED

Esistono composti organici con proprietà simili a quelle dei semiconduttori, nel senso che è possibile creare strutture nelle quali il passaggio di corrente elettrica provoca delle ricombinazioni radiative elettrone-lacuna. Si possono ottenere degli OLED) ponendo fra due elettrodi due strati sottili di semiconduttore organico, che formano una eterogiunzione. Gli OLED sono fabbricati con tecniche di deposizione di strati sottili che sono molto meno costose delle crescite epitassiali usate per i LED. Inoltre il substrato polimerico può essere di tipo flessibile, permettendo quindi di creare anche schermi pieghevoli e arrotolabili. Si tratta di una tecnologia che permette di realizzare schermi a colori con la capacità di emettere luce propria, a differenza degli schermi a cristalli liquidi, che devono essere illuminati da una fonte di luce esterna.

Gli OLED sono già utilizzati commercialmente in varie applicazioni, ad esempio per gli schermi dei telefoni cellulari. Il singolo OLED emette luce in una banda di frequenze che dipende dal materiale organico utilizzato, esattamente come avviene per i LED. Uno sviluppo molto recente, con un grande potenziale applicativo soprattutto nell'illuminazione di ambienti, è quello degli OLED che emettono luce bianca (White Organic Light-Emitting Diode, WOLED) che sono formati impilando tre eterostrutture che emettono, rispettivamente, nel rosso, verde e blu.

5.5 Rivelatori di luce

Nella quasi totalità dei casi i rivelatori di luce che si usano in Fotonica sono costituiti da materiali semiconduttori. Per ragioni di completezza, si accenna comunque in questa sezione anche ad altri tipi di rivelatori. È importante tener presente che, alle frequenze ottiche, i rivelatori disponibili sono rivelatori di energia e forniscono quindi un segnale di uscita che è proporzionale al modulo quadro del campo elettrico.

Esistono due categorie di rivelatori di luce: quelli ad effetto termico e quelli ad effetto elettrico. Il rivelatore a effetto termico è costituito da un conduttore metallico (o da un semiconduttore o da un superconduttore) che assorbe la radiazione e si riscalda. La variazione di temperatura provoca una variazione di resistenza elettrica, e questa viene misurata inserendo, ad esempio, l'elemento fotosensibile in un ponte di Wheatstone. Questo è lo schema del bolometro. Un'altra possibilità è quella di usare termocoppie: se in un anello con due giunzioni bimetalliche una viene tenuta a temperatura costante mentre l'altra viene riscaldata attraverso l'assorbimento di luce, si produce, per effetto Seebeck, una corrente a circuito chiuso il cui valore è proporzionale alla potenza luminosa incidente sulla giunzione. Caratteristiche comuni ai rivelatori ad effetto termico sono: l'indipendenza della risposta dalla lunghezza d'onda della radiazione incidente (per lo meno entro un ampio intervallo), e l'incapacità di seguire variazioni rapide dell'intensità della radiazione incidente.

Più importanti per la possibilità di avere tempi di risposta rapidi e sensibilità elevate sono i rivelatori basati su effetti elettrici, quali l'effetto fotoelettrico, l'effetto fotoconduttivo, e l'effetto fotovoltaico.

5.5.1 Rivelatori a effetto fotoelettrico

L'effetto fotoelettrico (scoperto da Hertz nel 1887) consiste nell'emissione di un elettrone da parte di un materiale, in seguito all'assorbimento di un quanto di energia elettromagnetica (un fotone). L'elettrone emesso viene chiamato fotoelettrone. Einstein spiegò l'effetto nel 1905, ed ebbe per questo il premio Nobel nel 1921. Il fotoelettrone viene generato solo se l'energia del fotone incidente, $h\nu$, soddisfa la condizione:

$$h\nu \geq E_i, \tag{5.7}$$

dove E_i è l'energia di ionizzazione dell'elettrone. L'energia in eccesso, $h\nu - E_i$, è trasformata in energia cinetica del fotoelettrone. L'effetto fotoelettrico può avvenire in atomi isolati, oppure in materia condensata. Considerando atomi isolati che siano sullo stato fondamentale, l'energia di ionizzazione di un elettrone che si trovi nell'orbita più esterna varia dai 3.8 eV del cesio (è chiaro che gli atomi più facilmente ionizzabili siano quelli dei metalli alcalini, che occupano la prima colonna della tabella di Mendeleiev ed hanno un solo elettrone sull'orbita più esterna) al valore massimo di 24.5 eV per l'elio (gli atomi più difficilmente ionizzabili sono quelli dei gas nobili che hanno orbite completamente occupate). Nel caso del cesio, la soglia in frequenza per l'effetto fotoelettrico è: $\nu_s = E_i/h = 0.92 \times 10^{15}$ Hz, cioé $\lambda_s = 327$ nm. Si tratta di una lunghezza d'onda ultravioletta, questo implica che nessun atomo isolato presenti effetto fotoelettrico nel visibile. Nel caso di elementi che sono allo stato solido, il valore più basso di E_i è ancora presentato dal cesio: $E_i = 1.94$ eV (cioé, $\lambda_s = 640$ nm). Valori ancora più bassi si ottengono con composti di metalli alcalini, quali l'antimoniuro di cesio CsSb. La lunghezza d'onda massima osservabile si spinge in pratica fino a 1.1 μm. I rivelatori ad effetto fotoelettrico sono quindi utili nell'ultravioletto, nel visibile e nell'infrarosso molto vicino.

Cella fotoelettrica. Gli elettroni emessi dalla superficie fotosensibile (fotocatodo) vengono raccolti su di un elettrodo (anodo) posto ad un potenziale positivo rispetto al fotocatodo. Un rivelatore di questo tipo si chiama cella fotoelettrica: i due elettrodi sono posti in una camera, nella quale viene fatto il vuoto, con una finestra trasparente. Un parametro importante è l'efficienza quantica η, definita come il rapporto tra il numero di elettroni emessi e il numero di fotoni incidenti. η può variare tra 10^{-4} e 10^{-1} a seconda del tipo di cella e della lunghezza d'onda della radiazione incidente. La corrente elettrica generata i_{ph} è semplicemente data dalla carica dell'elettrone per il numero di fotoelettroni al secondo emessi dal catodo. Si ha quindi:

$$i_{ph} = \frac{\eta e P}{h\nu} \tag{5.8}$$

dove P è la potenza luminosa incidente. La sensibilità del rivelatore è espressa dal rapporto i_{ph}/P (Ampère di corrente per Watt di luce incidente): ad esempio, se $hv = 2$ eV (luce rossa) e $\eta = 0.1$, si ha una sensibilità di 50 mA/W.

Fototubo moltiplicatore. Si può aumentare di molti ordini di grandezza la sensibilità del rivelatore fotoelettrico utilizzando il fototubo moltiplicatore, un dispositivo che moltiplica gli elettroni emessi dal fotocatodo utilizzando l'effetto di emissione secondaria (vedi la Fig. 5.13). I fototubi moltiplicatori possiedono dai 10 ai 14 elettrodi (chiamati dinodi), posti a potenziale via via crescente attraverso un partitore di tensione; la forma geometrica dei dinodi e la loro posizione spaziale sono studiate in modo da guidare opportunamente gli elettroni lungo traiettorie che massimizzino l'efficienza di raccolta. Tipicamente la differenza di potenziale fra un dinodo e il successivo è di 100 V e la corrente che passa nel partitore è 1 mA. Il fotoelettrone emesso dal fotocatodo arriva sul primo dinodo con un'energia sufficiente a estrarre un numero m di elettroni secondari. Ognuno di questi arriva sul secondo dinodo producendo altri elettroni secondari. Dopo n dinodi avremo m^n elettroni che sono raccolti dall'anodo. Se $m = 4$ e $n = 10$, il guadagno del fototubo è $G = m^n = 4^{10} \approx 10^6$. A pari efficienza quantica, la sensibilità del fototubo moltiplicatore è quindi G volte quella della cella fotoelettrica.

Intrinsecamente l'effetto fotoelettrico ha un tempo di risposta brevissimo, paragonabile al periodo di oscillazione dell'onda luminosa, cioè dell'ordine di 10^{-14} s. La rapidità di risposta del fototubo è limitata da due effetti: a) c'è uno sparpagliamento nel tempo di transito degli elettroni attraverso la struttura di moltiplicazione, il che vuol dire che i G elettroni dovuti ad un singolo fotoelettrone non arrivano tutti allo stesso istante sull'anodo, ma sono sparpagliati su un arco di tempo di alcuni nanosecondi. b) il dispositivo presenta una capacità di uscita dell'ordine delle diecine di pF, perciò, se la corrente di uscita è osservata su di una resistenza di carico di 50 Ω, la costante di tempo associata è dell'ordine del nanosecondo.

È interessante notare che i fototubi moltiplicatori a guadagno elevato (con 14 dinodi si può ottenere $G = 10^8$) producono, in risposta all'assorbimento di un singolo fotone, un impulso elettrico in uscita che può essere facilmente misurato. Infatti G elettroni in un intervallo di tempo τ danno luogo ad un impulso di corrente di valore Ge/τ, e quindi ad un impulso di tensione di GeR/τ sulla resistenza di carico R. Se $G = 10^8$, $\tau = 1$ ns, $R = 50 \Omega$, si ottiene un impulso di 0.8 V. In pratica, si

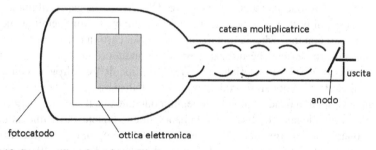

Fig. 5.13 Struttura di un fototubo moltiplicatore

osservano notevoli fluttuazioni di ampiezza tra impulso e impulso perché il numero *m* di elettroni secondari prodotti da un elettrone accelerato è una variabile statistica (tipicamente con distribuzione di Poisson). Se la potenza luminosa incidente sul fotocatodo è così bassa che il numero di fotoelettroni generati per unità di tempo n_{ph} è inferiore a τ^{-1}, l'uscita del fototubo moltiplicatore è costituita da una sequenza discreta di impulsi. Questa osservazione sperimentale, di semplice realizzazione, ha una grande importanza concettuale, perché dimostra che l'energia luminosa viene assorbita dalla materia in forma discreta e non continua. L'uscita del fototubo moltiplicatore può essere considerata come un segnale continuo solo se $n_{ph} \gg \tau^{-1}$.

5.5.2 Rivelatori a semiconduttore

I rivelatori a semiconduttore sono basati sul fatto che l'assorbimento di un fotone porta un elettrone dalla banda di valenza alla banda di conduzione, genera quindi una coppia elettrone-lacuna, aumentando il numero dei portatori di carica liberi. Naturalmente, l'energia del fotone incidente deve essere maggiore dell'energia di gap del semiconduttore: $h\nu \geq E_g$. A seconda della frequenza da rivelare si possono usare il solfuro di cadmio, il seleniuro di cadmio, il germanio, il silicio, e l'antimoniuro di indio. È importante notare che sono disponibili semiconduttori con un valore di E_g sufficientemente piccolo da permettere la rivelazione di radiazione anche nel medio infrarosso (lunghezze d'onda di diecine di μm). Quanto più piccolo è E_g, tanto più importante è l'esigenza di raffreddare il rivelatore, per evitare che l'eccitazione termica di elettroni in banda di conduzione competa con la fotoeccitazione.

Rivelatori a effetto fotoconduttivo. I rivelatori a semiconduttore possono basarsi sull'effetto fotoconduttivo o sull'effetto fotovoltaico. I rivelatori fotoconduttivi sono costituiti da un semiconduttore omogeneo in cui l'aumento del numero di portatori di carica si traduce in un aumento di conducibilità elettrica. La conducibilità di un semiconduttore è data da:

$$\sigma = e(\mu_e n + \mu_p p), \tag{5.9}$$

dove *n* e *p* sono le concentrazioni di elettroni in banda di conduzione e lacune in banda di valenza, mentre μ_e e μ_p sono le mobilità dei due tipi di portatori di carica. Se l'energia del fotone incidente è maggiore dell'energia di gap, l'illuminazione crea un eccesso di portatori di carica, e quindi un aumento di conducibilità che può essere misurato con uno schema potenziometrico. Nel caso in cui si voglia rivelare radiazione infrarossa, anziché utilizzare un semiconduttore con piccolo valore di E_g, si può ricorrere ad un materiale con E_g dell'ordine di 1 eV drogato con atomi donatori di elettroni. I donatori producono livelli elettronici interni al gap che sono abbastanza vicini alla banda di conduzione, in modo tale che il salto di energia tra il livello elettronico legato del donatore e la banda di conduzione del semiconduttore sia paragonabile all'energia del fotone incidente. Ad esempio, il germanio drogato con *Zn*, raffreddato a 4 K, può rispondere fino a lunghezze d'onda di 40 μm.

Fotodiodi. I rivelatori fotovoltaici, chiamati comunemente fotodiodi, sono delle giunzioni *p-n*. Se la luce da rivelare illumina la giunzione, i portatori liberi generati nella zona di giunzione si trovano in presenza di un forte gradiente di potenziale e migrano immediatamente, gli elettroni verso la zona *n* e le lacune verso la zona *p*. La zona *p* si carica positivamente rispetto alla *n*: una misura a circuito aperto rivela una differenza di potenziale (di qui il nome di effetto fotovoltaico), oppure una misura a circuito chiuso mostra un passaggio di corrente.

Essenzialmente, l'effetto dell'assorbimento di luce è quello di traslare verticalmente la caratteristica del diodo nel piano tensione-corrente (Fig. 5.14), dando luogo, al posto della (5.2), alla nuova relazione:

$$i = i_s \left[\exp\left(\frac{V}{V_o} \right) - 1 \right] - i_{ph} \tag{5.10}$$

dove i_{ph}, che è la corrente inversa dovuta all'assorbimento di luce, è proporziona-

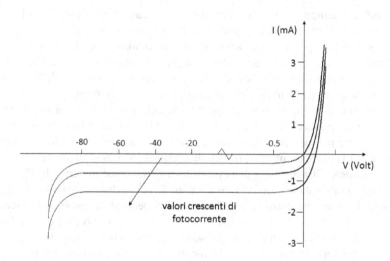

Fig. 5.14 Caratteristica tensione-corrente di un fotodiodo

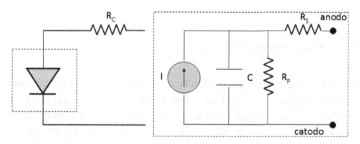

Fig. 5.15 Schema elettrico del fotodiodo

le alla potenza luminosa assorbita (vedi la (5.8)). Di solito il fotodiodo viene fatto funzionare con una tensione negativa (polarizzazione inversa). Per studiarne il comportamento elettrico il fotodiodo viene schematizzato con il circuito equivalente mostrato in Fig. 5.15, che consiste di un generatore di corrente che ha in parallelo una capacità C ed una resistenza R_p ed ha in serie una resistenza R_s.

I fotodiodi più usati nel visibile sono quelli al silicio, che presentano un'efficienza quantica molto elevata: $\eta = 0.4$-0.7. Nell'intervallo di lunghezze d'onda 1.3-1.6 μm si usano fotodiodi *InGaAs*.

Una variante dei fotodiodi appena illustrati è rappresentata dai fotodiodi *p-i-n*, che hanno uno strato di semiconduttore intrinseco interposto tra la zona p e la zona n. Poiché la regione intrinseca è quella in cui vengono fotogenerate le coppie elettrone-lacuna, in questo fotodiodo la dimensione della zona fotosensibile non dipende dalla tensione di polarizzazione. Rispetto al fotodiodo *p-n*, la struttura *p-i-n* ha il vantaggio di una maggiore sensibilità e di un ridotto tempo di risposta. La rapidità di risposta di questi fotodiodi è limitata dal tempo di transito dei portatori di carica all'interno della regione intrinseca.

Fotodiodi a valanga. Se la tensione inversa applicata al fotodiodo è così elevata da avvicinarsi alla tensione di rottura dielettrica del materiale, si ha un effetto a valanga perché i portatori di carica liberi, muovendosi sotto l'azione del campo elettrico esterno, possono acquistare energia cinetica sufficiente a liberare per urto nuovi portatori di carica. Scegliendo opportunamente il valore della tensione inversa (non deve essere troppo grande, altrimenti l'effetto diventa distruttivo!), si può ottenere una moltiplicazione proporzionale del numero dei portatori di carica fotoeccitati. In questa configurazione il rivelatore viene chiamato fotodiodo a valanga ("avalanche photodiode"). La zona di funzionamento del fotodiodo a valanga è quella in cui la corrente inversa, invece di attestarsi sul valore di saturazione, cresce bruscamente all'aumentare della tensione inversa, come mostrato in Fig. 5.14. Il guadagno G può anche raggiungere il valore di 10^6, il dispositivo diventa quindi un fotomoltiplicatore a stato solido. I vantaggi rispetto al fototubo moltiplicatore sono notevoli: tensioni di alimentazione inferiori di almeno un ordine di grandezza, e piccolo ingombro. Possibili svantaggi sono rappresentati dal fatto che G è molto sensibile alla temperatura e all'invecchiamento del materiale, e che l'area utile è piccola. Alcuni tipi particolari di fotodiodi a valanga possono raggiungere un guadagno così elevato da permettere la rivelazione del singolo fotone.

5.5.3 Sensori di immagini CCD

Per completare la discussione sui rivelatori, è importante menzionare anche i sensori di immagine che hanno rivoluzionato la fotografia e, più in generale, tutto il campo della registrazione e trasmissione di immagini: si tratta dei dispositivi a semiconduttore ad accoppiamento di carica, indicati di solito con la sigla CCD ("charge-coupled device"), per l'invenzione dei quali Boyle e Smith hanno ricevuto il Premio Nobel della Fisica nel 2009.

La superficie fotosensibile del dispositivo, costituita in genere da uno strato epitassiale di silicio, è divisa in tanti elementi indipendenti, chiamati "pixel" (termine che deriva dall'inglese "picture element"). Ogni pixel si comporta come un microcondensatore che si carica a causa dei portatori di carica fotogenerati, i quali sono in numero proporzionale all'intensità luminosa presente su quel pixel. La carica elettrica relativa ad ogni pixel viene amplificata e memorizzata sotto forma digitale. Tipicamente la fotocamera CCD consiste di una matrice di 1024×1024 pixel. Il singolo pixel ha una dimensione di 10 μm. Ogni immagine è quindi trasformata in un file che contiene una sequenza di 1024^2 valori. Più complessa è la registrazione di immagini a colori, perché richiede la registrazione simultanea sui tre colori principali, rosso, verde, blu. Esistono anche fotocamere CCD sensibili nel vicino infrarosso.

5.6 Modulatori ad elettro-assorbimento

Una interessante alternativa ai modulatori elettro-ottici descritti nel Capitolo 4 è rappresentata dai modulatori ad elettro-assorbimento che utilizzano semiconduttori III-V. Il principio utilizzato è lo spostamento della banda di assorbimento conseguente all'applicazione di un campo elettrico: il semiconduttore è trasparente per la radiazione incidente, ma diventa assorbente quando viene sottoposto ad un campo elettrico. Questo comportamento è dovuto al fatto che il campo elettrico applicato riduce il salto di energia E_g tra banda di valenza e banda di conduzione. Di conseguenza, avendo fissato l'energia del fotone $h\nu$, se si sceglie un materiale nel quale E_g è lievemente superiore ad $h\nu$ il materiale si comporta come trasparente, ma può diventare assorbente se E_g viene abbassata dal campo elettrico applicato ad un valore inferiore a $h\nu$, come mostrato nella Fig. 5.16. A rigori questo effetto andrebbe incluso tra gli effetti elettro-ottici: la diversità rispetto agli effetti descritti nel Capitolo 4 è che, in questo caso, l'applicazione del campo elettrico modifica la parte immaginaria dell'indice di rifrazione anziché la parte reale. L'effetto di elettro-assorbimento nei semiconduttori è noto come effetto Stark o anche effetto Franz-Keldish. Tipicamente, per diminuire E_g di 20 meV occorre applicare un campo elettrico molto elevato, dell'ordine di 10^7 V/m.

Il fatto che un semiconduttore possa essere reso trasparente od opaco al fascio di luce togliendo od applicando un campo elettrico permette di ottenere una modulazione di ampiezza. I modulatori ad elettro-assorbimento utilizzati nelle comunicazioni ottiche sono basati su composti quaternari InGaAsP o InGaAlAs cresciuti su substrato di InP. Per diminuire la tensione di pilotaggio ed aumentare la frequenza di taglio, si usano strutture dette buche quantiche multiple ("multiple quantum wells", MQW). Tipicamente, con un dispositivo a guida d'onda lungo 1,5 mm ed una tensione di pilotaggio di 11 V, si può ottenere un rapporto di estinzione di 15 dB ed una frequenza di taglio di 20 GHz.

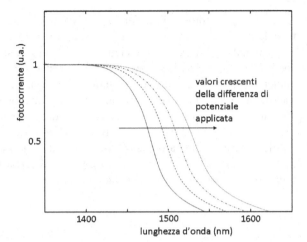

Fig. 5.16 Andamento del coefficiente di assorbimento (fotocorrente) in funzione della lunghezza d'onda della radiazione incidente in un modulatore a elettro-assorbimento

Esercizi

5.1. Si consideri un laser a semiconduttore con cavità a Fabry-Perot, e retroazione basata sul salto di indice di rifrazione alle interfacce semiconduttore-aria. Assumendo che la lunghezza della cavità sia di 1 mm e che l'indice di rifrazione del mezzo attivo sia 3.5, calcolare: a) la riflettività delle interfacce; b) il coefficiente di guadagno per unità di lunghezza, g (cm^{-1}), a soglia; c) la separazione in frequenza Δv fra due modi longitudinali adiacenti della cavità laser.

5.2. Si consideri un laser a semiconduttore a $Ga_x In_{1-x} N$. Assumendo che l'energia di gap E_g sia una funzione lineare della frazione x di gallio e utilizzando i dati della Tabella 5.1, calcolare il valore di x che deve essere scelto per ottenere emissione a 420 nm.

5.3. La corrente elettrica di pompa iniettata in un diodo laser a $GaInAsP$ (energia di gap $E_g = 0.92$ eV e indice di rifrazione $n = 3.5$) produce una differenza fra i livelli di Fermi pari a $E_{fn} - E_{fv} = 0.95$ eV (vedi la (5.3)). Assumendo che la cavità abbia lunghezza $L = 300$ μm, determinare il massimo numero di modi longitudinali che possono entrare in oscillazione.

5.4. Calcolare la larghezza di banda $\Delta \lambda$ della luce emessa da un LED $Ga_{0.45} In_{0.55} N$ a temperatura ambiente, assumendo che l'energia di gap E_g sia una funzione lineare della frazione di gallio x e utilizzando i dati della Tabella 5.1

5.5. Un fotodiodo con efficienza quantica $\eta = 0.1$ viene illuminato con 10 mW di radiazione a 750 nm. Calcolare il segnale di tensione osservato in uscita su di una resistenza di carico di 50 Ω.

5.6. Un fototubo moltiplicatore a 10 dinodi con efficienza quantica $\eta = 0.1$ viene illuminato con 1 μW di radiazione a 750 nm. Assumendo che ogni elettrone incidente su di un dinodo generi 4 elettroni, calcolare la tensione di uscita osservata su di una resistenza di carico di 50 Ω.

6

Fibre ottiche

Sommario Le fibre ottiche sono guide d'onda dielettriche nelle quali un fascio di luce si propaga con basse perdite senza allargarsi per diffrazione. Le fibre ottiche maggiormente diffuse sono realizzate in vetro e trasmettono in modo molto efficiente la radiazione nella regione dell'infrarosso vicino. In questo capitolo vengono illustrate le proprietà principali delle fibre, con riferimento soprattutto alle fibre in vetro utilizzate nelle comunicazioni ottiche. Dopo aver introdotto il modo principale di propagazione e la condizione di monomodalità, ed avere descritto l'andamento dell'attenuazione in funzione della lunghezza d'onda, viene trattato in dettaglio l'effetto che la dispersione ottica ha sulla propagazione di brevi impulsi di luce in una fibra monomodale. Successivamente sono presentati i tipi di fibra più importanti, e sono descritti i principali componenti e dispositivi ottici in fibra, quali gli accoppiatori, i reticoli di Bragg, gli amplificatori ed i laser.

6.1 Proprietà delle fibre ottiche

Si è visto nel Capitolo 2 che un'onda elettromagnetica di dimensione laterale finita si allarga trasversalmente propagandosi nel vuoto o in un mezzo omogeneo. Come discusso nella Sezione 3.6, è possibile evitare lo sparpagliamento facendo propagare la luce in una guida d'onda. La fibra ottica, come mostrato in Fig. 6.1, è una guida d'onda cilindrica, costituita da un nucleo e da un mantello, in cui il materiale del nucleo ha un indice di rifrazione più alto di quello del mantello.

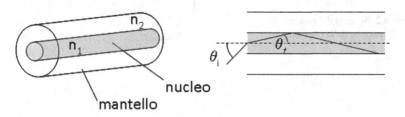

Fig. 6.1 Struttura della fibra ottica e riflessione totale interna

© Springer-Verlag Italia Srl. 2016
V. Degiorgio and I. Cristiani, *Note di fotonica*, UNITEXT for Physics,
DOI 10.1007/978-88-470-5788-3_6

Le fibre ottiche piò importanti per le applicazioni sono fatte con vetri che hanno come componente fondamentale l'ossido di silicio SiO_2. Ad esempio il vetro del mantello può contenere solo SiO_2, mentre il vetro del nucleo viene preparato aggiungendo al SiO_2 piccole quantità di ossido di germanio (GeO_2) o di alluminio (Al_2O_3), che ne aumentano l'indice di rifrazione.

La fibra ottica viene ottenuta a partire da una preforma, con diametro dell'ordine di qualche cm, costituita da due cilindri concentrici che riproducono su dimensioni maggiori la struttura geometrica della fibra finale. La fibra ottica è fabbricata tramite un processo di filatura della preforma (sommariamente illustrato in Fig. 6.2), che mantiene in modo omotetico la struttura fissata nella preforma, scalando le dimensioni di alcuni ordini di grandezza. Nel caso delle fibre utilizzate per le comunicazioni ottiche il diametro del mantello ha il valore standard di 125 μm. Ad esempio, se la preforma ha diametro e altezza di 5 cm, attraverso la filatura la sezione della preforma si riduce di un fattore 400^2, quindi si ricavano 8 km di fibra.

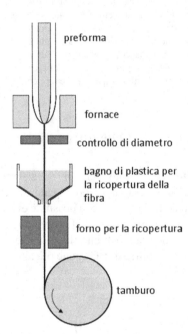

Fig. 6.2 Schema del processo di fabbricazione della fibra ottica

6.1.1 Apertura numerica

Si consideri un raggio di luce che entra in fibra con una direzione di propagazione che intersechi l'asse della fibra, formando un angolo θ_i con l'asse stesso, e sia θ_t

l'angolo formato dal raggio rifratto. Utilizzando la (3.25) (legge di Snell) si ha:

$$n_o \sin \theta_i = n_1 \sin \theta_t \tag{6.1}$$

dove n_o è l'indice di rifrazione del mezzo in cui la fibra è immersa e n_1 è l'indice del nucleo della fibra. Il fascio rifratto incide sulla superficie di separazione nucleo-mantello con un angolo $\pi/2 - \theta_t$, ed è totalmente riflesso se tale angolo è maggiore dell'angolo limite $arcsin(n_2/n_1)$, dove n_2 è l'indice di rifrazione del mantello. Si ricava quindi che il raggio incidente rimane intrappolato all'interno della fibra se $\theta_i \leq \theta_{max}$, dove θ_{max} è dato da:

$$\sin \theta_{max} = \frac{\sqrt{n_1{}^2 - n_2{}^2}}{n_o}. \tag{6.2}$$

La quantità $n_o \sin \theta_{max}$ viene definita apertura numerica della fibra e indicata, solitamente, con il simbolo NA. D'ora in poi verrà sempre assunto che $n_o = 1$. È utile anche introdurre il parametro Δ, definito come:

$$\Delta = \frac{n_1{}^2 - n_2{}^2}{2n_1{}^2} \approx \frac{n_1 - n_2}{n_1}. \tag{6.3}$$

Si consideri un esempio numerico: se $n_1 = 1.48$, $n_2 = 1.46$, $n_o = 1$, si calcola $\Delta = 0.0135$, e NA $= 0.24$. Il massimo angolo di accettazione è $\theta_{max} = 14°$.

6.1.2 Proprietà modali

Nella sezione precedente è stata descritta la fibra, denominata "step-index", che ha un profilo a gradino dell'indice di rifrazione, ma è anche possibile guidare la luce con un profilo che presenti una decrescita graduale dell'indice di rifrazione dal valore n_1 sull'asse al valore n_2 sull'interfaccia nucleo-mantello. Prendendo l'asse della fibra come asse z, e introducendo la coordinata radiale $r = \sqrt{x^2 + y^2}$, il profilo generico può essere espresso, limitatamente all'intervallo $0 \leq r \leq a$, dalla legge:

$$n(r) = n_2 + (n_1 - n_2)\left[1 - (r/a)^\gamma\right], \tag{6.4}$$

dove a è il raggio del nucleo. Se l'esponente γ tende all'infinito la (6.4) riproduce il profilo a gradino della fibra "step-index". Quando il profilo di indice varia con continuità, si parla di fibra "graded-index". In particolare, il caso $\gamma = 2$ corrisponde ad un profilo parabolico.

Come descritto nella Sezione 2.6 per trattare in maniera adeguata la propagazione in fibra, non è sufficiente usare l'ottica geometrica, ma bisogna ricorrere alle equazioni di propagazione del campo elettromagnetico, che vengono risolte usando come dato di ingresso il profilo trasversale dell'indice di rifrazione.

Poiché la geometria è bidimensionale, i modi sono caratterizzati da due indici interi, m ed l. Usando le coordinate cilindriche z, r, e θ, il campo elettrico del modo generico, scritto in forma scalare, è espresso come:

$$E_{lm}(r,\theta,z,t) = AB_{lm}(r,\theta)exp[i(\beta_{lm}z - \omega t)],\qquad(6.5)$$

dove β_{lm} è la costante di propagazione e $B_{lm}(r,\theta)$ è il profilo trasversale del modo, che non dipende dalla distanza di propagazione z. La funzione $B_{lm}(r,\theta)$ è prevalentemente concentrata nel nucleo, ma si estende anche nel mantello, come ci si può aspettare dalla trattazione dell'onda evanescente svolta nel Capitolo 3.

La teoria dimostra che esiste un numero discreto di configurazioni di campo che si propagano inalterate, senza perdite per diffrazione, lungo la fibra. Tali configurazioni si chiamano modi di propagazione della fibra. In questa sede non viene esposta la trattazione che permette di derivare i modi della fibra, ma vengono semplicemente discussi i risultati principali. Il modo fondamentale della fibra, solitamente denominato LP_{01}, ha una distribuzione spaziale che è ben approssimata da una funzione gaussiana:

$$B_{01}(r,\theta) = B_o exp\left(-\frac{r^2}{w^2}\right),\qquad(6.6)$$

dove, a differenza di quanto accade per la propagazione libera di onde sferiche gaussiane trattata nel Capitolo 2, il "raggio" w non cambia durante la propagazione ed il raggio di curvatura del fronte d'onda è sempre infinito.

Al fine di discutere le proprietà della fibra è utile introdurre il parametro adimensionale V, detto frequenza normalizzata, che è definito come:

$$V = \frac{2\pi a}{\lambda}\sqrt{n_1{}^2 - n_2{}^2} = \frac{2\pi a}{\lambda}NA\qquad(6.7)$$

dove n_1 è l'indice di rifrazione sull'asse della fibra, e λ è la lunghezza d'onda dell'onda che si propaga.

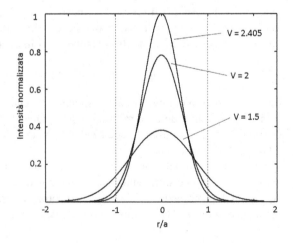

Fig. 6.3 Profilo di intensità del modo fondamentale in una fibra "step-index" per alcuni valori della frequenza normalizzata V. In ascissa c'è il rapporto fra la distanza dall'asse r e il raggio del nucleo della fibra a

Il profilo di intensità del modo fondamentale è mostrato in Fig. 6.3 per alcuni valori del parametro V. Si vede che gran parte della potenza luminosa viaggia nel nucleo, il che significa che il parametro w è dell'ordine del raggio a del nucleo. Come ci si può aspettare intuitivamente, la radiazione è più confinata nel nucleo all'aumentare del salto d'indice tra nucleo e mantello. Infatti la Fig. 6.3 mostra che w decresce al crescere di V.

La dipendenza di w da V è descritta dalla seguente legge empirica:

$$w = a(0.65 + 1.62\,V^{-1.5} + 2.88\,V^{-6}). \tag{6.8}$$

Si noti anche che, secondo la (6.7), V è inversamente proporzionale a λ, quindi, per una fibra determinata, la dimensione trasversale del modo fondamentale cresce con λ.

Un risultato molto importante della teoria è che, mentre esiste sempre un modo fondamentale qualunque sia il valore di V, i modi di ordine superiore possono propagarsi solo se il parametro V supera un valore critico V_c. Nel caso della fibra "step-index" il valore critico è $V_c = 2.405$. Nel caso in cui il profilo di indice segua la (6.4), si ha:

$$V_c = 2.405\sqrt{1 + \frac{2}{\gamma}}. \tag{6.9}$$

Ad esempio, per $\gamma = 2$, $V_c = 3.512$. Se V supera il valore critico anche il secondo modo, denominato LP_{11}, viene guidato. Mano a mano che V cresce, aumenta il numero di modi che si possono propagare. Quando $V \gg 1$, il numero N di modi guidati è dato da: $N \approx V^2/2$.

Le fibre monomodali "step-index" sono progettate con valori di V vicini a 2. Tipicamente, questo può essere ottenuto con un rapporto $a/\lambda = 2.5$ e $NA = 0.12$. Utilizzando questi parametri, si ricava che una fibra monomodale a 1.55 μm deve avere un diametro del nucleo di 7 μm. È importante notare che, siccome V è inversamente proporzionale a λ, una fibra progettata per essere monomodale a 1.55 μm si comporta come multimodale a lunghezze d'onda nel visibile.

Qual è la velocità di fase dell'onda che viaggia in fibra? In un mezzo uniforme con indice di rifrazione n, la velocità di fase è $u = c/n$, ma nel nostro caso l'onda si estende su zone con diverso indice di rifrazione, quindi ci si deve aspettare una velocità intermedia fra quella dettata dall'indice di rifrazione del nucleo e quella del mantello. La costante di propagazione del modo fondamentale può essere scritta come:

$$\beta_{01} = \frac{2\pi}{\lambda}\,n_{\text{eff}} \tag{6.10}$$

dove $n_2 \le n_{\text{eff}} \le n_1$. L'indice di rifrazione effettivo approssima n_1 per grandi valori di V, quando il modo è quasi completamente confinato nel nucleo.

È molto importante tenere presente che il valore di n_{eff} è diverso per ogni modo di propagazione. In linea generale, i modi di ordine superiore hanno una distribuzione trasversale di campo più sparpagliata rispetto al modo fondamentale, quindi, occupando maggiormente il mantello, avranno un n_{eff} minore.

6.2 Attenuazione

Assumendo perdite lineari, cioè indipendenti dall'intensità del segnale, si trova, in accordo con la (3.14), che la potenza lanciata in fibra decade esponenzialmente con la distanza percorsa:

$$P(z) = P_o \exp(-\alpha z) \tag{6.11}$$

dove α, espresso in km^{-1}, è il coefficiente di attenuazione. In pratica, si preferisce usare il coefficiente α_o, espresso in dB/km, definito come:

$$\alpha_o = \frac{10}{z} \log_{10} \left[\frac{P_o}{P(z)} \right]. \tag{6.12}$$

La relazione fra i due coefficienti è la seguente:

$$\alpha_o = 10(\log_{10} e)\alpha = 4.34\,\alpha. \tag{6.13}$$

Dalla (6.12) si ricava che la distanza alla quale la potenza si dimezza, $z_{1/2}$, è data da:

$$z_{1/2} = \frac{10 \log_{10} 2}{\alpha_o} \approx \frac{3}{\alpha_o}. \tag{6.14}$$

Ad esempio, se $\alpha_o = 0.15$ dB/km, si trova: $z_{1/2} = 20$ km.

L'attenuazione è dovuta a due fenomeni, la diffusione di luce ("scattering") e l'assorbimento. La diffusione di luce è originata dalle disomogeneità microscopiche di densità e concentrazione che sono presenti nel vetro alla temperatura T di filatura, a causa delle ineliminabili fluttuazioni termiche. Tali disomogeneità sono congelate durante il raffreddamento brusco della fibra, e producono delle fluttuazioni di indice di rifrazione su scala submicrometrica. La diffusione di luce da fluttuazioni submicrometriche, detta anche diffusione di Rayleigh, provoca un'attenuazione che scala con la lunghezza d'onda secondo la legge λ^{-4} . Di conseguenza le perdite per "scattering" diventano sempre più piccole all'aumentare di λ.

I vetri usati per le fibre ottiche, costituiti principalmente da ossido di silicio, sono perfettamente trasparenti nel visibile. Essi presentano bande di assorbimento, dovute a transizioni vibrazionali, nell'infrarosso. In particolare, la vibrazione del legame Si-O presenta una risonanza che aumenta fortemente il coefficiente di attenuazione quando la lunghezza d'onda supera 1.6 μm. La combinazione degli effetti dovuti alla diffusione di luce ed all'assorbimento da transizioni vibrazionali produce, per le fibre a base di SiO_2, un minimo di attenuazione attorno a 1.55 μm, come mostrato in Fig. 6.4. Il valore del minimo di attenuazione è ≈ 0.15 dB/km. Le comunicazioni ottiche in fibra utilizzano appunto come portante, cioè segnale da modulare, la luce emessa a 1.55 μm da laser a semiconduttore.

La curva di attenuazione di Fig. 6.4 mostra un minimo secondario attorno a 1.3 μm, che è dovuto alla presenza di un picco di assorbimento attorno a 1.4 μm. Questo picco, causato dalla transizione vibrazionale del gruppo O-H, nasce perché

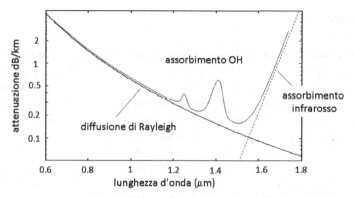

Fig. 6.4 Attenuazione nella fibra ottica in funzione della lunghezza d'onda

durante il processo di fabbricazione rimangono intrappolate nella struttura della fibra piccole quantità di acqua. Esso è stato eliminato nelle fibre di ultima generazione tramite il miglioramento del processo di fabbricazione e purificazione del vetro. Malgrado questo, molte delle fibre attualmente installate presentano questo picco di assorbimento.

Storicamente, le prime trasmissioni in fibra, sono state effettuate, su brevi distanze, alla lunghezza d'onda di 850 nm, che è quella emessa dal primo laser a semiconduttore, il laser *GaAs*. Nel linguaggio delle comunicazioni ottiche la zona di lunghezze d'onda attorno a 850 nm è chiamata prima finestra di attenuazione, quella attorno a 1.3 μm seconda finestra, ed infine quella attorno a 1.55 μm terza finestra.

Se si aggiungono altri ossidi al SiO_2, la posizione del minimo di attenuazione non viene molto influenzata perché quasi tutti gli ossidi presentano transizioni vibrazionali nell'intervallo 1.5-2 μm. Per spostare decisamente la posizione dei livelli vibrazionali si utilizzano vetri che sono miscele di fluoruri, anziché di ossidi, quali i cosiddetti vetri ZBLAN che contengono fluoruri di zirconio, bario, lantanio, alluminio, e sodio. Nei vetri ZBLAN le transizioni vibrazionali sono localizzate nell'intervallo 5-8 μm, di conseguenza il minimo di attenuazione si sposta attorno a 3 μm, presentando un valore inferiore di un ordine di grandezza rispetto a quello esibito a 1.55 μm dai vetri composti da ossidi.

Le perdite sono fortemente influenzate anche dalle microcurvature a cui è soggetta la fibra. Sono particolarmente sensibili a questo tipo di perdite i modi caratterizzati da una frequenza normalizzata V piccola, per i quali la distribuzione trasversale di campo invade il mantello in modo apprezzabile. L'effetto delle microcurvature può essere visto in modo intuitivo facendo riferimento all'ottica geometrica. Si è visto infatti che la fibra guida raggi inclinati fino ad un certo angolo di accettazione: se la fibra viene curvata, cambiano gli angoli di incidenza sull'interfaccia nucleo-mantello e i raggi non sono più completamente riflessi. Di conseguenza parte della potenza viene irradiata fuori dalla fibra.

6.3 Dispersione

Il termine dispersione ottica, introdotto nel Capitolo 3, indica il fatto che l'indice di rifrazione di un mezzo sia dipendente dalla frequenza dell'onda elettromagnetica. In questa sezione si esamina l'effetto della dispersione nella propagazione in fibra ottica di un impulso di luce. Intrinsecamente, l'impulso è la somma di tante componenti che oscillano a frequenza diversa. Se l'indice di rifrazione effettivo n_{eff} dipende dalla frequenza, ogni componente viaggia in fibra con una diversa velocità, ci si deve quindi aspettare che la forma temporale dell'impulso si modifichi nella propagazione. Come si è visto nel Capitolo 2, l'impulso ha una larghezza spettrale inversamente proporzionale alla durata, perciò l'effetto della dispersione ottica sarà certamente maggiore quanto minore è la durata dell'impulso.

Poiché la distribuzione trasversale del modo si estende anche nel mantello, n_{eff} può essere visto come una media pesata di n_1 e n_2. Dal momento che n_1 e n_2 dipendono entrambi da ω, è chiaro che, in prima approssimazione, la dispersione di n_{eff} avrà un valore intermedio tra quella di n_1 e quella di n_2. C'è però da osservare che, variando ω e quindi V, cambia anche la distribuzione trasversale di campo, come mostrato in Fig. 6.3. Se cambia la distribuzione trasversale di campo, cambia anche il peso relativo tra n_1 e n_2, quindi c'è un effetto ulteriore che si aggiunge (o si sottrae) alla dispersione del materiale. Questo effetto aggiuntivo si chiama dispersione di guida. La dispersione di guida è molto sensibile alla forma del profilo di indice di rifrazione, può quindi variare in modo significativo passando da una fibra "step-index" ad una con profilo parabolico.

Un altro aspetto da considerare è quello della dispersione modale: se la fibra è multimodale, l'onda che viene lanciata in fibra distribuisce la sua potenza su tutti i modi che possono propagarsi. Ogni modo possiede una costante di propagazione caratterizzata da una diversa dipendenza dalla frequenza. Di conseguenza, se N modi possono propagarsi, l'impulso di ingresso si suddivide in N impulsi, ognuno dei quali viaggia con una diversa velocità di gruppo ed ha una diversa lunghezza di dispersione. È quindi evidente che le fibre multimodali non sono utilizzabili per comunicazioni su lunghe distanze ad alto numero di bit al secondo (alto "bit rate").

6.3.1 Propagazione dispersiva di impulsi di luce

È utile espandere la costante di propagazione $\beta(\omega) = (\omega/c)n_{eff}(\omega)$ in una serie di potenze nell'intorno della frequenza centrale del segnale luminoso, ω_o:

$$\beta(\omega) = \sum_{k=0}^{\infty} \frac{d^k\beta}{d\omega^k} \frac{(\omega - \omega_o)^k}{k!}, \qquad (6.15)$$

dove le derivate $d^k\beta/d\omega^k$ sono valutate a ω_o.

Assumendo che la banda in frequenza dell'impulso sia molto minore della frequenza centrale, $\Delta\omega \ll \omega_o$, si può limitare l'espansione al termine quadratico:

$$\beta(\omega) = \beta_o + \beta_1(\omega - \omega_o) + \frac{1}{2}\beta_2(\omega - \omega_o)^2, \qquad (6.16)$$

dove $\beta_o = \beta(\omega_o)$,

$$\beta_1 = \frac{d\beta}{d\omega}, \qquad (6.17)$$

e

$$\beta_2 = \frac{d^2\beta}{d\omega^2}. \qquad (6.18)$$

Il caso della fibra monomodale è quello più importante, anche perché riguarda le comunicazioni su lunga distanza. Nella propagazione in fibra la diffrazione è compensata dall'effetto di confinamento creato dalla distribuzione trasversale di indice di rifrazione, perciò la propagazione è rigorosamente unidimensionale: l'ampiezza e la fase del campo elettrico variano in funzione della distanza z e del tempo, mentre la dipendenza dalle coordinate trasversali non cambia.

Assumendo che l'impulso entri nella fibra monomodale alla coordinata $z = 0$, e omettendo il termine $B_{01}(r, \theta)$ che rimane invariato nella propagazione, il campo elettrico dell'impulso in ingresso può essere espresso come:

$$E(t,0) = A(t,0)\exp(-i\omega_o t) \qquad (6.19)$$

La trattazione analitica della propagazione diventa particolarmente semplice se si assume che la forma temporale dell'impulso $A(t,0)$ sia la funzione gaussiana centrata a $t = 0$ descritta dalla (2.17).

La trasformata di Fourier $E(\omega,0)$ del campo $E(t,0)$ è data dalla (2.20). Trascurando l'attenuazione, per una singola componente in frequenza l'effetto della propagazione su una distanza z è semplicemente quello di introdurre uno sfasamento $\beta(\omega)z$, che segue la dipendenza di β dalla frequenza. Quindi, alla coordinata z, la componente dell'impulso a frequenza ω sarà data da:

$$E(\omega,z) = E(\omega,0)\exp[i\beta(\omega)z]. \qquad (6.20)$$

Assumendo ora che la larghezza spettrale dell'impulso sia piccola rispetto alla frequenza centrale, $\Delta\omega \ll \omega_o$, in modo che $\beta(\omega)$ sia approssimabile con la (6.16), e utilizzando la (2.20), la (6.20) diventa:

$$E(\omega,z) = \sqrt{2\pi}\tau_i A_o \exp(i\beta_o z)\exp\left[-(\tau_i{}^2 - i\beta_2 z)\frac{(\omega - \omega_o)^2}{2} + i\beta_1 z(\omega - \omega_o)\right]. \quad (6.21)$$

Utilizzando ora la (2.13), si può passare dal dominio delle frequenze al dominio del tempo ricavando la forma dell'impulso alla coordinata z:

$$E(t,z) = \frac{1}{2\pi} \int_{-\infty}^{\infty} E(\omega,z)\exp(-i\omega t)d\omega$$

$$= \frac{A_o}{\sqrt{1-i\beta_2 z/\tau_i^2}} \exp[-i(\omega_o t - \beta_o z)] \exp\left[-\frac{(t-\beta_1 z)^2(1+i\beta_2 z/\tau_i^2)}{2\tau_i^2(1+\beta_2^2 z^2/\tau_i^4)}\right]. \tag{6.22}$$

È utile mettere in evidenza separatamente l'ampiezza e la fase del campo $E(t,z)$ ponendo:

$$E(t,z) = A(t,z)\exp\{-i[\omega_o t - \beta_o z + \phi(t,z)]\} \tag{6.23}$$

dove:

$$A(t,z) = \frac{A_o}{(1+\beta_2^2 z^2/\tau_i^4)^{1/4}} \exp\left[-\frac{(t-\beta_1 z)^2}{2\tau_i^2(1+\beta_2^2 z^2/\tau_i^4)}\right] \tag{6.24}$$

e

$$\phi(t,z) = \frac{(t-\beta_1 z)^2 z\beta_2/\tau_i^2}{2\tau_i^2(1+\beta_2^2 z^2/\tau_i^4)} - \frac{\arctan(\beta_2 z/\tau_i^2)}{2}. \tag{6.25}$$

Dalla (6.24) si nota anzitutto che l'ampiezza dell'impulso ha mantenuto un andamento gaussiano in funzione del tempo. Questo fatto diventa più evidente se si scrive l'espressione dell'intensità $I(t,z)$:

$$I(t,z) = \frac{I_o}{\sqrt{1+(z/L_D)^2}} \exp\left[-\frac{(t-k_1 z)^2}{\tau_i^2(1+z^2/L_D^2)}\right] \tag{6.26}$$

dove I_o è l'intensità di picco all'ingresso della fibra e L_D è la lunghezza di dispersione definita come:

$$L_D = \frac{\tau_i^2}{|\beta_2|}. \tag{6.27}$$

La (6.26) mostra che il picco dell'impulso alla coordinata z appare all'istante $t = \beta_1 z$, il che vuol dire che l'impulso ha viaggiato alla velocità di gruppo:

$$u_g = \beta_1^{-1}. \tag{6.28}$$

Si noti che β_1 può essere scritta come:

$$\beta_1 = \frac{1}{c}\left(n_{eff} + \omega\frac{dn_{eff}}{d\omega}\right) = \frac{n_g}{c}, \tag{6.29}$$

dove n_g è chiamato indice di rifrazione di gruppo. Considerando che, nell'intervallo di trasparenza, l'indice di rifrazione del vetro, n_v, è una funzione crescente della frequenza, e assumendo che l'andamento di n_{eff} sia simile a quello di n_v, si può ritenere che la derivata $dn_{eff}/d\omega$ sia positiva. Perciò la (6.29) dice che la velocità di gruppo è normalmente inferiore alla velocità di fase c/n_{eff}.

Ricordando che la durata τ_p dell'impulso è legata a τ_i dalla (2.18), si ricava dalla (6.26) una relazione importante che dice come cambia la durata dell'impulso nella propagazione:

$$\tau_p(z) = \tau_p(0)\sqrt{1 + \frac{z^2}{L_D^2}}. \tag{6.30}$$

Mentre lo spettro di frequenza dell'impulso non cambia durante la propagazione, la (6.30) indica che la durata τ_p cresce con z. Quindi il prodotto banda-durata non è più dato dalla (2.21), ma diventa:

$$\Delta v \tau_p(z) = 0.441\sqrt{1 + \frac{z^2}{L_D^2}}. \tag{6.31}$$

Poiché si è considerata una propagazione priva di perdite, l'energia dell'impulso si deve conservare: infatti l'intensità di picco dell'impulso si riduce in modo tale che il prodotto dell'intensità di picco per la durata rimanga invariato.

Per una tipica fibra ottica monomodale, si ha $\beta_2 = -20\ \text{ps}^2/\text{km}$. Per un impulso avente $\tau_i = 20\ \text{ps}$, si ottiene dalla (6.27) il valore: $L_D = 20\ \text{km}$. Dopo aver percorso 20 km, la durata dell'impulso cresce di un fattore $\sqrt{2}$. Se $\tau_i = 1\ \text{ps}$, $L_D = 50\ \text{m}$, quindi dopo aver percorso 20 km la durata dell'impulso diventa 400 volte maggiore. Questi esempi mostrano che l'effetto della dispersione è enorme se gli impulsi accoppiati in fibra sono molto corti.

Nel campo delle comunicazioni ottiche si usa spesso indicare la dispersione della velocità di gruppo tramite il parametro D definito come

$$D = \frac{d\beta_1}{d\lambda} = -\frac{2\pi c \beta_2}{\lambda^2}. \tag{6.32}$$

D viene espresso normalmente in $\text{ps}/(\text{nm}\cdot\text{km})$ e rappresenta il ritardo di gruppo per unità di lunghezza d'onda (in nm) e unità di lunghezza di propagazione (in km). Si definisce regione di dispersione di gruppo normale quella in cui il parametro D è negativo (e β_2 è positivo) e regione di dispersione di gruppo anomala quella in cui D è positivo (e β_2 è negativo).

Nella Fig. 6.5 è riportato l'andamento tipico di D in funzione della lunghezza d'onda, per una fibra singolo modo in SiO_2 con profilo d'indice parabolico. Considerando unicamente le proprietà del materiale si troverebbe uno zero di dispersione a 1.3 μm, ma la dispersione di guida sposta leggermente verso l'alto tale zero. Alla lunghezza d'onda di 1.55 μm il valore di D è uguale a 17 $\text{ps}/(\text{nm}\cdot\text{km})$ e, in corrispondenza, $\beta_2 = -20\ \text{ps}^2/\text{km}$.

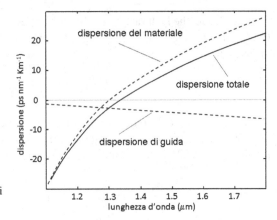

Fig. 6.5 Dispersione di materiale e di guida in una fibra ottica in silice

6.4 Tipi di fibre

In questa sezione vengono descritti brevemente i tipi principali di fibre ottiche. Una prima distinzione importante è fra fibre monomodali e multimodali. Le prime hanno un parametro V attorno a 2, il che corrisponde a un diametro del nucleo di 6-10 μm per la trasmissione a 1.55 μm. Le seconde hanno valori elevati di V, con diametro del nucleo attorno a 50 μm. In entrambi i casi il diametro del mantello è standardizzato a 125 μm. Le fibre multimodali sono utili nelle applicazioni per le quali non è richiesto un comportamento monomodale, ma è invece privilegiata la possibilità di trasmettere maggiore potenza luminosa ed avere un'ampia apertura numerica. Esse sono meno costose e più semplici da utilizzare perché è meno critico accoppiare all'interno del nucleo il fascio di luce proveniente dal laser. Inoltre, avendo un'area maggiore, presentano, a pari potenza trasmessa, intensità meno elevate, e quindi rendono del tutto trascurabili eventuali distorsioni del segnale dovute all'effetto Kerr ottico che è stato menzionato nel Capitolo 4.

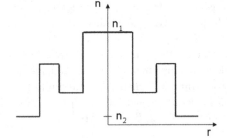

Fig. 6.6 Profilo di indice di rifrazione in una fibra "dispersion-shifted"

Fibre a bassa dispersione. Un'altra distinzione riguarda la forma del profilo di indice di rifrazione. Le fibre a profilo parabolico offrono il vantaggio di presentare una minore dispersione rispetto alle fibre con profilo a gradino. Per questo motivo nelle telecomunicazioni vengono preferenzialmente utilizzate fibre di questo tipo, denominate SMR ("single mode reduced"). Un'ulteriore diminuzione della dispersione può essere ottenuta con il profilo d'indice a W presentato in Fig. 6.6. In questa fibra, detta "dispersion shifted" (DS), la particolare struttura del profilo d'indice produce un termine di dispersione di guida tale da compensare la dispersione del materiale a 1.55 μm. Come mostrato in Fig. 6.7, il punto di dispersione nulla si sposta da 1.3 μm a 1.55 μm. Negli anni recenti sono state sviluppati nuovi tipi di fibra in cui il profilo modale viene progettato in modo da modificare ulteriormente il comportamento dispersivo della fibra ottica. I casi più diffusi sono le fibre "non-zero dispersion shifted" o "dispersion flattened", in cui la dispersione viene mantenuta ad un valore molto basso, ma diverso da zero, su tutta la terza finestra di bassa attenuazione. Al contrario, nelle fibre che sono utilizzate per la compensazione della dispersione ("dispersion compensating", DIS-CO) il profilo modale è ingegnerizzato in modo da garantire in terza finestra un valore di dispersione normale molto elevato ($D \approx -60$ ps $\cdot$ nm$^{-1} \cdot$ km^{-1}). Brevi tratti di queste fibre permettono di compensare la dispersione accumulata dagli impulsi durante la propagazione nelle fibre SMR.

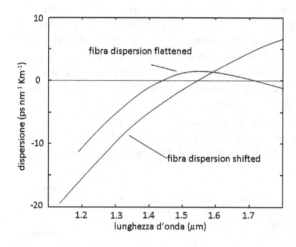

Fig. 6.7 Dispersione della velocità di gruppo in una fibra "dispersion-shifted" e una fibra "dispersion flattened"

Fibre a mantenimento della polarizzazione. Le strutture fin qui considerate hanno tutte una simmetria circolare attorno all'asse, di conseguenza il modo che si propaga in fibra può avere una polarizzazione arbitraria, ovvero la fibra è degenere per la polarizzazione. Se viene lanciato un segnale con una polarizzazione definita, tale polarizzazione non si mantiene nella propagazione su lunghe distanze perché piccole anisotropie dovute a imperfezioni della fibra, o a cause esterne, possono variare in modo casuale la direzione di polarizzazione. Questo fenomeno viene chiamato birifrangenza residua. Per assicurare il mantenimento della polarizzazione durante la propagazione in fibra, vengono utilizzate fibre a simmetria decisamente non circolare, ad esempio fibre con nucleo ellittico. Un tipo di fibra che fornisce un mantenimento efficiente della polarizzazione è la cosiddetta fibra Panda (Fig. 6.8), nella

preforma della quale vengono affiancati al nucleo circolare due elementi costituiti
da un vetro che ha un coefficiente di dilatazione termica diverso dal vetro di cui è
composta la fibra. Durante il raffreddamento, la presenza di questi elementi genera

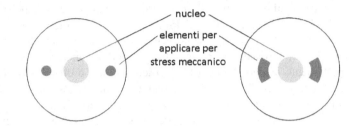

Fig. 6.8 Fibre a
mantenimento di
polarizzazione

delle tensionature nel nucleo che rendono anisotrope le proprietà ottiche della fibra.

Fibre microstrutturate. Una nuova famiglia di fibre è quella delle fibre microstrutturate, nelle quali sono create delle schiere di fori che corrono paralleli all'asse della
fibra come mostrato nella Fig. 6.9. Sia il diametro dei fori che la spaziatura tra i fori sono dell'ordine di 1 µm. Queste fibre hanno un costo maggiore, e presentano
perdite più elevate, rispetto a quelle tradizionali. Sono però interessanti per diverse
applicazioni perché permettono di superare alcuni limiti intrinseci delle fibre tradizionali. Ad esempio, si può avere un comportamento monomodale con un'area
grande del modo, fornendo la possibilità di trasportare fasci di luce di elevata potenza senza scatenare effetti nonlineari o danneggiare la fibra. È anche possibile
modificare radicalmente le proprietà di dispersione, portando, ad esempio, lo zero
di dispersione dall'infrarosso a lunghezze d'onda nel campo del visibile. È anche
possibile confinare il fascio di luce su di un'area trasversale dell'ordine di 1 μm^2
per esaltare gli effetti nonlineari legati all'esistenza dell'effetto Kerr ottico.

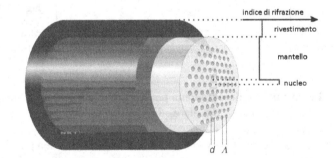

Fig. 6.9 Struttura interna di una fibra ottica mi-
crostrutturata (per gen-
tile concessione di NKT
Photonics)

Fibre di materiale polimerico. Si possono fabbricare fibre ottiche multimodali
usando polimeri, ad esempio polimetilmetacrilato (PMMA, $n = 1.495$) per il nucleo
e fluoroalchilmetacrilato ($n = 1.402$) per il mantello. Questo tipo di fibra, chiamata
"plastic optical fiber" (POF), ha finestra di trasparenza nel visibile, tra 500 e 700 nm,
ha un coefficiente di attenuazione elevato (50-100 dB/km), una grande apertura nu-

merica ed un basso costo. Le applicazioni principali sono nella trasmissione di dati a breve distanza, nella sensoristica, e nell'illuminazione di interni.

6.5 Componenti ottici in fibra

Nei sistemi ottici in cui i segnali viaggiano in fibra è molto utile disporre di componenti in fibra per la manipolazione dei segnali. In questa sezione vengono descritti due tipi di componenti, accoppiatori e specchi.

Accoppiatori. Gli accoppiatori a fusione sono ottenuti fondendo due fibre ottiche accostate lateralmente per un tratto che ha lunghezza dell'ordine del centimetro. La luce trasportata dalla fibra 1 si accoppia progressivamente nella fibra 2, come mostrato nella Fig. 6.10. La frazione di potenza F trasferita nella fibra 2 dipende dalla lunghezza L dell'accoppiatore secondo la legge:

$$F = \sin^2(AL), \tag{6.33}$$

dove il parametro A è una funzione crescente di λ. Scegliendo opportunamente la lunghezza della zona fusa è possibile ottenere dei divisori di potenza ottica con rapporto di accoppiamento arbitario e perdite molto basse, dell'ordine di 0.3-0.5 dB. Inoltre poiché la funzione che regola il trasferimento della potenza dalla fibra 1 alla fibra 2 è dipendente dalla lunghezza d'onda, l'accoppiatore può essere progettato in modo tale che, per una certa lunghezza della zona di fusione tra le fibre, si abbia un accoppiamento alla fibra 2 vicino al 100% per la lunghezza d'onda λ_1 e un accoppiamento nullo per la lunghezza d'onda λ_2. In questo modo è possibile realizzare un accoppiatore a divisione di lunghezza d'onda che permette di smistare separatamente su due fibre due lunghezze d'onda diverse provenienti dalla fibra 1, o, in maniera reciproca, di accoppiare sulla medesima fibra lunghezze d'onda trasportate da fibre diverse.

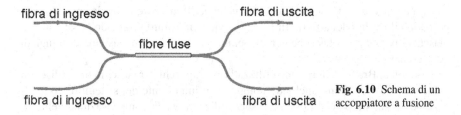

fibra di ingresso

fibra di uscita

fibre fuse

fibra di ingresso

fibra di uscita

Fig. 6.10 Schema di un accoppiatore a fusione

Reticoli di Bragg in fibra. È possibile costruire degli specchi in fibra che siano molto selettivi in frequenza utilizzando un approccio simile a quello descritto per gli specchi a strati dielettrici multipli nel Capitolo 3. Si tratta di realizzare nel nucleo della fibra una modulazione periodica dell'indice di rifrazione con passo opportuno. Tale tipo di struttura costituisce un reticolo di fase, e viene chiamata reticolo di

Bragg in fibra ("fiber Bragg grating", FBG). Analogamente al caso degli specchi a strati dielettrici, il massimo di riflettività si ha alla lunghezza d'onda λ_o per la quale la propagazione su di un passo del reticolo corrisponde ad uno sfasamento di π. Se Λ è il passo del reticolo, si ha quindi:

$$\lambda_o = 2n\Lambda \qquad (6.34)$$

dove n è l'indice di rifrazione medio del nucleo. Più in generale, si avrà un massimo di riflettività per tutte le lunghezze d'onda corrispondenti a sfasamenti su di un passo che siano multipli interi di π.

La riflettività massima si calcola utilizzando le relazioni (3.53) e (3.54) presentate nella sezione 3.3.4 per gli specchi a strati dielettrici. Ponendo $n_1 = n_2 = n_B = n$, e $n_A = n + \Delta n$ nella (3.54), l'espressione di R_{max} diventa:

$$R_{max} = tanh^2\left(N\frac{\Delta n}{n}\right), \qquad (6.35)$$

dove N è il numero di periodi.

Di solito, la lunghezza L del reticolo è di alcuni millimetri, cioè il rapporto $N = L/\Lambda$ è dell'ordine di 10^4. L'alto numero di passi permette di ottenere riflettività vicine al 100%, nonostante la variazione di indice di rifrazione sia molto piccola. Ad esempio, ponendo $\Delta n = 2 \times 10^{-4}$, $N = 4 \times 10^4$, $n = 1.5$, si ottiene: $R_{max} = 99.99\%$.

Il fatto che il numero dei passi sia alto comporta che il reticolo abbia riflettività elevata in uno stretto intervallo di lunghezze d'onda, $\Delta\lambda$, attorno a λ_o: si può infatti ritenere che il rapporto $\Delta\lambda/\lambda_o$ sia dell'ordine di $\Lambda/L = 1/N$.

Per fabbricare i reticoli di Bragg si sfrutta la fotosensibilità all'UV presentata dai vetri a base di ossido di silicio quando viene aggiunto ossido di germanio: illuminando tali vetri con radiazione avente lunghezza d'onda di 248 nm, proveniente da un laser ad eccimeri, viene indotto un cambiamento strutturale permanente nel vetro che modifica l'indice di rifrazione. Il cambiamento di indice di rifrazione è piccolo, tipicamente di 10^{-4}, ma questo valore può essere aumentato diffondendo preventivamente idrogeno nel nucleo attraverso un processo di diffusione ad alta pressione e bassa temperatura. Ci sono diverse tecniche per illuminare in modo spazialmente periodico il nucleo della fibra. In Fig. 6.11 viene mostrato il metodo basato su una maschera periodica di fase che genera nel nucleo della fibra un sistema di frange di interferenza con passo Λ.

I reticoli di Bragg in fibra sono utilizzati come specchi per i laser in fibra (discussi nella Sezione 6.7). Sono anche un componente importante dei sistemi di comunicazione ottica, sia perché possono essere utilizzati per la compensazione della dispersione della velocità di gruppo, sia perché permettono di estrarre in modo molto selettivo un singolo canale dal segnale a più lunghezze d'onda che viaggia in fibra nei sistemi a multiplazione di lunghezza d'onda. Inoltre, come verrà discusso nel Capitolo 7, hanno un ruolo importante nei sensori a fibra ottica.

Di recente sono stati sviluppati dei reticoli in fibra detti "long period grating" in cui la modulazione dell'indice di rifrazione ha un periodo più lungo della lunghezza d'onda. Tali reticoli sono in grado di trasferire selettivamente dal nucleo al

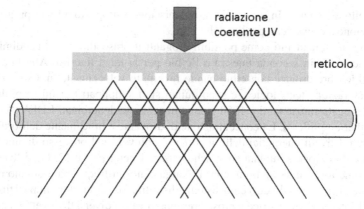

Fig. 6.11 Processo di fabbricazione dei reticoli di Bragg in fibra

mantello la radiazione che si propaga in un modo specifico della fibra. La potenza trasferita nel mantello è persa definitivamente. Poiché l'efficienza di accoppiamento nucleo-mantello dipende dalla lunghezza d'onda, è possibile ottenere una perdita selettiva in lunghezza d'onda. Il reticolo funziona quindi come un filtro rigetta banda, impiegabile sia nel campo delle comunicazioni, che nella sensoristica.

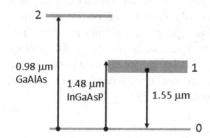

Fig. 6.12 Livelli energetici dello ione Er^{3+} in matrice vetrosa

6.6 Amplificatori in fibra ottica

Se il nucleo viene drogato con piccole concentrazioni di ioni di terre rare, la fibra ottica può costituire il mezzo attivo per la realizzazione di un amplificatore di luce. Gli amplificatori in fibra ottica hanno subìto un grande sviluppo a partire dalla metà degli anni '80 sotto la spinta dell'evoluzione tecnologica dei sistemi di trasmissione ottici. L'interesse è nato dall'esigenza di realizzare amplificatori a larga banda funzionanti nella seconda e terza finestra di bassa attenuazione delle fibre ottiche (1300 e 1550 nm, rispettivamente) che permettessero di ripristinare periodicamente il livello di potenza in un canale di trasmissione sottoposto ad una progressiva attenuazione a causa delle perdite della fibra.

Sono stati considerati come possibili droganti il praseodimio e il neodimio per l'amplificazione in seconda finestra e l'erbio per la terza finestra. Alla fine degli anni '80 le fibre drogate con erbio hanno raggiunto velocemente un elevato livello di maturazione tecnologica, e sono quindi stati sviluppati i primi amplificatori in fibra drogata funzionanti a 1550 nm, comunemente denominati EDFA ("erbium doped fiber amplifier"). La concentrazione di drogante è tipicamente dell'ordine di 1000 ppm. I livelli energetici dello ione Er^{3+} coinvolti nel processo di amplificazione per emissione stimolata sono schematizzati nella Fig. 6.12. Ogni livello va inteso come una banda molto ampia; l'allargamento in frequenza è dovuto essenzialmente al fatto che il vetro è un sistema disordinato, per cui ioni in posizioni diverse all'interno della matrice vetrosa presentano valori diversi dei livelli energetici eccitati.

L'amplificazione utilizza uno schema a tre livelli, e sfrutta, come livello superiore della transizione su cui c'è guadagno ottico, un livello metastabile (la banda indicata come 1 in Fig. 6.12) che ha un tempo di decadimento spontaneo di circa 12 ms. Lo schema è simile a quello del laser a rubino descritto nel Capitolo 1. La banda di guadagno si estende da circa 1530 a 1560 nm, e presenta un picco pronunciato a 1530 nm, come mostrato nella Fig. 6.13. Il pompaggio è di tipo ottico e può avvenire a 980 o a 1480 nm. Il pompaggio a 980 nm è quello più comunemente utilizzato: nei primi esperimenti veniva realizzato attraverso il laser a titanio-zaffiro, che nei sistemi commerciali è stato soppiantato dai laser a semiconduttore *GaInAs* più efficienti e molto meno ingombranti. Il pompaggio a 1480 nm avviene sfruttando i livelli energetici superiori della banda di emissione (banda 1), dai quali gli elettroni decadono rapidamente per via non radiativa sul fondo della banda stessa. Il pompaggio a 1480 nm è diffuso negli amplificatori commerciali, soprattutto nel caso siano richieste elevate prestazioni in potenza.

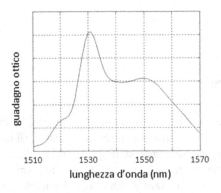

Fig. 6.13 Spettro di guadagno dell'amplificatore basato su fibra drogata erbio

È importante notare che il processo di pompaggio è particolarmente efficiente nel caso dell'amplificatore in fibra ottica in quanto sia il campo di pompa sia il campo del segnale che deve essere amplificato si propagano in regime monomodale nella fibra: per questo la loro sovrapposizione spaziale risulta ottimale.

Avendo fissato la potenza di pompa e le caratteristiche di drogaggio della fibra, il parametro critico di progetto risulta essere la lunghezza totale di fibra drogata da utilizzare. Infatti, se la lunghezza di fibra è eccessiva, nell'ultimo tratto non è verificata la condizione di inversione e il segnale, invece di essere amplificato, viene assorbito. Viceversa, se la fibra è troppo corta, parte della pompa viene sprecata.

I parametri tipici per un amplificatore ottico in fibra sono i seguenti. La concentrazione di ioni erbio è $N_t \approx 20 \times 10^{24}$ m^{-3}, la sezione d'urto di emissione stimolata $\sigma = 8 \times 10^{-25}$ m^{-2}, la lunghezza dell'amplificatore $L = 10\text{-}20$ m, la potenza di pompa $P_p = 10 - 20$ mW. Il guadagno di potenza può arrivare a 10^4 (40 dB), con una efficienza di conversione del 30-40%.

L'amplificatore ottico in fibra viene realizzato secondo lo schema di massima mostrato in Fig. 6.14: la pompa e il segnale da amplificare vengono iniettati nella fibra all'erbio tramite un accoppiatore dicroico del tipo descritto nella sezione precedente. Dopo la fibra drogata viene inserito un isolatore ottico. L'isolatore serve ad evitare che retroriflessioni a valle dell'amplificatore riproducano l'effetto di una cavità inducendo una oscillazione laser indesiderata. La potenza di pompa residua in uscita può essere eliminata tramite un filtro o un secondo accoppiatore dicroico.

In tempi successivi sono state sviluppate fibre a drogaggio misto erbio e itterbio $(Er^{3+}\text{-} Yb^{3+})$, nelle quali l'efficienza di conversione è nettamente migliore rispetto alle fibre all'erbio. In tali fibre l'assorbimento della pompa avviene attraverso l'eccitazione di un livello energetico dell'itterbio caratterizzato da una sezione d'urto di assorbimento molto elevata. L'energia viene quindi trasferita in modo risonante al livello superiore dell'erbio inducendo l'inversione di popolazione. Questo tipo di drogaggio è attualmente utilizzato per la realizzazione di amplificatori che generino segnali di potenza elevata (dell'ordine del Watt).

Il principale ostacolo alla realizzazione di amplificatori ad alta potenza è stato per anni rappresentato dal fatto che le sorgenti di pompa, costituite da diodi a semiconduttore o schiere di diodi, avendo un fascio di uscita estremamente astigmatico e

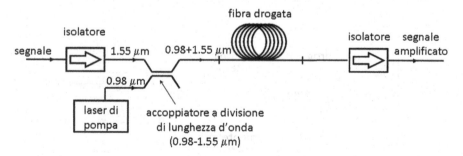

Fig. 6.14 Schema dell'amplificatore in fibra

spazialmente multimodale, davano luogo ad una scarsa efficienza di accoppiamento con la fibra monomodale. Per questo motivo sono stati studiati nuovi tipi di fibra che permettessero di ottenere un accoppiamento efficiente con i diodi di pompa. Tali fibre, chiamate "cladding pumped" (pompaggio nel mantello), sono costituite da una struttura a tre zone concentriche, come illustrato in Fig. 6.15. Il nucleo drogato ha diametro tale da rendere monomodale la fibra alla lunghezza d'onda del segnale; nel mantello interno, che ha un indice di rifrazione intermedio, si propaga la pompa in regime multimodale, mentre il mantello esterno ha un indice di rifrazione più basso e garantisce le condizioni di guida per la pompa. Le dimensioni del mantello interno sono di qualche centinaio di micrometri, per cui la pompa può essere accoppiata con efficienza molto elevata: durante la propagazione la pompa viene progressivamente assorbita all'interno del nucleo drogato. Una delle soluzioni considerate per aumentare l'assorbimento della pompa consiste nell'utilizzare un mantello interno di tipo ellittico o poligonale che ottimizza la sovrapposizione spaziale della radiazione di pompa con quella del segnale che si propaga nel nucleo.

Nelle comunicazioni ottiche, in alternativa alle fibre drogate, erano stati inizialmente presi in considerazione gli amplificatori a semiconduttore, ma i dispositivi in fibra hanno presto raggiunto un ottimo grado di maturazione in quanto si sono rivelati di semplice fabbricazione, estremamente efficienti, e perfettamente compatibili con la fibra utilizzata nelle linee di trasmissione. Il confronto tra SOA e EDFA verrà discusso più in dettaglio nel Capitolo 7.

Seguendo lo stesso schema dell'EDFA, si possono realizzare amplificatori in fibra drogata con Nd che operano a 1.06 μ o 1.34 μm), oppure in fibra drogata con Yb che operano nell'intervallo 1.05-1.12 μm. Sono stati anche sperimentati amplificatori che utilizzano fibre ZBLAN drogate con Pr e funzionano nell'intervallo 1.28-1.34 μm.

6.7 Laser in fibra ottica

Come discusso nel Capitolo 1, l'amplificatore può diventare un oscillatore se viene inserito in una cavità. Perciò la fibra drogata può diventare il mezzo attivo per la realizzazione di laser in fibra. L'interesse per questo tipo di sorgenti è partito dal

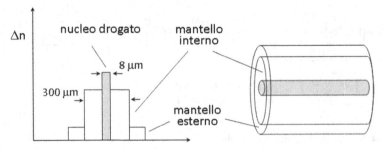

Fig. 6.15 Struttura della fibra ottica "cladding pumped"

campo delle telecomunicazioni, in quanto si pensava che potessero funzionare come trasmettitori per sistemi ad alta frequenza di ripetizione, ma le prestazioni dei laser in fibra non avevano una stabilità sufficiente per questo tipo di applicazione. La ricerca ha avuto comunque notevoli sviluppi perché sono state individuate importanti possibilità di utilizzo dei laser in fibra come sorgenti di elevata potenza sia continua che impulsata. I vantaggi principali sono i seguenti:

- Se la fibra è monomodale, il fascio laser di uscita ha un profilo trasversale Gaussiano di ottima qualità, ed è quindi facilmente focalizzabile, al contrario di quanto avviene con laser a semiconduttore o con laser di potenza che utilizzano cristalli (come il laser Nd-YAG).
- La propagazione in regime guidato permette di ottenere un ottimo livello di assorbimento della radiazione di pompa, cosicché il laser può avere una efficienza elevata.
- La fibra presenta un rapporto superficie volume molto elevato, ed è quindi in grado di dissipare molto efficacemente il calore sviluppato durante il pompaggio, di modo che non è necessario introdurre sistemi di raffreddamento del mezzo attivo.

Le cavità a Fabry-Perot (Fig. 6.16b) hanno avuto notevole successo per la realizzazione di sorgenti di potenza in continua, sfruttando fibre "cladding pumped". Gli specchi sono generalmente realizzati tramite dei reticoli di Bragg scritti direttamente sulla fibra tramite radiazione ultravioletta.

Particolarmente interessante è il laser in fibra drogata Yb^{3+}. Lo ione itterbio si comporta come un sistema a 4 livelli, viene pompato intorno a 915 nm ed emette su una banda di circa 80 nm intorno a 1100 nm. Attualmente sono disponibili commercialmente laser di questo tipo che emettono in continua fino ad alcuni kW con elevate efficienze di conversione. Si tratta di una sorgente che ha un ingombro minimo e non necessita di complicati apparati di raffreddamento. Per questi motivi si sta velocemente diffondendo per applicazioni industriali pesanti quali la marcatura, il taglio di precisione, e la saldatura.

Per la realizzazione di laser impulsati sono utilizzate principalmente cavità ad anello, come quella mostrata in Fig. 6.16a. La cavità ad anello è costituita da un tratto di fibra drogata che viene richiusa su se stessa. La pompa viene iniettata tramite un accoppiatore dicroico, mentre l'uscita del laser viene prelevata tramite un accoppiatore in fibra. Il funzionamento impulsato viene indotto inserendo all'interno della cavità un modulatore elettro-ottico o acusto-ottico, oppure un materiale (assorbitore saturabile) che presenta un'attenuazione che decresce con la potenza incidente. Attualmente sono disponibili in commercio sorgenti impulsate in fibra drogata con erbio che possono funzionare sia ad elevata frequenza di ripetizione (fino a 20 GHz) con durata degli impulsi intorno a qualche picosecondo, sia a moderata frequenza di ripetizione (dell'ordine del MHz) e durata degli impulsi dell'ordine del picosecondo o inferiore.

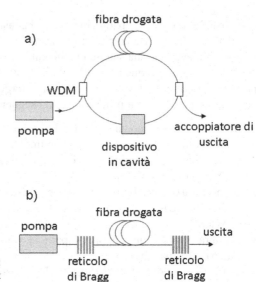

Fig. 6.16 Schemi di cavità laser in fibra:
a) cavità ad anello; b) cavità Fabry-Perot

Esercizi

6.1. Si consideri una fibra step-index con apertura numerica 0.15, indice di rifrazione del nucleo 1.47, e diametro del nucleo 20 μm. Calcolare: a) l'angolo massimo di accettazione; b) l'indice di rifrazione del mantello; c) il numero approssimato di modi che possono propagarsi a 800 nm.

6.2. Un fascio di luce di potenza 10 mW viene inviato in una fibra ottica lunga 500 m. Assumendo che la potenza di uscita sia 8 mW, calcolare la costante di attenuazione α_o in dB/km.

6.3. Un'onda luminosa viene accoppiata in una fibra step-index con apertura numerica $NA = 0.12$ e raggio del nucleo $a = 4.5$ μm. a) Determinare se il comportamento della fibra a $\lambda = 1550$ nm sia monomodale o multimodale; b) calcolare il parametro w del modo fondamentale a $\lambda = 1550$ nm.

6.4. Un impulso di luce di forma temporale gaussiana, con frequenza angolare ω_o, durata a metà altezza $\tau_p = 4$ ps e prodotto banda-durata uguale a 0.441, viene accoppiato in una fibra monomodale. La fibra ha un coefficiente di attenuazione $\alpha_o = 0.15$ dB/km ed una costante di propagazione che dipende da ω secondo la legge:

$$\beta(\omega) = \beta_o + \beta_1(\omega - \omega_o) + (1/2)\beta_2(\omega - \omega_o)^2 \tag{6.36}$$

dove $\beta_1 = 4.90 \times 10^{-9}$ s/m, $\beta_2 = -1 \times 10^{-27}$ s^2/m. Assumendo che la lunghezza della fibra sia $L = 50$ km, calcolare: a) il tempo impiegato dal picco dell'impulso a propagarsi lungo la fibra; b) la durata dell'impulso $\tau_p(L)$ all'uscita dalla fibra; c) il rapporto tra energia di uscita ed energia di entrata; d) il rapporto tra potenza di picco in uscita e potenza di picco in entrata.

6.5. Si consideri una fibra step-index con un raggio del nucleo $a = 4.5$ μm e indice di rifrazione del nucleo $n_1 = 1.494$. Assumendo che la frequenza normalizzata sia $V = 2.15$ a $\lambda = 1550\,nm$, calcolare: a) l'indice di rifrazione del mantello; b) il raggio w del modo fondamentale; c) la lunghezza d'onda alla quale la fibra cessa di essere monomodale.

6.6. Calcolare l'indice di rifrazione effettivo n_{eff} a $\lambda = 1550$ nm per una fibra ottica monomodale avente raggio del nucleo $a = 5$ μm, indice di rifrazione del nucleo $n_1 = 1.484$, indice di rifrazione del mantello $n_2 = 1.480$. Si assuma che $n_{eff} = n_1 f_1 + n_2 f_2$, dove f_1 ed f_2 sono le frazioni della potenza ottica che viaggiano, rispettivamente, nel nucleo e nel mantello. Il profilo spaziale del singolo modo sia $exp[(x^2 + y^2)/w^2]$. Il valore di n_{eff} deve essere calcolato con almeno 4 cifre decimali.

6.7. Un impulso di luce di forma temporale gaussiana, con durata a metà altezza $\tau_p = 1$ ps e prodotto banda-durata uguale a 0.441, viene accoppiato in una fibra ottica monomodale con parametro $\beta_2 = 10$ ps^2/km. Calcolare a quale distanza di propagazione τ_p raddoppia.

6.8. Calcolare passo e lunghezza di un reticolo di Bragg in fibra che abbia un picco di riflettività $R_{max} = 0.995$ a $\lambda = 1500$ nm, assumendo che l'indice di rifrazione medio del nucleo sia $n = 1.5$ e che $\Delta n = 2 \times 10^{-4}$.

6.9. Un amplificatore in fibra drogata con erbio ha lunghezza $L = 10$ m e sezione d'urto di emissione stimolata $\sigma = 1.2 \times 10^{-20}$ cm^2 a $\lambda = 1550$ nm. Calcolare il valore dell'inversione di popolazione $N_2 - N_1$ necessaria per raggiungere un guadagno di piccolo segnale uguale a 20 dB.

6.10. Un amplificatore in fibra drogata con erbio ha lunghezza $L = 11$ m. Assumendo che la sezione d'urto di emissione stimolata a $\lambda = 1530$ nm sia 1.2×10^{-20} cm^2 e che l'inversione di popolazione sia $N_2 - N_1 = 7 \times 10^{17}$ cm^{-3}, calcolare il guadagno di piccolo segnale in unità di dB.

7

Applicazioni

Sommario Le applicazioni del laser si possono dividere in tre categorie principali: a) applicazioni alle tecnologie dell'informazione e delle comunicazioni ("Information and Communication Technology", ICT), che comprendono le comunicazioni ottiche, le memorie ottiche, le stampanti laser, e l'elaborazione ottica dei dati; b) strumentazione diagnostica e sensoristica, che comprende una grande varietà di tecniche ottiche per la telemetria, la velocimetria, la misura di grandezze meccaniche ed elettriche, la diagnostica ambientale e biomedicale; c) la lavorazione dei materiali con fasci laser intensi, che comprende operazioni di taglio, saldatura, foratura e marcatura di tutti i materiali di interesse industriale, ed anche la chirurgia con il laser. In questo capitolo sono descritte brevemente alcune applicazioni, che sono state selezionate in base alla loro importanza, ma anche tenendo conto del fatto che le spiegazioni relative siano comprensibili con gli strumenti di conoscenza forniti da questo testo. Sono stati anche inseriti dei cenni a due argomenti estremamente importanti che rientrano nell'area della Fotonica, anche se non riguardano direttamente il laser: le applicazioni dei LED e le celle fotovoltaiche.

7.1 Tecnologie dell'informazione e delle comunicazioni

Questa categoria di applicazioni è non solo la più importante in termini economici e sociali, ma anche quella a diffusione più capillare. È sufficiente citare due aspetti: a) tutto il traffico di voce (comunicazioni telefoniche) e dati/immagini (internet) su lunga distanza è basato su sequenze di impulsi di luce laser che viaggiano in fibra ottica; b) la memorizzazione e la fruizione di musica, film, documentazione di tutti i tipi, avviene attraverso la scrittura e lettura con il laser su dischi ottici (CD, DVD, Blu-Ray). Come si vede, si tratta di applicazioni che hanno modificato in modo radicale molti aspetti delle attività umane.

Prima di discutere le singole applicazioni, è utile ricavare alcuni ordini di grandezza sulla quantità di dati che occorre trasmettere o memorizzare.

La trasmissione e la memorizzazione di dati avvengono in forma digitale. Un testo scritto è una sequenza di simboli (alfabetici, numerici, di punteggiatura, matematici). Ogni simbolo è codificato da una sequenza di 7 unità binarie, chiamate bit, che permette $2^7 = 128$ combinazioni (codice ASCII). Quindi una pagina di 2000 caratteri corrisponde ad una sequenza di 14000 bit = 14 kbit.

© Springer-Verlag Italia Srl. 2016
V. Degiorgio and I. Cristiani, *Note di fotonica*, UNITEXT for Physics,
DOI 10.1007/978-88-470-5788-3_7

Nel caso dei segnali acustici (voce o musica), l'ampiezza di vibrazione è una funzione del tempo di tipo analogico, che viene convertita da un trasduttore in un segnale elettrico, il quale, a sua volta, viene campionato e digitalizzato da un convertitore analogico-digitale. La frequenza di campionamento che deve essere usata per non distorcere il segnale è fissata dal teorema di Nyquist e Shannon, che dice: se una funzione continua del tempo $f(t)$ ha una larghezza spettrale Δv, essa è completamente determinata quando è campionata ad una frequenza $\geq 2\Delta v$. Se la digitalizzazione utilizza $2^8 = 256$ livelli, ogni campione consiste di una sequenza di 8 bit. Ne consegue che per ottenere una buona fedeltà di riproduzione, tipicamente occorre trasmettere 40 kbit/secondo. Per memorizzare un'ora di musica ci vogliono quindi 144 Mbit.

Un segnale televisivo consiste di una sequenza di immagini, 20 al secondo, ognuna digitalizzata sotto forma di una matrice di pixel. Ogni immagine corrisponde, grosso modo, a $700 \times 500 = 350000$ pixel. Per tenere conto della codifica a tre colori, rosso, verde, blu ("red, green, blue", RGB), bisogna moltiplicare per 3. La velocità di trasmissione richiesta sarebbe quindi di circa 22 Mbit/s. Per fortuna, sono state inventate tecniche di compressione che possono ridurre considerevolmente tale valore. Per memorizzare un film della durata di 100 minuti occorrono, in pratica, 30 Gbit.

7.1.1 Comunicazioni ottiche

Un sistema di comunicazioni ottiche consiste di un trasmettitore, che genera il segnale ottico modulato, di una guida ottica, che trasporta a distanza il segnale, e di un ricevitore, che trasforma la sequenza di impulsi di luce in un segnale elettrico che riproduce fedelmente il messaggio di partenza. La trasmissione diretta del segnale ottico nello spazio, senza ricorrere alla fibra, è utilizzata solo nelle comunicazioni spaziali, dove sono assenti le distorsioni dovute all'atmosfera. Il primo sistema di comunicazione in fibra con cavo sottomarino fu realizzato tra Stati Uniti ed Europa nel 1988, seguito due anni dopo da un collegamento simile tra Stati Uniti e Giappone. Negli anni 1990 l'introduzione di laser a semiconduttore a singolo modo e di amplificatori ottici in fibra ha dato un impulso decisivo al successo delle comunicazioni ottiche. L'intervallo di lunghezze d'onda utilizzate, attorno al minimo di attenuazione per le fibre ottiche, va da 1520 nm a 1620 nm (da 185 a 200 THz). L'intervallo 1520-1570 nm è chiamato banda C, mentre la banda L corrisponde a 1570-1620 nm.

Le fibre ottiche rappresentano il supporto fisico ideale per la trasmissione su lunga distanza e ad alta velocità, in quanto, come si è visto nel Capitolo 6, sono caratterizzate da basse perdite e da una banda di trasmissione molto elevata ($> 5\,\mathrm{THz}$).

Nella Fig. 7.1 è illustrato lo schema di un collegamento punto-punto in un sistema in fibra. Il segnale ha un formato digitale: la presenza di un impulso di luce corrisponde al bit 1 mentre l'assenza di impulso viene rivelata come bit 0. L'informazione digitale viene trasferita modulando la luce emessa dal diodo laser. Questa operazione può essere realizzata o modulando direttamente la corrente di pilotaggio del diodo o tramite un modulatore di ampiezza che sfrutta l'effetto Pockels in niobato di litio, come descritto nel Capitolo 4. La prima soluzione è sicuramente più semplice e meno costosa, ma produce impulsi di cattiva qualità che si deteriorano dopo brevi tratti di propagazione in fibra ottica. Per questo, nei collegamenti su lunga distanza il diodo laser viene fatto funzionare in continua e la luce emessa viene modulata esternamente al laser. Gli impulsi vengono quindi inviati in una fibra monomodale, dove si propagano subendo una attenuazione ed un allungamento temporale dovuto alla dispersione ottica.

Gli impulsi sono periodicamente amplificati tramite un amplificatore EDFA (descritto nel Capitolo 6). La lunghezza della tratta tra un amplificatore e il successivo può variare tra 80 e 100 Km. È stata anche valutata la possibilità di utilizzare amplificatori a semiconduttore (SOA) per la trasmissione su lunga distanza. Le prestazioni dei SOA non si sono rivelate adatte per questa applicazione, principalmente a causa del fatto che la dinamica dell'amplificatore evolve su tempi dell'ordine dei picosecondi. Di conseguenza, né il guadagno dell'amplificatore, né l'indice di rifrazione rimangono costanti per tutta la durata dell'impulso da amplificare, producendo considerevoli distorsioni in ampiezza e fase. Al contrario gli EDFA, grazie alla vita media molto lunga del livello eccitato, hanno un guadagno poco sensibile a rapide fluttuazioni della potenza di pompa, ed hanno una dinamica molto lenta (dell'ordine dei millisecondi), di modo che impulsi della durata di decine di picosecondi vengono amplificati in modo lineare con un guadagno determinato dalla potenza media che attraversa l'EDFA. Se confrontati con i SOA, gli amplificatori in fibra drogata presentano diversi vantaggi, quali l'ampia banda di guadagno, l'indipendenza del guadagno dalla polarizzazione del fascio di luce da amplificare, e le basse perdite di inserimento nel sistema di trasmissione. L'amplificatore EDFA ha un guadagno che non dipende dal formato di modulazione del segnale, e può amplificare simultaneamente più segnali a diverse lunghezze d'onda, come quelli utilizzati nelle comunicazioni ottiche.

Le fibre attualmente installate sono prevalentemente di tipo SMR e dispersion shifted (DS). Gli effetti della dispersione ottica sono compensati inserendo tratti di

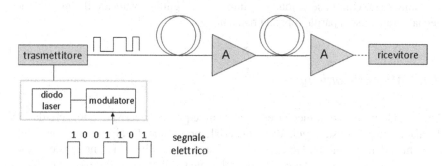

Fig. 7.1 Schema di un collegamento punto-punto in fibra ottica

fibra DIS-CO, che ha un parametro di dispersione di segno opposto a quello della fibra SMR, o sfruttando reticoli di Bragg con una modulazione dell'indice di rifrazione non periodica ("chirped Bragg gratings"). Al termine della linea di trasmissione il segnale digitale viene rivelato tramite un fotodiodo *p-i-n* o a valanga. In ogni sistema di comunicazione c'è un contributo inevitabile di rumore che proviene dalla linea di trasmissione e dal ricevitore. La prestazione di un sistema digitale di comunicazione è misurata assegnando la probabilità di errore per bit, "bit error rate" (BER). Si richiede alla BER di essere $< 10^{-9}$, il che significa meno di un errore ogni miliardo di bit.

Al fine di sfruttare al meglio l'enorme banda messa a disposizione dalla fibra e dall'amplificatore ottico, sono state sviluppate tecniche di multiplazione che permettono di trasmettere attraverso un'unica fibra più segnali modulati, detti canali nel linguaggio delle telecomunicazioni. La tecnica più utilizzata è la multiplazione a divisione di lunghezza d'onda ("wavelength division multiplexing", WDM), nella quale più canali a diversa lunghezza d'onda vengono trasmessi contemporaneamente secondo lo schema mostrato in Fig. 7.2. Se la distanza in frequenza fra due canali adiacenti è maggiore della banda di modulazione utilizzata per il singolo canale, in prima approssimazione non nasce alcun tipo di interferenza fra i segnali dei diversi canali. Ad esempio, considerando un sistema WDM a 40 canali, ciascuno modulato a 10 Gbit/s, che utilizzano 40 laser operanti attorno a $\lambda = 1550$ nm con una spaziatura in lunghezza d'onda di 0.8 nm (corrispondente ad una spaziatura in frequenza di 100 GHz) si ottiene una prestazione equivalente a quella di un canale che trasmette a 400 Gbit/s. I diversi canali vengono separati prima della rivelazione tramite un insieme di filtri ottici che costituiscono il dispositivo di demultiplexing. L'utilizzazione del WDM ha permesso di aumentare notevolmente la capacità di trasmissione di ciascuna fibra. Al momento attuale, sono disponibili sistemi WDM con una capacità di alcuni Tb/s.

Negli anni recenti sono anche state studiate nuove tecniche di modulazione con lo scopo di utilizzare al meglio la banda disponibile nella fibra ottica e di garantire una trasmissione del segnale di buona qualità. Uno degli approcci più promettenti riguarda la possibilità di modulare in fase ("differential phase shift keying", DPSK) il segnale ottico e utilizzare più livelli di fase per ogni singolo bit in modo da ottenere una trasmissione digitale multilivello invece che utilizzare due soli livelli di ampiezza. Questa soluzione può aumentare significativamente il "bit-rate" del segnale trasmesso a parità di banda fisica utilizzata.

7.1.2 Memorie ottiche

Utilizzando un fascio di luce laser focalizzato è possibile scrivere e leggere dati in forma digitale sulla superficie di un materiale opportuno. Ogni pixel presente sulla superficie della memoria può essere in due stati possibili: stato 1, nel quale riflette totalmente la potenza incidente, stato 0, nel quale la riflettività è nulla. Lo stato 0 può essere creato scavando un pozzetto di profondità $\lambda/4$ nel materiale mediante abla-

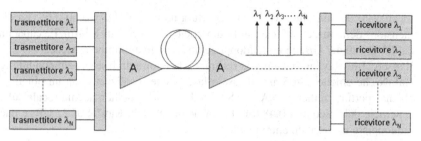

Fig. 7.2 Tecnica WDM

zione laser. Nel caso di dischi riscrivibili, il riscaldamento dovuto all'assorbimento di luce trasforma reversibilmente la struttura cristallina dello strato superficiale del pixel (costituito tipicamente da composti di $AgInSbTe$ o $GeSbTe$) producendo, attraverso una transizione di fase, un cambiamento significativo in riflettività. Se il materiale ha proprietà magneto-ottiche, come accade in alcune leghe del tipo $TbFeCo$, l'effetto della transizione di fase è quello di ruotare la polarizzazione del fascio riflesso rispetto a quella del fascio incidente. La variazione di polarizzazione viene convertita in variazione di intensità utilizzando un polarizzatore.

Il parametro che caratterizza gli obiettivi utilizzati per focalizzare fasci di luce è l'apertura numerica NA della lente. Quando un fascio laser viene focalizzato da un obiettivo di apertura numerica NA, il diametro della macchia focale è dato da:

$$d_f = \frac{a\lambda}{NA} \tag{7.1}$$

dove a è una costante numerica dell'ordine di 1. L'area utilizzata per memorizzare un bit di informazione è calcolata come $2d_f^2$. Se $\lambda = 0.8\,\mu m$, in un cm^2 si potrebbero memorizzare circa 150 Mbit. Nelle memorie digitali si usa una unità di base composta di 8 Bit, che si chiama "Byte". Per dare un esempio di notazione, $10^6\,Byte = 1\,MegaByte = 1\,MB$.

Un aspetto tecnico molto importante nella progettazione del lettore di disco ottico è che la distanza fra la lente di focalizzazione e la superficie del disco deve essere controllata con grande precisione. Infatti, tenendo presente la trattazione delle onde sferiche gaussiane svolta nel Capitolo 2, si deve ricordare che, se la macchia focale ha dimensioni dell'ordine di $1\,\mu m$, la lunghezza di Rayleigh associata ha dimensioni di pochi μm. I lettori devono essere dotati di un sistema molto efficace di stabilizzazione attiva della distanza tra lente e disco in tempo reale.

- Il "Compact Disc" (CD) utilizza per la scrittura e la lettura un laser a semiconduttore GaAlAs che emette nel vicino infrarosso a 780 nm. Il fascio laser viene focalizzato con un obiettivo che ha apertura numerica NA = 0.45-0.50. La dimensione della macchia focale sulla superficie del disco è di 1.6 μm. La capacità del CD è di 680 MB.
- Il "Digital Versatile Disc" (DVD) utilizza per la scrittura e la lettura un laser a semiconduttore GaAlAs che emette nel rosso a 650 nm. Il fascio laser viene

focalizzato con un obiettivo che ha apertura numerica NA = 0.60-0.65. La dimensione della macchia focale sulla superficie del disco è di 1.1 µm. La capacità del DVD è di 4.7 GB, e può raddoppiare utilizzando entrambe le facce.

- Il disco "Blu-Ray" utilizza per la scrittura e la lettura un laser a semiconduttore GaInN che emette a 405 nm. Il fascio laser viene focalizzato con un obiettivo che ha apertura numerica NA = 0.85. La dimensione della macchia focale sulla superficie del disco è di 0.48 µm. La capacità del "Blu-Ray" è di 25 GB, e può raddoppiare utilizzando entrambe le facce.

La capacità della memoria potrebbe essere considerevolmente aumentata operando una memorizzazione di volume anziché di superficie. A questo proposito, sono allo studio diverse tecniche.

7.1.3 Circuiti ottici integrati

L'elaborazione ottica dell'informazione potrebbe diventare molto più efficiente se venisse compiuta nel campo dell'ottica una transizione simile a quella avvenuta nel campo dell'elettronica quando si è affermata l'elettronica integrata o microelettronica. Se si considera, a titolo di esempio, un trasmettitore in un sistema di comunicazioni ottiche, si nota che esso contiene un insieme molto eterogeneo di componenti e di materiali, ed ha dimensioni dell'ordine dei centimetri. Se fosse possibile realizzare su di un unico microcircuito integrato ("chip"), utilizzando le tecniche di fabbricazione sviluppate per la microelettronica, tutte le funzioni richieste, ci sarebbero grandi benefici in termini di costo del trasmettitore e di energia spesa per ogni bit di informazione.

I vantaggi offerti dall'ottica integrata non riguarderebbero soltanto le comunicazioni ottiche su breve distanza ("local area network", LAN) e le reti di accesso, ma si estenderebbero a tutto il campo dell'elaborazione ottica dei dati. Un ambito molto importante di applicazione dell'ottica integrata è quello della realizzazione di interconnessioni ottiche, tramite dispositivi che permettano di portare il segnale dal dominio elettrico a quello ottico ("transceiver") e trasportarlo su breve distanza. Il trasporto ottico di dati ha non solo il vantaggio di essere immune da disturbi di tipo induttivo, ma può anche ridurre considerevolmente la dissipazione di energia. Si ritiene infatti che l'ostacolo principale alla costruzione di super-calcolatori della prossima generazione non risieda tanto nella scalabilità della tecnologia CMOS ("Complementary Metal Oxide Semiconductor"), ma principalmente nell'incremento del consumo energetico associato ai trasferimenti di dati tra microprocessori e memorie. Le interconnessioni ottiche possono lavorare a frequenze molto elevate con bassa dissipazione. Sono attualmente in fase di realizzazione strutture fotoniche su substrato di silicio che comprendono guide d'onda, filtri, modulatori e rivelatori. L'avvento delle interconnessioni ottiche potrebbe portare ad una rivoluzione nella progettazione della struttura dei super-calcolatori.

7.2 Metrologia e sensoristica ottica

La sensoristica ha un ruolo fondamentale nella società odierna non solo perché fornisce direttamente informazioni su una grande quantità di parametri, ma anche perché tali informazioni costituiscono i segnali di ingresso per il funzionamento dei sistemi automatici di produzione e di controllo ambientale.

La sensoristica ottica ha avuto un enorme sviluppo da quando è stato inventato il laser, e riguarda attualmente una grande varietà di applicazioni, dalla lettura del codice a barre negli esercizi commerciali alle misure di distanza e di velocità, al monitoraggio strutturale in ambito civile ed industriale, alle misure di temperatura e pressione in ambiente ostile, alla rilevazione di diversi parametri di interesse ambientale e biomedicale. La sensoristica basata su dispositivi fotonici offre elevata precisione, immunità da disturbi elettromagnetici, bassa invasività, e possibilità di controllo a distanza.

In questa sezione vengono descritte alcune applicazioni, senza alcuna pretesa di completezza.

7.2.1 Misure di distanza e di vibrazione

Esistono diversi metodi per la misura ottica di distanze o variazioni di distanza. La scelta del metodo dipende da quale è l'intervallo di distanze che si vuole esplorare, ed anche dalla precisione richiesta.

Radar ottico. Il principio è identico a quello del radar a microonde: un breve impulso di luce viene inviato verso l'oggetto di cui si vuole misurare la distanza L. L'impulso di luce retro-riflesso o retro-diffuso dall'oggetto ritorna al punto di partenza con un ritardo $\tau = 2nL/c$, dove c è la velocità della luce nel vuoto e n è l'indice di rifrazione dell'aria. Poiché τ può essere misurato con la precisione del nanosecondo, l'accuratezza nella misura di L è dell'ordine di 10 cm. Il metodo è applicabile per misurare distanze che vanno da alcuni metri a migliaia di chilometri.

La distanza maggiore che è stata misurata con questo metodo è la distanza terra-luna, distanza che è dell'ordine di 380000 km, corrispondenti ad un valore di τ di 2.5 s. Naturalmente si tratta di una distanza che varia nel tempo perché l'orbita della luna nel suo moto attorno alla terra è ellittica. È istruttivo discutere i problemi che si incontrano nell'effettuare questa misura. Se si volesse semplicemente sfruttare la luce retro-diffusa dalla superficie lunare si avrebbe un segnale troppo debole. Si è quindi deciso di posizionare sulla luna uno specchio ad elevata riflettività. Gli astronauti della prima missione Apollo, nel luglio 1969, hanno portato sulla luna uno specchio avente un'area $A_s = 1$ m^2. Ma, attenzione, perché l'esperimento funzioni occorre che lo specchio sia sempre in grado di retro-riflettere l'impulso di luce in direzione opposta a quella di arrivo, qualunque sia l'angolo di incidenza del fascio di luce. Poiché uno specchio normale non gode di questa proprietà, si è ricorso ad uno specchio formato da una matrice bidimensionale di corner cubes (vedere il Capitolo

3). Si assuma che il fascio di luce emesso dal laser sia un'onda sferica gaussiana con angolo di divergenza $\theta_o = 10^{-4}$ rad. Utilizzando la (2.48) si trova che l'area illuminata sulla superficie lunare ha un raggio $w_L = L\theta = 38$ km. Quindi la frazione di energia luminosa intercettata dallo specchio sulla luna è molto piccola. Il fascio riflesso ritorna sulla terra continuando ad allargarsi per diffrazione. Supponendo che il segnale di ritorno venga raccolto su di un'area uguale ad A_s, la frazione totale di energia luminosa che arriva sul rivelatore è:

$$\frac{A_s}{4\pi w_L^2} \approx 5 \times 10^{-11}. \tag{7.2}$$

Con un valore così basso la misura sarebbe estremamente difficile. Un deciso miglioramento si può ottenere diminuendo la divergenza del fascio laser attraverso un cannocchiale che allarga il diametro del fascio. Con un allargamento di un fattore 10 si guadagnano due ordini di grandezza nel valore del rapporto (7.2).

Per misure assolute di distanze che possono arrivare anche a qualche chilometro, si può ricorrere, in alternativa al radar ottico, a fasci laser in continua modulati sinusoidalmente in ampiezza con una frequenza di modulazione v_m scelta a seconda dell'intervallo di distanze su cui la misura deve essere effettuata. Il valore di L viene ricavato misurando lo sfasamento $\Delta\phi = 2\pi v_m nL/c$ nella modulazione di ampiezza del segnale di ritorno. La misura può presentare ambiguità perché lo sfasamento è una funzione periodica della distanza. L'ambiguità viene superata scegliendo opportunamente la frequenza di modulazione o utilizzando più frequenze di modulazione.

Metodo interferometrico. Il bersaglio viene illuminato da un fascio di luce, emesso da un laser in continua, che abbia una elevata stabilità in ampiezza e fase. Il segnale retro-riflesso (o retro-diffuso) viene sovrapposto ad una porzione del fascio laser utilizzando un interferometro di Michelson, come mostrato in Fig. 7.3. L'intensità luminosa vista dal rivelatore è proporzionale al modulo quadro della somma dei due campi, ed ha quindi un valore che dipende dall'interferenza tra il segnale che arriva dal bersaglio e quello che proviene dallo specchio di riferimento. Con una trattazione simile a quella svolta per l'interferometro di Mach-Zehnder nel Capitolo 4, è facile dimostrare che l'ampiezza del segnale elettrico uscente dal rivelatore è proporzionale a: $\cos^2(4\pi\Delta L/\lambda)$, dove ΔL è la differenza fra i due cammini. Il risultato può essere ambiguo perché qualunque incremento della distanza che sia pari ad un multiplo di $\lambda/2$ produce lo stesso risultato. Questo metodo è interessante soprattutto per misure molto precise di variazioni di distanza, come nel caso di misure di interesse geodetico o misure di ampiezza e frequenza di vibrazione, queste ultime di grande importanza in molti settori dell'ingegneria civile e meccanica. Si possono rivelare spostamenti di ampiezza molto inferiore ad 1 μm.

Triangolazione. È un metodo semplice, utilizzato anche nella messa a fuoco di obiettivi fotografici, per il quale può anche essere sufficiente disporre di un LED. Un fascio di luce collimato illumina il punto di cui si vuole misurare la distanza rispetto all'osservatore. La luce diffusa dalla zona illuminata è inviata, attraverso una lente focalizzante, ad un rivelatore CCD, come mostrato in Fig. 7.4. La posizione

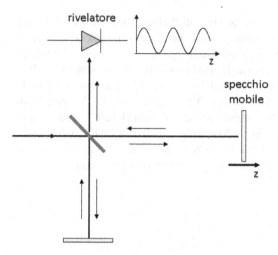

Fig. 7.3 Interferometro di Michelson

della macchia focale sul rivelatore individua la direzione dell'onda diffusa. Conoscendo la distanza fra emettitore e rivelatore CCD e l'angolo fra fascio incidente e fascio retrodiffuso, si può ricavare la distanza del punto illuminato. La precisione della misura di distanza può essere dell'ordine di 1/1000. Poiché la misura è molto rapida, il metodo permette anche di seguire spostamenti o vibrazioni del bersaglio. La triangolazione è utilizzata su distanze dell'ordine di qualche metro. La massima distanza su cui il metodo può essere utilizzato dipende dal grado di collimazione e dal livello di potenza della sorgente utilizzata, ma anche dalla cooperatività del bersaglio, cioè dalla sua capacità di retro-diffondere una frazione consistente della potenza luminosa incidente. Normalmente si usa un laser a semiconduttore che emette luce rossa, in alcuni casi si usano invece laser nell'infrarosso che emettono a 1.5 µm, che è una lunghezza d'onda che non provoca danni all'occhio.

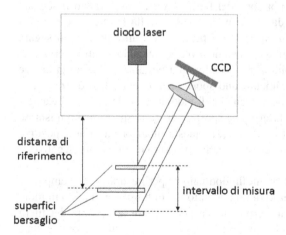

Fig. 7.4 Schema di misura di distanza tramite triangolazione ottica

Interferometria "self-mixing". L'interferometria "self-mixing" utilizza un laser semiconduttore a singolo modo, e sfrutta il fatto che la retro-riflessione dal bersaglio rientrando nella cavità del laser ne modifica il segnale di uscita. Questo avviene perché l'insieme di cavità laser più bersaglio costituisce una cavità composta. Mentre il bersaglio si sposta la potenza di uscita del laser oscilla nel tempo, compiendo un periodo di oscillazione in corrispondenza di uno spostamento del bersaglio di mezza lunghezza d'onda. Se la retro-riflessione è abbastanza elevata, le oscillazioni sono distorte in modo asimmetrico, in modo tale che si può dedurre il senso del movimento del bersaglio. Si tratta di una tecnica notevolmente accurata e poco costosa, che può anche essere utilizzata per misure di velocimetria e vibrometria.

7.2.2 Misure di velocità

Il segnale retro-riflesso o retro-diffuso da un bersaglio in movimento è spostato in frequenza per effetto Doppler, come si ricava dalla (4.41), di una quantità:

$$\Delta \nu_D = \nu_R - \nu_L = \frac{u}{c}\nu_L \tag{7.3}$$

dove ν_L è la frequenza del fascio laser, ν_R quella del fascio riflesso, e u è la proiezione della velocità del bersaglio sull'asse operatore-bersaglio. La proiezione è presa positiva se il bersaglio si avvicina all'operatore. Ad esempio, se si usa un laser che emette nel visibile ad una lunghezza d'onda di 600 nm, corrispondente a $\nu_L = 5 \times 10^{-14}$ Hz, ed il bersaglio viaggia verso l'operatore con una velocità di 36 km/h = 10 m/s, lo spostamento Doppler è positivo e vale $\Delta \nu_D \approx 17$ MHz. Nella quasi totalità dei casi, lo spostamento Doppler è troppo piccolo per essere apprezzato in una misura spettrometrica. La velocimetria laser utilizza quindi una tecnica differenziale: la misura di $\Delta \nu_D$ può essere effettuata sovrapponendo sul rivelatore il fascio retro-riflesso con una porzione del fascio laser ed osservando il segnale di battimento, che è costituito da un termine oscillante alla frequenza differenza fra i due segnali luminosi. In questo modo si perde però l'informazione di segno, non si sa cioè se il bersaglio sta avvicinandosi o allontanandosi dall'osservatore. Si può superare questa ambiguità introducendo sulla porzione di fascio laser che viene usata come fascio di riferimento uno spostamento controllato di frequenza mediante l'utilizzazione di una delle tecniche di modulazione descritte nel Capitolo 4. Se la frequenza del fascio laser viene spostata di ν_s, lo spostamento misurato diventa $\Delta \nu_D = \nu_d - \nu_i - \nu_s = 2(u/c)\nu_i - \nu_s$. In questa situazione un valore positivo di u produce uno spostamento diverso da quello prodotto da un valore negativo, e l'ambiguità è rimossa.

La velocimetria laser è utilizzata in fluidodinamica per misurare, ad esempio, la distribuzione di velocità all'interno di un condotto in cui fluisce un liquido in moto laminare o turbolento, oppure in aerodinamica per studiare la velocità dei filetti fluidi in una galleria del vento. In campo biomedico, la velocimetria laser è stata applicata a misure del flusso sanguigno nelle arterie. In tutte queste situazioni il

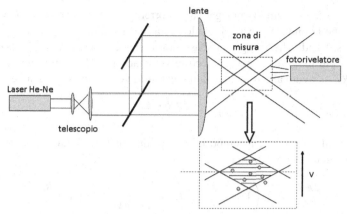

Fig. 7.5 Schema di misura di velocità

segnale di ritorno non proviene direttamente dal fluido, bensì dalla luce diffusa da particelle sospese che seguono il movimento del fluido.

In pratica, la tecnica più comune è quella di dividere in due il fascio laser e di incrociare i due fasci così ottenuti nella zona in cui si vuole misurare la velocità di flusso, come mostrato in Fig. 7.5. Se θ è l'angolo fra i vettori propagazione dei due fasci, nella zona in cui c'è sovrapposizione si forma un sistema di frange di interferenza con spaziatura:

$$s = \frac{\lambda}{2\sin(\theta/2)}. \tag{7.4}$$

La particella sospesa nel fluido produce, attraversando il sistema di frange, una intensità di luce diffusa che è proporzionale, istante per istante, all'intensità presente localmente. Quindi l'intensità della luce diffusa oscilla nel tempo, con un periodo che è uguale al tempo che impiega la particella a viaggiare da un massimo di intensità al massimo successivo. Il rivelatore che riceve la luce diffusa dalla particella presenta in uscita un segnale oscillante con periodo $T = s/u$, dove u è la proiezione della velocità nella direzione perpendicolare alle frange. Misurando T si può ricavare u. Per ottenere tutte le componenti del vettore velocità occorre naturalmente utilizzare più sistemi di frange con diverse orientazioni.

Giroscopio. Uno strumento importante in campo aeronautico e nella navigazione spaziale è il giroscopio, che misura la velocità di rotazione. Tale misura può essere effettuata con grande precisione mediante un giroscopio ottico. La misura utilizza l'effetto Sagnac, un fenomeno che si osserva considerando due fasci di luce che percorrono in senso opposto un cammino circolare, mentre la piattaforma su cui sono fissati i componenti ottici subisce una rotazione. Il giroscopio laser utilizza un laser a singolo modo con cavità ad anello. Le due onde contropropaganti in cavità hanno la stessa frequenza, che, come descritto nella Sezione 1.7, sarà inversamente proporzionale al cammino ottico corrispondente ad un giro completo della cavità. Assumendo per semplicità che la cavità sia un anello circolare di raggio R, e trascurando la correzione dovuta al fatto che parte del cammino non sia in aria, il cammino ottico vale $2\pi R$ ed il tempo impiegato a percorrere un giro della cavità è $T = 2\pi R/c$ per entrambe le onde. Se, però, l'anello ruota in senso orario con velocità angolare Ω rad/s, l'onda che viaggia in senso orario arriverà al punto di partenza in un tempo T^+ più lungo di T perché occorre sommare a $2\pi R$ il cammino aggiuntivo $\Delta L = \Omega R T^+$ dovuto alla rotazione della piattaforma. Usando l'equazione

$$T^+ = \frac{2\pi R + \Delta L}{c}, \tag{7.5}$$

e quella similare per T^-, il tempo impiegato dall'onda antioraria, si calcolano le espressioni di entrambe i tempi:

$$T^+ = \frac{2\pi R}{c - R\Omega} \approx T\left(1 + \frac{R\Omega}{c}\right) \; ; \; T^- = \frac{2\pi R}{c + R\Omega} \approx T\left(1 - \frac{R\Omega}{c}\right), \tag{7.6}$$

dove si è assunto $R\Omega \ll c$. Dalle (7.6) si ottiene la differenza in frequenza fra le due onde, che risulta essere proporzionale alla velocità di rotazione:

$$\nu^+ - \nu^- = \frac{c}{\lambda}\frac{T^+ - T^-}{T} = \frac{2R\Omega}{\lambda}, \tag{7.7}$$

dove λ è la lunghezza d'onda in assenza di rotazione.

Il giroscopio laser è attualmente utilizzato nei sistemi di navigazione inerziale di aerei commerciali e militari, navi, e veicoli spaziali.

7.2.3 Sensori di grandezze fisiche

Il principio su cui si basa la maggior parte dei sensori ottici è molto semplice: se l'indice di rifrazione di un materiale dipende da un campo esterno, l'ampiezza di tale campo può essere determinata misurando lo sfasamento subito da un fascio di luce che attraversa il materiale. Poiché l'indice di rifrazione può dipendere dalla temperatura o dalla pressione o dal campo elettrico (effetto Pockels) o dal campo magnetico (effetto Faraday), diviene possibile progettare sensori ottici che misurano ognuno di questi campi. I sensori ottici in fibra sono particolarmente interessanti per l'elevata sensibilità e semplicità strutturale. In questa sezione vengono presentati alcuni esempi che illustrano le potenzialità del metodo.

Sensori di temperatura e deformazione. In linea di principio, la misura di uno sfasamento richiede uno schema interferometrico, quale il Mach-Zehnder, descritto nel Capitolo 4, o il Michelson, mostrato in Fig. 7.3. Si può adottare uno schema più semplice che sfrutta le proprietà dei reticoli di Bragg in fibra descritte nella Sezione 6.5. Questi reticoli riflettono solo la lunghezza d'onda di Bragg, λ_o, la quale, come si vede dalla (6.35), è proporzionale al passo del reticolo, Λ, ed all'indice di rifrazione del materiale, n. Le deformazioni modificano Λ, mentre le variazioni di temperatura influenzano soprattutto n. Valori tipici sono i seguenti: una espansione (o contrazione) di 1 micrometro su di una lunghezza di fibra di 1 metro provoca una variazione di λ_o dell'ordine di 1 pm, mentre un cambiamento di temperatura di $1^\circ C$ sposta λ_o di 10 pm. Si può inserire nella struttura da monitorare, ad esempio una diga, una lunga fibra ottica nella quale sono scritti in diverse posizioni dei reticoli di Bragg, ognuno riflettente ad una diversa lunghezza d'onda. Come mostrato in Fig. 7.6, la luce emessa da una sorgente a banda larga viene inviata in fibra, e le riflessioni dei reticoli sono raccolte da una schiera di rivelatori CMOS. Se c'è una variazione di temperatura (o di pressione) nella posizione in cui si trova un reticolo specifico, cambia la lunghezza d'onda riflessa da questo reticolo, quindi i sensori CMOS possono rivelare sia l'entità della variazione del parametro fisico sia la zona in cui la variazione è avvenuta.

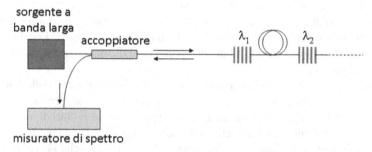

Fig. 7.6 Sensore che sfrutta la retro-riflessione prodotta da una sequenza di reticoli di Bragg

Sensore di corrente elettrica. Utilizzando l'effetto Faraday descritto nel Capitolo 3, e servendosi di fibre che abbiano una costante di Verdet nonnulla, si possono anche realizzare sensori di campo magnetico. Avvolgendo la fibra attorno ad un conduttore nel quale passa corrente elettrica, si può ricavare l'intensità di corrente I misurando l'angolo θ di cui ruota la direzione di polarizzazione del fascio di luce che viaggia in fibra, con la formula:

$$\theta = C_V \mu_o N I \tag{7.8}$$

dove N è il numero di spire della fibra e C_V è la costante di Verdet. Ad esempio, scegliendo una fibra con costante di Verdet $C_V = 41 \, \text{rad}(\text{T} \cdot \text{m})^{-1}$ e ponendo $N = 20$, si trova $\theta = 5.61^\circ$. La caratteristica importante di questo metodo è che la misura non altera la configurazione elettrica del circuito, come avverrebbe se venisse inserito un normale misuratore di corrente. Si tratta di un sensore particolarmente utile per misurare le elevate intensità di corrente che sono presenti nelle stazioni ad alta tensione dei sistemi di distribuzione dell'energia elettrica.

7.3 Applicazioni industriali dei laser

Quando un materiale assorbe della radiazione luminosa, l'energia acquisita produce un riscaldamento del materiale. Se si tratta di luce laser di elevata potenza, il riscaldamento può essere tale da provocare la liquefazione od anche la vaporizzazione del materiale. Si può quindi utilizzare il laser per la lavorazione di materiali. Dal punto di vista economico le applicazioni industriali sono, assieme a quelle alla ICT, le più importanti applicazioni del laser.

I principali aspetti che rendono particolarmente efficace l'utilizzo del laser nelle lavorazioni meccaniche sono i seguenti:

- Data la grande varietà di lunghezze d'onda disponibili, è sempre possibile trovare per ogni tipo di materiale la lunghezza d'onda adatta a provocare un forte assorbimento in uno strato superficiale di poche diecine di nanometri. Localmente il materiale può essere portato ad una temperatura al di sopra del punto di fusione in tempi molto brevi.

- Il fascio laser può essere focalizzato su un'area delle dimensioni della lunghezza d'onda ottenendo intensità luminose estremamente elevate. Perché questo sia possibile il fascio di luce emesso dal laser deve avere un profilo di ampiezza e fase il più possibile vicino a quello dell'onda sferica gaussiana. Questo requisito impone una progettazione molto accurata della sorgente, perché i laser di potenza sono dispositivi in cui sono presenti forti gradienti termici, quindi tendono ad emettere fasci di luce con un fronte d'onda distorto.

- Il processo di lavorazione avviene senza alcun tipo di contatto fisico, non c'è usura dell'utensile ed è anche minimizzato il pericolo di contaminazioni.

- È facile modulare il fascio laser sia spazialmente, sia temporalmente. Questo permette di svolgere lavorazioni anche molto complesse controllando il processo attraverso il calcolatore.

- Un aspetto interessante per alcune applicazioni è che il fascio laser, attraversando un mezzo incapsulante che sia trasparente alla lunghezza d'onda di lavoro, può anche operare su zone che non siano direttamente accessibili ad un utensile meccanico.

I laser più comunemente utilizzati sono il laser Nd-YAG ed il laser in fibra ottica drogata Yb, che emettono nel vicino infrarosso attorno a $1\,\mu$m, i laser a CO_2 e Er-YAG, che emettono nel medio infrarosso ($9-10\ \mu$m), ed i laser a eccimeri, che emettono nell'ultravioletto. In alcune applicazioni occorre disporre di intensa luce visibile e la soluzione tipica è quella di raddoppiare la frequenza dell'emissione del laser a neodimio, ottenendo luce verde alla lunghezza d'onda di 532 nm.

I laser vengono usati per il taglio, la foratura, la saldatura e la marcatura di materiali di qualunque tipo, dai metalli al vetro, dalle materie plastiche ai tessuti. Le applicazioni sono numerose e molto diversificate, dalle grandi lavorazioni tipiche dell'industria automobilistica alle microlavorazioni dell'industria orafa. Nel seguito viene dato qualche esempio.

Il taglio di metalli richiede laser di elevata potenza, tipicamente laser a CO_2. Ad esempio, con un laser da 500 W si può tagliare una lamiera di acciaio inossidabile di 3 mm di spessore ad una velocità di un metro al minuto. Con un laser a CO_2 di soli 25 W si può tagliare del tessuto alla velocità di 0.5 m/s.

La saldatura con il laser ha prestazioni nettamente superiori ad altri metodi quando si tratta di saldare tra loro materiali dissimili. Un esempio importante viene dall'industria automobilistica, dove, per alleggerire il peso dell'autovettura e quindi ridurre i consumi di carburante, parti diverse della struttura utilizzano materiali diversi. Un altro esempio in cui la saldatura laser è particolarmente indicata è quello dei dispositivi microelettronici e dei sensori, in cui sono richieste micro-saldature tra materiali conduttori differenti o tra un materiale plastico ed uno ceramico.

I laser sono molto usati per processi di scalfitura (in inglese "scribing"), nei quali un laser impulsato scava una sequenza di fori ciechi lungo linee di frattura, ad esempio per separare celle solari al silicio o substrati ceramici nell'industria elettronica.

La marcatura è un processo attraverso il quale si identifica un prodotto industriale con un codice, un numero di serie, una data, il nome del produttore, e così via. La marcatura con il laser è di veloce esecuzione, ha un'ottima leggibilità, è indelebile, ed è molto flessibile. Inoltre può essere eseguita su qualunque tipo di superficie, scegliendo opportunamente la lunghezza d'onda del fascio di luce.

7.4 Applicazioni biomedicali

Le applicazioni biomedicali della fotonica si possono dividere fra quelle ad alta intensità luminosa, nelle quali l'assorbimento del fascio laser produce liquefazione o vaporizzazione del campione biologico, e quelle a bassa intensità, in cui il fascio laser è utilizzato per diagnostica o manipolazione. Un altro effetto, dovuto a luce ultravioletta, è la fotoablazione. Nei casi in cui l'energia del fotone ultravioletto superi quella di legami molecolari, alcuni componenti biologici vengono decomposti, con conseguente emissione di fotoframmenti,

Il termine biofotonica è ora frequentemente utilizzato per designare le applicazioni biomedicali di bassa intensità luminosa. Un fenomeno importante per le applicazioni biofotoniche è la fluorescenza, un processo nel quale una molecola che viene eccitata su di un livello elettronico-vibrazionale ritorna allo stato fondamentale con un decadimento in due fasi. Prima la molecola cede rapidamente all'ambiente circostante in modo non-radiativo la sua energia vibrazionale, poi la molecola decade emettendo un fotone di energia minore (lunghezza d'onda maggiore) del fotone eccitante. La fluorescenza ha un ruolo importante nella biofotonica, come mezzo di rivelazione di specifici gruppi molecolari o come metodo per studiare le interazioni di una molecola con l'ambiente circostante. Inoltre, come si vedrà successivamente, i metodi di microscopia ottica ad alta risoluzione utilizzano la fluorescenza.

In alcuni casi la molecola eccitata, invece di emettere un fotone, usa l'energia di eccitazione per innescare una reazione chimica. Le reazioni fotochimiche sono importanti nella cosiddetta terapia fotodinamica, nella quale l'assorbimento di un fotone da parte di una molecola attiva una catena di reazioni chimiche che possono provocare la distruzione di una cellula cancerosa.

Un altro settore interessante è quello dell'intrappolamento, manipolazione, ed eventualmente selezione di cellule mediante fasci laser.

In questa sezione vengono brevemente descritte le applicazioni oftalmologiche, che sono quelle maggiormente affermate, e viene fatto cenno alle tecniche avanzate di microscopia ottica.

7.4.1 Oftalmologia

Nel campo dell'oftalmologia le tecniche ottiche hanno applicazioni di eccezionale importanza, quali la cura del distacco di retina, la correzione dei difetti visivi dovuti ad una errata rifrazione (es. miopia, astigmatismo), e la retina artificiale.

Distacco della retina. La retina è quella parte dell'occhio che contiene i sensori di luce, che assorbono la radiazione visibile generando dei segnali elettrici che vengono trasmessi al sistema nervoso. Ogni anno nel mondo ci sono milioni di casi in cui una parte della retina si distacca dal sistema nervoso sottostante dando luogo a perdita di visione parziale o anche totale. Prima dell'avvento del laser si trattava di una perdita irreparabile. Come si è detto nella sezione precedente discutendo della saldatura laser, un aspetto importante è rappresentato dal fatto che il raggio laser può operare in zone inaccessibili ad un utensile meccanico, purché possa attraversare un materiale trasparente alla luce. È questo il caso dell'occhio, in cui il fascio laser, dopo aver attraversato il bulbo oculare, può raggiungere la retina, essere assorbito, e provocare una saldatura locale che riattacca la retina ai tessuti sottostanti. Per questa operazione si usano laser che emettono nel verde, come il laser ad argon ($\lambda = 515\,\text{nm}$) o il laser a neodimio a frequenza raddoppiata ($\lambda = 532\,\text{nm}$). Si tratta di lunghezze d'onda vicine al massimo di sensibilità dell'occhio, cioè al massimo di emissione del sole, che è attorno a $550\,\text{nm}$. Naturalmente l'operazione deve essere condotta dosando la potenza del laser e la durata di esposizione per realizzare la saldatura senza danneggiare i tessuti coinvolti.

Correzione della miopia. Molti difetti visivi, come la miopia e l'astigmatismo, sono dovuti al fatto che l'occhio non riesce a mettere a fuoco le immagini correttamente in corrispondenza della retina. Per ovviare a questo problema si può agire rimodellando la superficie della cornea, in modo da cambiarne il raggio di curvatura. La cornea consiste in uno strato sottile di tessuto che copre la parte frontale dell'occhio, L'operazione viene eseguita utilizzando laser a luce ultravioletta (laser a eccimeri) che, vaporizzando per fotoablazione parti della superficie corneale, ne modificano in modo controllato il raggio di curvatura. Questo approccio, chiamato chirurgia rifrattiva corneale, può svolgersi secondo due tecniche diverse, note con gli acronimi PRK e LASIK.

Retina artificiale. Una terza applicazione, di portata veramente rivoluzionaria, è quella della retina artificiale. Mentre le due applicazioni precedentemente descritte sono pienamente affermate, anche se suscettibili di miglioramenti, quest'ultima è ancora in una fase sperimentale. Si tratta di una nuova tecnologia che combina l'ottica con la neurobiologia. La visione avviene attraverso una piccola telecamera posta sul ponte di un paio di occhiali. La telecamera produce una sequenza di segnali elettrici che vengono trasmessi attraverso una antenna ad un ricevitore che viene impiantato nell'occhio e che trasmette lo stimolo ad una schiera di elettrodi connessi alla retina. Attraverso il nervo ottico i segnali arrivano all'area del cervello che si occupa della visione. I primi esperimenti, effettuati su pazienti con cecità dovuta al diabete, hanno dato un esito incoraggiante.

7.4.2 Immagini biologiche

Le tecniche ottiche di nuova generazione hanno reso possibile l'osservazione ad elevata risoluzione di sistemi biologici anche complessi. Il campo è molto ampio e articolato: in questa sezione vengono brevemente richiamate solo alcune applicazioni che rivestono particolare rilevanza o hanno avuto importanti sviluppi negli anni recenti. Accanto alla microscopia ottica tradizionale che ha subito un grande avanzamento tecnologico, notevole importanza rivestono attualmente tutte le tecniche che utilizzano segnali di fluorescenza.

Fluorescenza. Le componenti cellulari da analizzare vengono marcate in maniera specifica con una molecola fluorescente, detta fluoroforo (ad esempio la "green fluorescent protein", GFP, e la fluoresceina), cha ha una forte sezione d'urto di assorbimento ad una specifica lunghezza d'onda λ_f. Il campione viene quindi irraggiato con un fascio di luce laser alla lunghezza d'onda λ_f, che viene assorbita dal fluoroforo, inducendo l'emissione di luce fluorescente. Tramite opportune tecniche di filtraggio è possibile visualizzare separatamente diversi segnali di fluorescenza, ed osservare quindi in modo selettivo le diverse parti del campione sotto analisi. Utilizzando schemi confocali è anche possibile eccitare la fluorescenza solo su di una sezione precisa del campione, e, effettuando una scansione in profondità, è quindi possibile ricostruirne l'immagine tridimensionale.

Microscopia ottica ad alta risoluzione. Recentemente sono state sviluppate nuove tecniche che permettono di incrementare notevolmente la risoluzione spaziale nelle immagini biologiche, spingendosi oltre i limiti previsti dall'ottica classica: in particolare la microscopia confocale a due fotoni e la tecnica STED ("Stimulated emission depletion microscopy"). Nella microscopia a due fotoni la fluorescenza viene eccitata tramite l'assorbimento simultaneo di due fotoni. In questa tecnica il campione da analizzare viene illuminato con fotoni che, presi singolarmente, hanno energia insufficiente ad eccitare la molecola: solo la somma delle energie di due fotoni permette l'eccitazione del fluoroforo. Questo processo avviene in modo efficiente solo quando il fascio laser raggiunge elevate intensità. Per questo si utilizzano per l'eccitazione fasci laser impulsati, con durate degli impulsi dell'ordine di 100 fs, che vengono fortemente focalizzati. La risoluzione spaziale è inferiore alla dimensione della regione focale. La microscopia STED utilizza invece speciali fasci ottici a ciambella che permettono di annullare il contributo di fluorescenza da tutta la zona circostante il punto in analisi e raccogliere il segnale solo dalla zona centrale del fascio. Con questa tecnica sono state raggiunte risoluzioni spaziali dell'ordine di 10 nm.

Endoscopia. La visualizzazione non invasiva di campioni biologici "in vivo" fa ampio uso delle sonde endoscopiche in fibra ottica che hanno portato ad una drastica riduzione del ricorso a quegli interventi chirurgici che hanno il solo scopo di ispezionare parti interne del corpo umano. Le sonde sono costituite da fasci di fibre ottiche con area larga del nucleo che vengono introdotti nella parte del corpo da analizzare: una parte di queste fibre ha lo scopo di illuminare la regione che deve essere visualizzata, mentre un'altra parte raccoglie la luce che viene diffusa, permettendo in remoto la ricostruzione dell'immagine del campione illuminato.

Tomografia ottica coerente. Una tecnica di visualizzazione interessante è la tomografia ottica coerente (Optical coherence tomography, OCT) che è ampiamente utilizzata soprattutto in campo oftalmologico, e che, in combinazione con sonde endoscopiche, sta producendo risultati significativi anche in campo intravascolare. La tecnica OCT sfrutta uno schema interferometrico del tipo di quello mostrato in Fig. 7.3 in cui la sorgente emette su di una banda in frequenza molto ampia. Siccome la sorgente ha una lunghezza di coerenza molto limitata ($< 1\,\mu m$), l'interferometro produce un segnale di interferenza solo se la differenza di cammino tra il braccio di riferimento e il braccio di misura al termine del quale è posto il campione da visualizzare è inferiore a tale lunghezza. Questo permette di ricavare segnali di interferenza con altissima risoluzione spaziale. Attraverso una scansione del braccio di riferimento, è possibile ricostruire immagini di ottima qualità, in maniera non invasiva.

7.5 Schermi a cristalli liquidi

Gli schermi che hanno attualmente maggiore diffusione sono quelli che utilizzano cristalli liquidi. Ciascun elemento (pixel) dello schermo è costituito da uno strato di molecole racchiuse fra due elettrodi trasparenti, e da due polarizzatori aventi assi fra loro perpendicolari. Gli elettrodi sono fatti di uno strato sottile di ossido di indio e stagno ("indium tin oxide", ITO), che ha una buona conducibilità elettrica e, nello stesso tempo, è trasparente alla luce. Se lo strato di molecole fosse isotropo, la luce che attraversa il primo polarizzatore verrebbe bloccata dal secondo polarizzatore, ed il pixel sarebbe buio. Se invece si inserisce fra i due elettrodi un cristallo liquido nematico e si adotta la configurazione "twisted nematic" descritta nel Capitolo 4, la luce che attraversa lo strato di cristallo liquido subisce una rotazione della direzione di polarizzazione di 90°, ed il pixel diventa luminoso. Applicando tra gli elettrodi una differenza di potenziale sufficientemente grande, si obbligano le molecole ad orientarsi perpendicolarmente agli elettrodi, la polarizzazione del fascio di luce che attraversa la cella rimane ora invariata, ed il pixel diventa opaco.

Nel caso di schermi molto semplici, come quelli di orologi digitali o calcolatori tascabili, ogni pixel è comandato separatamente. Nel caso di schermi televisivi si usano connessioni di tipo matriciale, in cui da un lato dello strato sono interconnesse tutte le righe orizzontali di pixel, mentre dal lato opposto sono connesse le colonne, in modo tale che il singolo pixel viene selezionato come incrocio di una riga con una colonna.

Negli schermi a cristalli liquidi tradizionali la luce proviene da lampadine fluorescenti, ma si stanno sempre più diffondendo schermi in cui l'illuminazione è basata su schiere di LED a tre colori (RGB).

È una proprietà generale dei dispositivi basati su luce polarizzata che la visibilità dell'immagine dipenda sensibilmente dalla direzione di osservazione. I primi schermi a cristallo liquido offrivano infatti una visibilità laterale molto limitata. Un grande miglioramento è avvenuto con l'introduzione di un nuovo approccio, chiamato "in-plane switching" (IPS), nel quale le molecole di cristallo liquido sono allineate secondo un asse che giace in un piano parallelo allo strato, ed il campo elettrico che ne cambia l'orientazione è anch'esso diretto parallelamente allo strato. La tecnologia IPS è ora ampiamente adottata in schermi di piccole dimensioni, come quelli di piccoli calcolatori o telefoni cellulari.

7.6 Applicazioni dei LED

I LED sono utilizzati in una varietà di applicazioni, dai semafori alle segnalazioni luminose di autoveicoli, dagli schermi televisivi alla illuminazione di ambienti.

Un'applicazione molto diffusa dei LED, citata nella sezione precedente, è quella dell'utilizzo per la retro-illuminazione negli schermi di televisori domestici, calcolatori, e tablet. Per quanto riguarda gli schermi, possibilità molto interessanti sono offerte anche dall'utilizzo di OLED: sfruttando il fatto che gli OLED sono costituiti da sottili film polimerici, si possono fabbricare con semplici tecniche di stampaggio schermi flessibili ed avvolgibili.

Un'applicazione importante dei LED è quella ai megaschermi televisivi usati nelle piazze o negli stadi. In questo tipo di schermi occorrono immagini molto luminose che possano essere viste agevolmente anche in piena luce solare. Questo risultato può essere raggiunto generando direttamente le immagini con sorgenti LED dei tre colori fondamentali. Il pixel del megaschermo ha dimensioni dell'ordine del centimetro, e contiene dozzine di LED.

Poiché i LED basati su semiconduttori AlGaN possono emettere radiazione ultravioletta, si può anche prevedere che potrebbero rimpiazzare le lampade a mercurio, per tutti gli sterilizzatori di uso industriale o alimentare o biomedico.

I LED stanno assumendo una importanza crescente nel campo dell'illuminazione sia di ambienti che di esterni, sostituendo progressivamente sia le lampade a incandescenza che quelle a fluorescenza. L'illuminazione mediante sorgenti a stato solido ("solid-state lighting", SSL) presenta una grande varietà di aspetti positivi. Il primo aspetto è l'elevata efficienza. In termini di lumen generati per ogni watt assorbito, i LED possono produrre più di $250\,\text{lm/W}$, mentre le lampade fluorescenti non arrivano a $100\,\text{lm/W}$, e quelle ad incandescenza hanno efficienza ancora inferiore. Tenendo presente che la sola illuminazione utilizza quasi il 20% della potenza elettrica disponibile a livello mondiale, è chiaro che un incremento di efficienza può avere un grande effetto benefico a livello ambientale, contribuendo alla riduzione dell'emissione di gas prodotti dalla combustione di materiali fossili. Un secondo aspetto è che i LED hanno vita media di 25000-50000 ore, molto più lunga di quella delle lampade tradizionali. Questa proprietà, combinata all'elevata efficienza, dovrebbe anche dare luogo ad una riduzione di costo dell'illuminazione. Un altro aspetto molto importante è la qualità e l'adattabilità dell'illuminazione: con i LED è relativamente semplice cambiare sia la composizione spettrale, che l'intensità e la distribuzione spaziale dell'illuminazione, aprendo nuove prospettive nella progettazione di interni e nell'ottimizzazione del comfort personale.

7.7 Celle fotovoltaiche

Le celle fotovoltaiche sono dei dispositivi che convertono la potenza luminosa proveniente dal sole in potenza elettrica. Il principio di funzionamento è esattamente lo stesso dei rivelatori a effetto fotovoltaico. Poiché il fotone assorbito nella zona di giunzione genera una coppia elettrone-lacuna, la migrazione dei portatori di carica fotogenerati produce nel diodo a circuito aperto una differenza di potenziale e nel diodo a circuito chiuso una corrente elettrica. L'energia contenuta nella luce solare può perciò essere convertita direttamente in energia elettrica. Il segnale elettrico che si ottiene è continuo, ma può essere convertito in un segnale alternato attraverso un invertitore.

I motivi per cui sarebbe importante utilizzare in modo massiccio la conversione fotovoltaica per produrre energia elettrica sono noti: a) i consumi di energia a livello mondiale sono in continua crescita; b) attualmente più del 70% dell'energia elettrica mondiale viene prodotta utilizzando combustibili fossili, questa percentuale dovrebbe essere ridotta sia per problemi immediati di riduzione dell'inquinamento sia perché in prospettiva le riserve di combustibili fossili si esauriranno; c) l'energia solare è distribuita, sia pure in modo diseguale, su tutta la superficie terrestre, quindi ogni paese potrebbe raggiungere un certo grado di autosufficienza, mentre le risorse fossili sono concentrate in poche aree geografiche.

Quali sono i requisiti da soddisfare per raggiungere una ragionevole efficienza nel processo di conversione? Un primo aspetto da discutere è la scelta del semiconduttore, dal momento che il fotone viene assorbito solo se la sua energia $h\nu$ è maggiore dell'energia di gap E_g. Ad esempio, il silicio, avendo $E_g = 1.11\,\text{eV}$ (Tabella 5.1), può assorbire tutte le frequenze nel campo del visibile, ma occorre tener presente che, se l'energia del fotone è, ad esempio, $2\,\text{eV}$, la parte eccedente $1.11\,\text{eV}$ viene trasformata in energia vibrazionale (riscalda il materiale), e quindi viene persa dal punto di vista della conversione elettrica. Definendo l'efficienza di conversione

η come il rapporto tra la potenza elettrica generata e la potenza luminosa assorbita, abbiamo, nel caso del silicio, un valore massimo attorno al 30%. Una conversione ideale richiederebbe che l'energia del fotone fosse solo leggermente maggiore di E_g. Utilizzando una sovrapposizione di celle a gap di energia decrescente si potrebbe ottimizzare la conversione. Per una sovrapposizione che copra tutto lo spettro solare, il limite teorico dell'efficienza di conversione sarebbe il 68%, ma, naturalmente, i costi di fabbricazione salirebbero notevolmente.

Poiché il silicio è non solo l'elemento più diffuso sulla superficie terrestre, ma anche quello su cui sono state messe a punto tutte le tecnologie della microelettronica, la maggior parte delle celle fotovoltaiche installate sono a base di silicio cristallino, con le quali si possono raggiungere efficienze comprese tra il 20 e il 25%. Per ottenere un assorbimento della radiazione incidente del 90%, lo spessore del materiale deve essere di $30\,\mu m$.

Nelle celle di seconda generazione si sta diffondendo la tecnologia a film sottile, che comporta una minore efficienza, ma un costo di materiale ridotto. Sono stati sperimentati film sottili di silicio cristallino, di silicio amorfo, ed anche di altri semiconduttori.

È molto attiva la ricerca riguardante materiali polimerici che presentino effetto fotovoltaico. L'aspetto potenzialmente interessante è che i costi di produzione e di deposizione di film sottili di tipo polimerico sono molto minori di quelli dei semiconduttori. Il principale ostacolo all'utilizzo di materiali organici è rappresentato dal fatto che essi tendono a degradarsi quando esposti alla radiazione luminosa, soprattutto se è presente ossigeno. Studi recenti dimostrano però che è possibile raggiungere, con appropriate tecniche di preparazione dei film, una stabilità nel tempo fino a 10 anni, associata ad una efficienza di conversione attorno al 10%.

Nel costo complessivo della produzione di energia elettrica attraverso il fotovoltaico occorre tener presente che al costo del materiale occorre aggiungere quello dell'incapsulamento e, eventualmente, della trasformazione in alternata e della connessione alla rete elettrica.

Appendice A

Costanti fondamentali e prefissi delle unità di misura

Tabella A.1 Costanti fondamentali

Velocità della luce nel vuoto	c	2.9979×10^{8}	m/s
Costante dielettrica del vuoto	ε_o	8.8542×10^{-12}	F/m
Permeabilità magnetica del vuoto	μ_o	1.2566×10^{-6}	H/m
Carica dell'elettrone	e	1.6022×10^{-19}	C
Massa dell'elettrone	m_e	9.1094×10^{-31}	kg
Costante di Boltzmann	k_B	1.3807×10^{-23}	J/K
Costante di Planck	h	6.6261×10^{-34}	J·s

Tabella A.2 Prefissi delle unità di misura

Prefisso	potenza di 10	Simbolo
zepto	10^{-21}	z
atto	10^{-18}	a
femto	10^{-15}	f
pico	10^{-12}	p
nano	10^{-9}	n
micro	10^{-6}	μ
milli	10^{-3}	m
kilo	10^{3}	k
mega	10^{6}	M
giga	10^{9}	G
tera	10^{12}	T
peta	10^{15}	P
exa	10^{18}	E
zetta	10^{21}	Z

© Springer-Verlag Italia Srl. 2016
V. Degiorgio and I. Cristiani, *Note di fotonica*, UNITEXT for Physics,
DOI 10.1007/978-88-470-5788-3

In ingegneria viene fatto un uso frequente di unità logaritmiche espresse in decibel (dB). Un qualunque rapporto R può essere convertito in decibel seguendo la definizione:

$$R_o(in\ dB) = 10\log_{10} R. \tag{A.1}$$

Ad esempio, il guadagno $G = 10^4$ di un amplificatore corrisponde a $G_o = 40\ dB$. Poiché $R = 1$ corrisponde a $0\ dB$, i rapporti di valore inferiore a 1 sono negativi nella scala dei decibel. As esempio, il rapporto $R = 0.8$, che corrisponde ad una perdita del 20%, corrisponde a $R_o = -1\ dB$.

Letture consigliate

La letteratura scientifica internazionale è ricca di testi che contengano, in forma più o meno estesa, gli argomenti descritti in questo volume. Si tratta in quasi tutti i casi di opere di notevole dimensione, che hanno un obiettivo diverso da quello di questo volume e sono quindi difficilmente utilizzabili per un corso introduttivo, mentre possono essere molto utili come testi di consultazione. Si segnala in particolare:

Bahaa E.A. Saleh, Melvin C. Teich, *Fundamentals of Photonics*, Wiley Interscience, 2007.

Per l'approfondimento di argomenti specifici, ci sono i seguenti suggerimenti:

O. Svelto, *Principles of lasers*, Springer Verlag, 5th ed. 2010. Descrive tutte le sorgenti laser, da utilizzare in connessione con il Capitolo 1 di questo testo.
W. Koechner and M. Bass, *Solid-State Lasers: A Graduate Text*, Springer Verlag, 2003. Tratta di sorgenti laser a stato solido, da utilizzare in connessione con il Capitolo 1 di questo testo.
Robert Guenther, *Modern Optics*, Wiley, 1990. È un testo di ottica classica, da utilizzare in connessione con i Capitoli 2 e 3 di questo testo.
Amnon Yariv, *Quantum Electronics*, Wiley, 1989. Segnaliamo, in particolare, la trattazione dei modulatori, da utilizzare in connessione con il Capitolo 4.
Jia-Ming Liu, *Photonic Devices*, Cambridge University Press, 2005. Segnaliamo, in particolare, la trattazione dei dispositivi a semiconduttore e dei modulatori, da utilizzare in connessione con i Capitoli 4 e 5.
Larry A. Coldren, Scott W. Corzine, Milan L. Mashanovitch, *Diode Lasers and Photonic Integrated Circuits*, Wiley, 2012. Tratta dei dispositivi a semiconduttore, da utilizzare in connessione con il Capitolo 5.
Silvano Donati, *Photodetectors*, Prentice-Hall, 2000. Tratta i fotorivelatori, discussi nel Capitolo 5.
Jeff Hecht, *Understanding Fiber Optics*, Pearson/Prentice Hall, 2006. Tratta di fibre ottiche, da utilizzare in connessione con il Capitolo 6.

© Springer-Verlag Italia Srl. 2016
V. Degiorgio and I. Cristiani, *Note di fotonica*, UNITEXT for Physics,
DOI 10.1007/978-88-470-5788-3

Govind P. Agrawal, *Fiber-Optic Communication Systems*, Wiley Interscience, 2010. Tratta di comunicazioni ottiche, da utilizzare in connessione con il Capitolo 7.

Silvano Donati, *Electro-optical Instrumentation*, Prentice-Hall, 2004. Segnaliamo, in particolare, la trattazione della sensoristica ottica, da utilizzare in connessione con il Capitolo 7.

William M. Steen, Jyotirmoy Mazumder, *Laser Material Processing*, Springer, 2010. Tratta delle applicazioni industriali del laser, da utilizzare in connessione con il Capitolo 7.

Markolf H. Niemz, *Laser-Tissue Interactions*, Springer, 2011. Tratta delle applicazioni chirurgiche del laser, da utilizzare in connessione con il Capitolo 7.

Indice analitico

ADP, 121
amplificatore ottico
  a semiconduttore, 157, 195
  in fibra, 155, 185, 195
  schema a quattro livelli, 17
  schema a tre livelli, 15, 186
angolo di Brewster, 67, 68
angolo di deflessione, 90
angolo di divergenza, 34, 49, 142, 200
angolo di walk-off, 102
angolo limite, 68, 77, 159
antimoniuro di indio, 164
apertura numerica
  fibra, 171
  lente, 83, 197
approssimazione parassiale, 43, 45
arseniuro di gallio, 146, 149
attività ottica, 108

biofotonica, 207
birifrangenza, 102
birifrangenza residua, 181
bisturi laser, 28
bit error rate, 196
bolometro, 161

calcite, 102
cavità ottica
  a Fabry-Perot, 19
  ad anello, 19, 203
  fattore di merito, 29
CCD, 166
cella fotoelettrica, 162
cella fotovoltaica, 213
chirurgia rifrattiva corneale, 208
coefficiente di assorbimento, 14
coefficiente di attenuazione, 64

in fibra, 174
coefficiente di emissione stimolata, 15
coefficiente di riflessione, 66, 74
  da metalli, 70
  di campo, 20, 66
coefficiente di trasmissione, 66
  di campo, 66
coefficienti elettro-ottici, 120
comunicazioni ottiche, 154, 174, 194
conversione fotovoltaica, 212
corner cube, 78, 199
corpo nero, 4, 15
costante di Verdet, 110, 111, 205
costante dielettrica del vuoto, 37
cristalli liquidi, 133, 210
cristallo birifrangente, 102
cristallo fotonico, 76
cristallo uniassico, 100

deflessione acusto-ottica, 142
delta di Dirac, 14, 40
diffrazione di Fraunhofer, 53, 93
diffrazione di Fresnel, 51
diffusione di luce, 174
dispersione della velocità di gruppo, 179
dispersione di guida, 176, 181
dispersione ottica, 63, 176
distacco di retina, 208
divisore di fascio, 76, 125

EDFA, 186
effetto acusto-ottico, 135
effetto Doppler, 137, 202
effetto Faraday, 110, 204, 205
effetto fotoconduttivo, 164
effetto fotoelettrico, 161
effetto fotovoltaico, 6, 164, 212

© Springer-Verlag Italia Srl. 2016
V. Degiorgio and I. Cristiani, *Note di fotonica*, UNITEXT for Physics,
DOI 10.1007/978-88-470-5788-3

effetto Franz-Keldish, 167
effetto Kerr, 119, 132
effetto Kerr ottico, 33, 133, 180, 182
effetto magneto-ottico, 197
effetto piezoelettrico, 98, 120
effetto Pockels, 119, 122, 125, 204
effetto Sagnac, 203
effetto Seebeck, 161
efficienza del laser, 23, 25, 28, 156
efficienza di LED, 159
efficienza interna, 155
efficienza quantica, 162
ellissoide degli indici, 100, 121
emissione spontanea, 11, 15, 18, 23
emissione stimolata, 5, 12, 14
equazione delle onde, 38, 62
equazione di Helmholtz, 43, 113
equazione parassiale, 44, 46, 53
equazioni di Maxwell, 37, 61

fibra ottica, 194
    a mantenimento di polarizzazione, 181
    apertura numerica, 171
    cladding pumped, 188, 189
    coefficiente di attenuazione, 174
    DIS-CO, 181, 196
    DS, 181, 195
    frequenza normalizzata, 172
    graded-index, 171
    indice di rifrazione effettivo, 173
    microstrutturata, 182
    modi di propagazione, 172
    modo fondamentale, 172
    monomodale, 173, 179, 180, 189
    multimodale, 180
    Panda, 181
    POF, 182
    preforma, 170
    SMR, 181, 195
    step-index, 171, 173
    ZBLAN, 175, 188
    zero di dispersione, 179, 182
filtro acusto-ottico, 142
filtro spaziale, 89
fluorescenza, 207, 209
fluoruro di magnesio, 73, 75
fonone, 137
fotoablazione, 207
fotodiodo, 164
    p-i-n, 166, 196
    a valanga, 166, 196
fotolitografia per microelettronica, 28
fotone, 3, 10, 21, 137, 207, 212
fototubo moltiplicatore, 162, 163

frequenza di plasma, 69
frequenza spaziale, 54, 89
funzione lorentziana, 11

germanio, 146, 164
giroscopio laser, 203
guadagno di anello, 7, 20
guida ottica, 113, 129, 151, 168
    a canale, 115
    costante di propagazione, 113
    modi, 115
    monomodale, 115
    planare, 113
    SOI, 115

illuminazione di ambienti, 160
impulso di luce, 40, 179
in-plane switching, 211
indice di rifrazione, 63
    ordinario, 100
    straordinario, 100
    cristalli birifrangenti, 102
    materiali dielettrici, 73
    metalli, 69, 70
interferometro di Fabry-Perot, 95
interferometro di Mach-Zehnder, 125, 200, 204
interferometro di Michelson, 200, 204
interruttore elettro-ottico, 126, 133
inversione di popolazione, 12, 15, 20
iridescenza, 75
isolatore ottico, 111, 187
itterbio, 187

KDP, 121, 123, 124

lamina a mezz'onda, 104
lamina a quarto d'onda, 104, 131
lampada a incandescenza, 3, 211
laser
    ad anidride carbonica, 27
    a Fabry-Perot, 20, 189
    a gas, 27
    a neodimio, 25, 30, 33, 154, 206, 208
    a quattro livelli, 26
    a rubino, 5, 15, 24
    a semiconduttore, 6, 145
    a singolo modo, 153
    a GaAlAs, 157
    a GaInAs, 186
    DFB, 153
    doppia eterogiunzione, 151
    GaInAs, 155
    GaInAsP, 154

InGaN, 155
  omogiunzione, 150
  quantum cascade, 155
  quantum well, 154
  stripe geometry, 152
  VCSEL, 154
  a stato solido, 24, 30
  a titanio-zaffiro, 33
  a tre livelli, 24
  ad anello, 19, 189
  ad anidride carbonica, 30, 206
  ad eccimeri, 184, 206, 208
  ad itterbio, 189, 206
  condizione di soglia, 19
  eccimeri, 28
  elio-neon, 27
  guadagno di anello, 20, 23
  in fibra ottica, 189, 206
  modi longitudinali, 20, 156
  ultravioletto, 28
LED, 6, 158, 211
  a AlGaInP, 159
  a GaAsP, 159
  a GaInN, 159
  a luce bianca, 160
  AlGaN, 211
  megaschermi televisivi, 211
  per illuminazione, 211
legge di Snell, 65, 90, 171
lente
  apertura numerica, 83, 197
  convergente, 82
  divergente, 82
  sottile, 81, 88
lunghezza
  di dispersione, 178
  di Rayleigh, 48, 85, 197
  focale della lente, 82

marcatura laser, 207
maser, 5
materiali anisotropi, 99
materiali chirali, 108
matrice di rotazione, 107
matrici ABCD, 86
matrici di Jones, 105, 130
mode-locking, 31, 141, 157
modulatore a KDP, 124
modulatori a cristalli liquidi, 133
modulatori a niobato di litio, 129
modulatori ad elettro-assorbimento, 167
modulazione acusto-ottica, 33, 135
modulazione di ampiezza, 126, 129, 195
  acusto-ottica, 140

modulazione di fase, 122
modulazione elettro-ottica, 33

niobato
  di litio, 121, 122, 125, 195
  di potassio, 121

occhio di gatto, 78
OLED, 158, 160, 211
onda piana, 38
onda sferica, 44, 45
onda sferica gaussiana, 45, 52, 200
oscillatore, 7
ossido di silicio, 174, 184

permeabilità magnetica del vuoto, 37
pixel, 166, 196, 210
polarizzatore
  Glan-Thompson, 103
  Rochon, 104
polarizzazione circolare, 42, 106, 109
polarizzazione ellittica, 42, 106
polarizzazione lineare, 41
Polaroid, 103
potere risolvente, 90–92, 97
potere rotatorio, 108, 110, 135
prisma a riflessione totale, 77
prisma dispersivo, 90

Q-switching, 29
  attivo, 30, 141
  passivo, 30
quantum well, 168
quarzo, 102, 108, 110

radar ottico, 157, 199
raggio di curvatura complesso, 46, 84
raggio di curvatura del fronte d'onda, 45, 48,
    83
reticolo di Bragg in fibra, 28, 75, 184, 189, 204
reticolo di diffrazione, 58, 91
reticolo di fase, 93, 135
reticolo di riflessione, 93
  configurazione di Littrow, 95
retina artificiale, 208
RGB, 160, 194, 211
riflessione totale interna, 77, 171

saldatura laser, 207
seleniuro di cadmio, 164
semiconduttori
  tipo p, 147
  tipo-n, 146
semiconduttori II-VI, 155

sensore di campo magnetico, 205
sensore di corrente, 205
sensori ottici in fibra, 204
sezione d'urto di assorbimento, 11
sezione d'urto di emissione stimolata, 12
silicio, 146, 164, 165, 212, 213
SOA, 157
solfuro di cadmio, 164
solfuro di zinco, 75
specchio a strati dielettrici, 74, 154, 183
specchio sferico, 82
spettro di potenza, 89
strato antiriflettente, 71, 157

taglio laser, 206
tantalato di litio, 121
tensore elettro-ottico, 120
tensore fotoelastico, 139
terapia fotodinamica, 207
TGG, 110
tomografia ottica coerente, 210

velocimetria laser, 202
velocità di gruppo, 178
vettore di Poynting, 38, 102

WDM, 196
WOLED, 161